红松胚胎发育过程与胚性愈伤组织的诱导

梁　艳　李诗佳　著

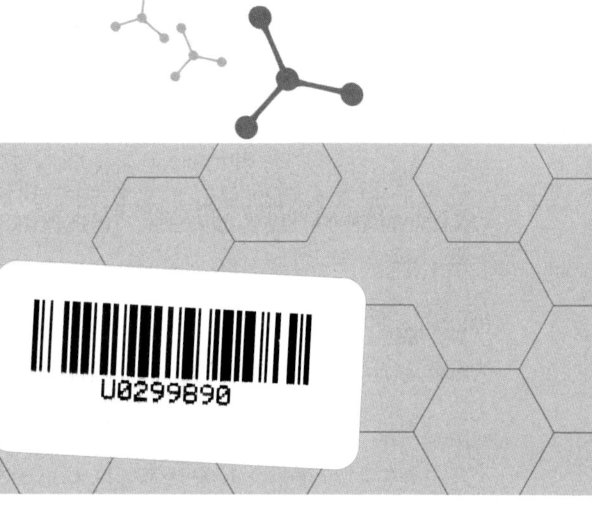

黑龍江大學出版社
HEILONGJIANG UNIVERSITY PRESS
哈尔滨

图书在版编目（CIP）数据

红松胚胎发育过程与胚性愈伤组织的诱导 / 梁艳，李诗佳著. -- 哈尔滨 : 黑龙江大学出版社，2022.7
ISBN 978-7-5686-0837-4

Ⅰ. ①红… Ⅱ. ①梁… ②李… Ⅲ. ①红松－胚胎发生－研究②红松－种质资源－研究 Ⅳ. ①S791.247

中国版本图书馆 CIP 数据核字 (2022) 第 105325 号

红松胚胎发育过程与胚性愈伤组织的诱导
HONGSONG PEITAI FAYU GUOCHENG YU PEIXING YUSHANG ZUZHI DE YOUDAO
梁 艳 李诗佳 著

责任编辑 高 媛
出版发行 黑龙江大学出版社
地 址 哈尔滨市南岗区学府三道街 36 号
印 刷 三河市佳星印装有限公司
开 本 720 毫米 ×1000 毫米 1/16
印 张 13.5
字 数 214 千
版 次 2022 年 7 月第 1 版
印 次 2022 年 7 月第 1 次印刷
书 号 ISBN 978-7-5686-0837-4
定 价 54.00 元

本书如有印装错误请与本社联系更换，联系电话：0451-86608666。

前　言

红松（*Pinus koraiensis* Sieb. et Zucc.）是裸子植物门松科松属高大乔木树种，是温带地带性顶极群落——红松阔叶林的建群树种，是优质的用材和坚果经济林树种，具有重要的生态和经济价值。红松在生产上存在生产周期长、种子结实率低、子代优良性状降低等问题，导致具有优良性状的红松种苗难以满足市场需求。建立于体细胞胚胎发生技术之上的快繁体系可实现红松优良种系的规模化生产，进而满足市场对红松种苗的大量需求。迄今很多植物都已成功诱导出体细胞胚胎，但整体来看木本植物相对于草本植物更困难，且木本植物中针叶树难度最大，其体细胞胚胎发生体系普遍存在胚性愈伤组织诱导困难、体细胞胚胎成熟率低的问题。在红松体细胞胚胎发生中胚性愈伤组织的成功诱导是前提和基础，体细胞可否转化成胚性细胞直接决定后期能否成功诱导出体细胞胚胎，直接关系到体细胞胚胎发生体系能否成功构建。为更好地通过红松合子胚发育过程了解体细胞胚胎发育的过程，本书在深入细致地了解红松合子胚发育形态演变过程及激素、分子的调控作用机制的基础上，以红松胚性愈伤组织诱导体系作为研究平台，开展红松胚性愈伤组织诱导条件筛选的研究，从组织细胞层面、生理层面及分子层面共同阐释红松胚性愈伤组织形成的生物学机制，研究结果在理论上可为深入揭示红松体细胞向胚性细胞转化的生物学机制奠定基础，也为针叶树早期胚胎发育机制的研究提供参考；在实践中对提高红松胚性愈伤组织诱导的可预见性和可调控性具有重要意义，同时也为红松及其他针叶树体细胞胚胎发生外植体的选择和早期胚性愈伤组织的鉴定提供参考。本书的出版获国家自然科学基金青年科学基金项目“IAA关键基因在红松体胚发生中体细胞胚性的获得与保持的作用解析（项目批准号31800515）”资助。

全书分为7章。编写人员的具体分工如下:梁艳编写第4~7章及参考文献等,共计12.1万字;李诗佳编写第1~3章,共计9.3万字。

本书可供林学专业、园林专业、园艺专业等相关专业本科生、研究生选读,也可供有关专业教师与科技工作者参考。

笔者编写《红松胚胎发育过程与胚性愈伤组织的诱导》一书的初衷是予将近十年对于红松胚胎发育及体细胞胚胎发生的研究取得的一些结果与各位同人分享。由于笔者水平有限,书中错误和不妥之处在所难免,敬请广大读者及同人批评指正。

梁艳　李诗佳

2022年4月

目　录

1　绪论 ………………………………………………………… 1

1.1　红松简介 ………………………………………………… 1

1.2　植物合子胚发育的研究进展 …………………………… 2

1.3　植物体细胞胚胎发育的研究进展 ……………………… 26

1.4　本书研究的目的与意义 ………………………………… 33

2　红松胚胎发育过程的形态解剖学及内源激素研究 ………… 35

2.1　试验材料 ………………………………………………… 35

2.2　试验方法 ………………………………………………… 35

2.3　结果与分析 ……………………………………………… 36

2.4　讨论 ……………………………………………………… 44

2.5　本章小结 ………………………………………………… 48

3　红松胚胎发育过程的转录组学研究 ………………………… 49

3.1　试验材料 ………………………………………………… 49

3.2　试验试剂 ………………………………………………… 49

3.3　试验方法 ………………………………………………… 50

3.4　结果与分析 ……………………………………………… 55

3.5　讨论 ……………………………………………………… 77

3.6　本章小结 ………………………………………………… 93

4 红松胚胎发育过程蛋白质组学与转录组学关联分析 …… 95

4.1 试验材料 …… 95
4.2 试验试剂 …… 95
4.3 试验方法 …… 96
4.4 结果与分析 …… 101
4.5 讨论 …… 118
4.6 本章小结 …… 119

5 红松胚性愈伤组织诱导条件的筛选及内源激素含量的测定 …… 121

5.1 试验材料与方法 …… 121
5.2 结果与分析 …… 123
5.3 讨论 …… 130
5.4 本章小结 …… 132

6 红松 *YUC* 基因的克隆与表达模式分析 …… 133

6.1 试验材料与方法 …… 133
6.2 结果与分析 …… 141
6.3 讨论 …… 154
6.4 本章小结 …… 155

7 红松 *SERK* 基因的克隆与表达模式分析 …… 157

7.1 试验材料与方法 …… 157
7.2 结果与分析 …… 165
7.3 讨论 …… 184
7.4 本章小结 …… 187

参考文献 …… 188

1 绪论

1.1 红松简介

1.1.1 红松的分类地位与分布

红松属裸子植物门松科松属高大乔木树种，又名果松、海松，是第三纪孑遗树种，东北温带地带性顶极群落——红松阔叶林的建群种。目前，红松在世界范围内仅在我国东北三省的东部山区（主要分布于长白山山脉和小兴安岭山脉）、俄罗斯远东地区、朝鲜半岛、日本北海道有所分布。

1.1.2 红松的应用价值

红松果实营养丰富，木材材质优良，是我国乃至东亚地区极其重要的优质珍贵用材树种和坚果树种。红松果实具有很高的营养价值和医疗保健作用，花粉、种仁含有大量的不饱和脂肪酸和亚油酸，多种维生素和矿物质，是制造保健食品和优良饮料的原料。红松材质优良，其是建筑、桥梁、家具制作的优良木料；红松的树枝、树皮、树根也可用来制造纸浆和纤维板，从树皮、松叶、种鳞中还能提炼松脂、挥发油、糠醛等工业原料；此外，红松也可作为园林绿化重要树种应用到城市绿地中。由此可见红松具有重要的生态和经济价值。

1.1.3 红松的生物学特性

红松为常绿乔木，叶 5 针 1 束，长 6 ~ 17 cm，横断面为三角形，叶鞘早脱落；雌雄同株异花，雌雄球花跨年度发育，花期 6 月，球果于翌年 9 ~ 10 月成熟，球果大,卵状圆锥形,长 6.5 ~ 20.0 cm,球果成熟后种鳞不张开,或稍张开露出种子,种子位于种鳞腹面下部,无翅,倒卵状三角形,微扁,长 1.2 ~ 1.5 cm,直径 7 ~ 10 mm,大而不落;树皮灰褐色或灰色,纵裂,呈现不规则的长方状鳞片;枝近平展,树冠圆锥形;一年生枝密被黄褐色或红褐色柔毛;冬芽淡红褐色,长圆状卵圆形,先端尖。红松为阳性树种,也较耐阴,喜温和凉爽的气候,耐寒性较强,偏酸性土壤(pH 值为 5.5 ~ 6.5)的山坡地段条件生长好,红松寿命长,树龄可长达 120 ~ 500 年。

1.2 植物合子胚发育的研究进展

1.2.1 植物合子胚发育的形态变化过程

植物的胚胎发生指的是植株由受精卵开始的生长分化过程,胚胎发生是高等植物生命过程中的一个必要过程。对于开花植物来说,双受精导致合子发育成胚,初生胚乳核发育成胚乳,随后的合子发育称为胚胎发生,在此期间受精卵分裂并经历一系列复杂的细胞、分子、生化及形态上的变化过程,最终发育成为胚胎。精卵融合形成的合子被认为是新世代发生的起点,在有性繁殖的高等植物中,受精前的卵细胞在代谢上处于相对静止状态,卵细胞在与精细胞融合之后受到激活,启动了胚胎发育过程。植物的早期胚胎发育是伴随着细胞分裂而进行的,涉及合子激活、极性建立、胚胎模式的构建和器官发生等重要生物学过程,胚胎发育的后期则主要是完成储藏物质的累积,进而为种子能够耐受长时间的干燥储存做准备。

1.2.1.1 被子植物胚胎发育的形态过程

被子植物与裸子植物胚胎发育的过程差别较大。现以拟南芥(*Arabidopsis thaliana*)为例简要阐述被子植物胚胎的形态发生过程,见图 1 - 1。拟南芥早期胚胎发育呈现规律性,首先受精后形成的合子胚通过不均等分裂分别在近珠孔端形成大的基细胞(basal cell,BC),在远离珠孔端形成小的顶细胞(apical cell,AC),顶细胞定向发育为胚头,基细胞则发育为胚柄(suspensor,SU)和根,随后顶细胞经过两次纵向分裂形成 4 细胞胚,从合子胚的第一次分裂到 4 细胞胚的发育称为原胚形成阶段;随后再经过横向分裂形成 8 细胞原胚,8 细胞原胚再经过平周分裂形成 16 细胞原胚(由 8 个外层的原表皮细胞和 8 个内层细胞组成),通过原表皮细胞的垂周分裂、内层细胞的平周和垂周分裂形成近球形细胞排列的球形胚(globular embryo),而此时基细胞通过多次横向分裂形成胚柄,球形胚时期通过胚根原基的不均等分裂开始形成根,诱导胚胎产生明显的极性。胚的根端分生组织(root apical meristem,RAM)在后来的发育过程中会形成包括侧根和 RAM 的所有地下器官,拟南芥 RAM 细胞排列呈现规则性,胚根起始于球形胚时期胚根原基的特化并形成静止中心(quiescent center,QC),各组织类型的起始均围绕 QC 进行,研究表明 QC 起始于规则的 RAM 并最终发育形成胚根。此时的胚柄具有双重功能;首先便于营养物质的吸收,并将发育的原胚推到胚囊的中央以保证胚胎后续进一步发育有足够的生长空间;其次胚柄负责包括激素在内的营养物质的运输。合子胚顶细胞分化成两个突起的子叶原基(cotyledonary primordium,CYP),标志着其进入心形胚(heart embryo)阶段,之前形成的胚柄在胚胎进一步发育过程中通过细胞程序性死亡(programmed cell death,PCD)逐渐被消除,心形胚发育后期胚胎的近基端基细胞衍生细胞和顶细胞近基端的衍生细胞发育形成根冠——表皮原,随后再分化出根冠(root cap,RC)和根表皮,胚根原细胞形成静止中心和中柱鞘,至此标志着胚胎的基本组织模式已经形成,在心形胚发育晚期各器官原基清晰可见,包括 RAM、下胚轴(hypocotyl,HYPO)、子叶(cotyledon,COT)及顶端分生组织(stem apical meristem,SAM)。被子植物胚胎器官原基的形成过程发生在球形胚向心形胚的过渡期,同时该时期也是胚胎发育中细胞区域化和功能化的最重要时期,胚胎顶端由原来的辐射对称转变为左右对称;随后子叶原基发育形成子叶,后来将发育为下胚轴的主轴也通过伸长生长形成鱼雷形胚(torpedo embryo),紧随其后的是子叶逐渐伸长和弯曲并充满整个胚囊,胚柄逐渐退化并最终消失,胚胎发育至成熟子叶胚,至此拟南芥的胚胎发育完全结束。

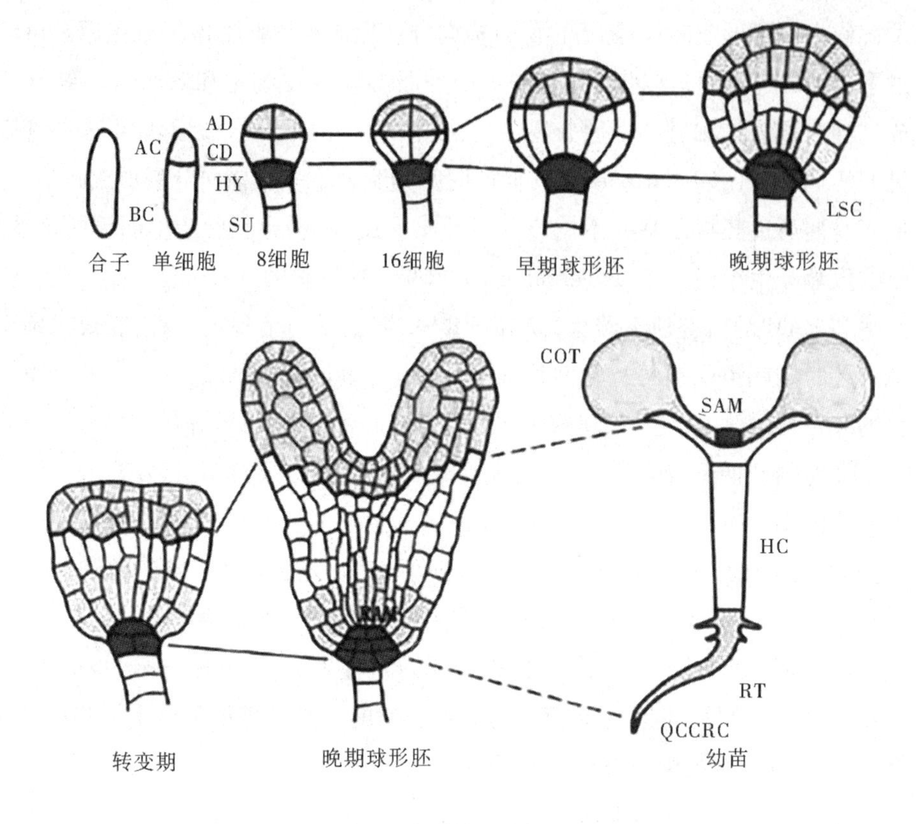

图 1－1　拟南芥的胚胎发育过程

注:图中两条粗线显示胚的不同区域,上区和中区是顶细胞发育来的,下区是由基细胞发育来的。缩写:顶细胞(AC);基细胞(BC);胚上区(AD);胚中区(CD);胚根原(HY);胚柄(SU);透镜状细胞(LSC);子叶(COT);顶端分生组织(SAM);下胚轴(HC);根(RT);根冠(CRC);静止中心(QC);根端分生组织(RAM)。

1.2.1.2　裸子植物胚胎发育的形态过程

由于裸子植物发育周期长,而且观察操作烦琐、难度系数大,加上被子植物和裸子植物的胚胎发育差异大,因此被子植物的研究结果很难应用于裸子植物,这导致裸子植物胚胎发育的研究比被子植物滞后。裸子植物解剖学、胚胎学和孢粉学的相关研究表明,针叶树胚胎起源于胚珠内的单受精事件,并在单倍体的雌配子体中发育形成二倍体的胚胎,随后合子胚在雌胚子体中生长和发育。针对华北落叶松(*Larix principis－rupprechtii* Mayr)的研究结果表明,受精后的合子胚染色体通过有丝分裂可形成2个游离核,2个游离核再经分裂形成4个游离核,并从颈卵器中部向基部移动,然后4个游离核再次分裂形成8个游离核,在颈卵器基部形成上下两层,下层为初生胚细胞层,上层为开放层;随后上下两层细胞再进行1次分裂形成16细胞的原胚(自上向下分别为开放层、莲座层、胚柄层、胚细胞层)。原胚在伸长的初生胚柄的推动下穿过颈卵器基部的细胞壁进入雌配子体组织,同时雌配子体的细胞解体并形成溶蚀腔,胚细胞分裂成管状细胞后最终形成次生胚柄,初生胚柄和次生胚柄不断延长,将原胚推入雌配子体深处。6月中旬雌配子体形成多个胚胎,多胚胎之间竞争养分,但最终只有1个优势胚胎存留下来,6月下旬,竞争保留下的幼胚经过数次细胞分裂逐渐形成1个圆柱体,6月末形成1~2个根原始细胞并形成根冠区,根原始细胞形成苗端(shoot apex,SA)后开始分化产生子叶,7月中旬合子胚各部分组织分化完成,7月下旬到8月底,原胚分化产生的器官进一步发育,最终达到成熟胚的结构。田成玉等人采用组织细胞学观察技术对樟子松(*Pinus sylvestris.* var. *mongolica* Litv.)配子体的形成、受精作用以及胚胎发育的选择开展了详细的研究,研究结果表明,樟子松发育成熟的精子在6月15日左右在颈卵器中上部与卵细胞融合进行受精作用,随后受精卵开始游离核的分裂,并形成8个子核时开始形成细胞壁,随后再进行1次分裂形成16细胞的原胚,伸长的胚柄把原胚送出颈卵器基部的细胞壁,进入雌配子体的溶蚀腔后,原胚吸收溶蚀腔中的营养继续生长发育。需要注意的是,在合子胚发育初期出现多个胚胎竞争,并且保留优势胚胎最终发育成熟。针对欧洲赤松(*Pinus sylvestris* Linn.)的研究结果也表明,针叶树胚胎发育过程中具有多胚胎的特点,1个种子中存在多个胚囊的发育,只有优势胚胎最终发育成熟,而其他的胚胎在早期或晚期的胚胎发育阶段被消除,图1-2为欧洲赤松合子胚发育过程中存在的胚胎消除过程。根据受精后胚胎的竞争情况分为3个不同的阶段:第1阶段时间较短,授粉后1周的合子胚开始进行分裂,2周时通过裂解形成多个同等大小的胚胎,此时胚珠内所有胚胎生长速度接近并具有平等的机会成为优势胚胎;第2阶段时间较长,在授粉后3~4周时,1个胚胎在竞争中获胜成为主导,主导胚胎发育至子叶胚阶段时停止生长;第3阶段为授粉后6~11周,次胚被消除,成熟的主导胚胎进入休眠阶段。由一个合子胚分裂生成多个胚胎的发育现象称为单卵多胎的现象,该现象在裸子植物的20多个属中普遍存在,并演变为裂生多胚(cleavage polyembryony)现象。以上这些研究为深入探讨裸子植物的种子和胚胎发育过程提供了极其珍贵的第一手资料。

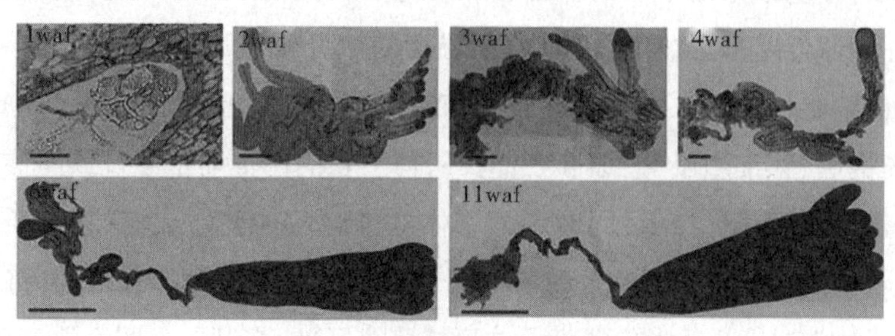

图 1 - 2 欧洲赤松的合子胚多胚胎发生中次胚的消除

注:waf 为受精后的周数。

在植物胚胎(包括体胚和合子胚)发育过程研究中发现,在被子植物中合子胚(拟南芥)和体胚(胡萝卜,*Daucus carota*)开始于不对称分裂,导致不同种类细胞的形成,顶细胞分裂增殖最终产生成熟种子,基细胞形成胚柄并最终在心形胚期被消除。裸子植物受精后合子在颈卵器中进行原胚发育,包括原胚游离核阶段和细胞壁形成期。随后经历数次细胞分裂,在早期的合子胚发育阶段逐渐形成胚柄。伸长的胚柄把初生胚推入雌配子体,并在雌配子体中进一步发育。胚柄细胞伸长迅速并伴随着多胚产生。随后进入胚胎选择时期,最终只有一个胚胎成熟,其余的胚胎退化和解体。此时的胚胎胚柄系统极其发达,胚细胞反复分裂并形成薄壁组织。当幼胚的薄壁组织细胞团出现多种组织原基分化时,胚胎的发育表现为在邻近胚柄的薄壁组织细胞团深处出现根原始细胞,由根原始细胞向上形成原形成层,向下产生柱状层细胞,与胚柄相对的一端发育成苗端和子叶原基。胚胎在结构上出现明显的极性分化。在体胚发生途径的原胚阶段,胚胎极性结构的一极主要由增殖的细胞组成,在另一极,大的液泡化细胞不能增殖,通过液泡化的细胞产生胚柄并在成熟阶段消亡,见图 1 - 3。

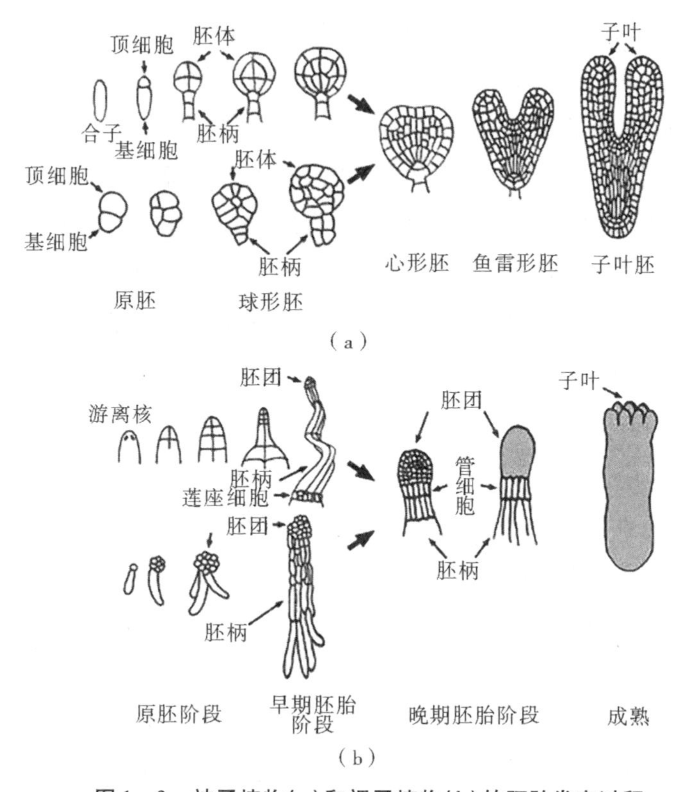

图 1－3　被子植物(a)和裸子植物(b)的胚胎发育过程

注:合子胚[(a)和(b)的上排]和体胚[(a)和(b)的下排]的形态学发育阶段。

众多观察研究表明,裸子植物的受精不同于被子植物的受精,裸子植物从传粉到受精的时间间隔比较长,松属约需一年的时间完成,通常于第 1 年 6 月上旬传粉,第 2 年 6 月下旬开始受精,受精后需 2～3 个月的时间胚胎发育成熟。针叶树胚胎发育通常分为三个明显的阶段:原胚阶段、早期胚胎阶段(包括胚胎选择阶段、胚胎器官与组织的分化阶段)、晚期胚胎阶段。其中原胚阶段为胚柄系统伸长以前的阶段,早期胚胎阶段开始于胚柄伸长,终止于根分生组织形成,晚期胚胎阶段主要为胚胎的成熟阶段。

1.2.2　植物胚胎发育内源激素的研究进展

胚胎发育过程中生理生化指标的变化与胚胎发育过程中的形态变化是密切相关的。生长素(auxin)、细胞分裂素(cytokinin,CTK)、赤霉素(gibberellin,GA)、脱落酸(abscisic acid,ABA)、乙烯(ethylene,ETH)、多胺(polyamine,PA)等内源激素含量的动态变化对胚胎发育和分化起着尤为重要的调控作用。植物胚胎发育进程与其内源激素的调控是紧密相连的，胚胎的正常发育需要多种激素的动态平衡及某一时期某一激素的主导作用。植物激素作用广泛，在植物胚胎发育、种子萌发、营养生长、果实成熟、叶片衰老等植物生长发育的各阶段均发挥重要的作用，其中种子和胚胎发育过程受到植物激素尤其是生长素、CTK、GA、ABA 的精准调控，激素合成、运输和信号转导等调控网络的相关研究为胚胎发育过程及作用机制的深入研究奠定了基础。近年来，对植物种子发育过程中内源激素变化的研究多集中于被子植物，对裸子植物的种子发育过程中内源激素的研究相对较少，对于红松种胚发育过程中内源激素的研究未见相关报道。对巴西松(*Araucaria angustifolia*)合子胚发育过程中的吲哚乙酸(indole - 3 - acetic acid，IAA)的研究结果表明，种胚发育早期 IAA 含量较高，在发育后期 IAA 含量达到峰值，之后逐渐降低。已有的研究表明，生长素在胚胎发育早期的胚胎分化事件和胚胎双侧对称的形成过程中起着至关重要的作用，如在白云杉(*Picea glauca*)的胚胎发育过程中器官组织开始分化的同时伴随着生长素含量的增加。种子发育后期 IAA 含量的降低可能是由于自由态 IAA 转化形成结合态或者形成其他产物。IAA 是种子发育期间起主要作用的生长素类物质，在胚胎发育过程中 IAA 含量的变化被认为是胚胎发生的早期信号，高水平的 IAA 与种子的生长发育阶段相关联，通过细胞伸长实现种子和果实的膨大增长。在针叶树体胚发生研究中，不同时期添加生长素浓度的变化与合子胚发育过程中的内源 IAA 水平变化趋势相一致，即在胚性愈伤组织诱导过程中需要高浓度的生长素类激素，如 2，4 - D(2,4 - dichlorophenoxyacetic acid)或 NAA(naphthalene acetic acid)，6 - BA(6 - benzylaminopurine)处理，通过 IAA 可以使体细胞获得胚性，随后的体胚成熟培养试验中需要降低外源添加的 IAA 浓度。IAA 作用机制的研究表明，生长素类植物生长调节剂主要是通过活化氧化胁迫反应促进剂的作用来增加内源生长素的活性而发挥作用。

CTK 在细胞分裂和蛋白质合成过程中起重要的作用。在花旗松(*Pseudotsuga menziesii*)种子发育过程中内源 CTK 在合子胚发育早期含量高，接近成熟的脱水干燥期含量最低，CTK 的增加有利于提供种子雌配子体的细胞分裂、伸长及原胚期胚胎发育所需的养分，在针叶树体胚发生胚性愈伤组织的诱导阶段常需要添加高水平的外源 CTK，如 6 - BA，而在随后的愈伤组织诱导原胚和体胚成熟试验中，则需要低水平的 CTK 或者撤去 CTK。

植物合子胚发育过程中ABA含量测定结果表明，在种子发育早期，内源ABA含量呈现递增的趋势，在后期的胚胎成熟干燥期则呈现递减的趋势，说明ABA在植物胚胎成熟阶段起着关键性的作用。ABA主要通过促进种胚成熟期储藏蛋白的合成及促进种子耐受干燥所需蛋白的合成中调控相关基因的表达，进而促进胚胎成熟和抑制萌发，在一些针叶树体胚成熟过程中，缺少外源ABA不会促进成熟，加入ABA会增加体胚成熟的数量和质量。

包括生长素、CTK、GA、ABA在内的植物内源激素在促进种胚发育进程的演变中扮演着重要角色，开展植物合子胚发育过程中内源激素的研究有利于揭示胚胎发育的机制和开展体胚发生技术的研究。

1.2.3 植物胚胎发育的分子生物学研究进展

植物胚胎发育是指植物精卵结合后合子极性形成到胚胎分化等一系列复杂的发育过程。植物胚胎的分离和收集都比较困难，加上受精异常及胚胎发生突变多数会导致死亡，因而研究胚胎发育的基因表达变化具有相对较大的难度。对胚胎发育的研究，早期主要开展胚胎发育结构与功能关系及胚胎发育和传粉受精生理活动的探讨，近年来随着分子生物学技术手段的不断完善及新技术的出现，以及微量材料的分子生物学技术的发展，学者逐渐开始从基因水平揭示胚胎发育的分子机制，参与胚胎发育的遗传调控或者胚胎特异表达的相关基因先后被鉴定和克隆，如*LEA*(late embryogenesis abundant)，*SERK*(somatic embryogenesis receptor - like kinase)，*BBM*(baby boom)，*LEC*(leafy cotyledon)等。下面就胚胎发育过程中的分子事件及相关基因的功能进行简要阐述。

1.2.3.1 植物胚胎发育的启动基因

植物胚胎发生能力的获得，促进或维持细胞胚胎能力是胚胎发生的重要环节，其中有许多基因参与该过程的调控。

(1)*SERK* 基因

众多研究证明，*SERK*基因在植物合子胚发育及体细胞胚胎诱导过程中高表达，证实了*SERK*基因在植物胚胎发育过程中具有重要的作用。在拟南芥授粉前的花芽及发育的合子胚的胚头、胚乳和胚乳细胞核中均检测到*SERK*有表达，这种表达趋势持续到心形胚阶段。*SERK*基因除了在植物体细胞胚胎诱导和合子胚发育早期高表达外，也在胚胎发育后期的顶端分生组织、根部分生组织表达。关于日本落叶松（*Larix kaempferi*）的研究结果表明，日本落叶松体胚发生的全程均检测到 *SERK*1 有表达，在体胚发生早期相对表达量高，而在体胚发育后期相对表达量较低，仅起到维持体胚发育的作用。结构分析表明，*SERK* 属于跨膜信号转导蛋白基因家族，该基因属于 LRR－RLK，在植物受到非生物胁迫和生物胁迫后发挥着广泛的作用，目前已在不同植物中鉴定若干个 *SERK－LIKE* 基因。Bojar 等人的研究表明 *SERK* 参与了油菜素甾醇（brassinosteroid，BR）的信号转导途径，进而影响胚胎发育。*SERK* 可被多种激素诱导，如 2，4－D，ABA、水杨酸（salicylic acid，SA）和茉莉酸（jasmonic acid，JA），其中生长素和细胞分裂素可能是 *SERK* 的正向调控因子。

（2）*LEC* 基因

LEC 基因主要包括 *LEC*1、*LEC*2、*FUSCA*3（*FUS*3）。与其他在胚胎发育特定阶段起到调控作用的基因不同，*LEC* 基因是植物胚胎模式构建和成熟发育所必需的，*LEC* 基因目前被作为胚胎发育过程中形态发生与成熟阶段调控的重要候选基因，该基因对胚柄细胞功能的决定和子叶特性的保持具有重要的作用，在胚胎发育后期成熟阶段，*LEC* 基因在胚胎的耐脱水性、储藏物质的积累、成熟特异基因的表达、抑制过早萌发等方面起着调控作用。*LEC*1 和 *FUS*3 基因在拟南芥幼龄角果、体胚和胚性愈伤组织中均有表达，但在花芽和茎中没有表达，*FUS*3 基因在体胚中有表达。*LEC*2 基因是 *LEC* 基因家族的另一个成员，*LEC*2 在胚柄的形态维持、子叶特性的保持、正常进程的种子成熟、抑制种子提早萌发等方面起调控作用，*LEC*2 也能提高体细胞向胚细胞转变的能力。在拟南芥中与 *LEC*1 相似的另一个 *LEC*1 型基因是 *L*1*L*（*LEC*1－*LIKE*），*L*1*L* 的异位表达可以代替 *LEC*1 的功能，该基因是胚胎发育所必需的，*L*1*L* 基因突变后导致胚胎发育的异常，但表型与 *LEC*1 不同，拟南芥 *LEC*1 在种子中特异表达，而 *L*1*L* 在种子中相对表达量最高，同时在叶、花序、茎中都有表达。关于柑橘（*Citrus sinensis*）的研究也表明，*L*1*L* 在胚性愈伤组织、体胚和未成熟种子中高表达，在非胚性愈伤组织中不表达，进一步证实了 *L*1*L* 基因与胚性能力的获得有很大关系。

研究表明，*LEC* 基因主要是调控其他基因的转录，进而调控胚胎的发育。由于生长素被认为是体胚诱导过程中胚性能力获得的一个关键因子，因此推测 *LEC*/*FUS* 基因可能参与了体胚诱导培养过程中生长素信号网络的调控。Junker 等人的研究表明:*LEC*1 作为转录因子参与早期合子胚和体胚发育的光信号和激素信号的转导过程;生长素的信号转导、极性运输和合成都受到 *FUS*3 的调控,*FUS*3 通过直接调控生长素合成基因 *YUC*4 的表达而影响根的再生,*FUS*3 可调控 ABA 和 GA 两种植物激素的合成,进而调控植物合子胚的发育。也有研究表明,种子发育过程中 *LEC*1 对于储藏蛋白相关基因的调控主要依赖于 ABA 及转录因子 HAP2C 和 bZIP67。*LEC*1、*LEC*2 也可促进胚胎发育后期的脂肪酸、储藏蛋白合成的关键调控因子的表达。

1.2.3.2 分生组织功能必需的基因及表达模式

干细胞对植物分生组织的启动和进一步分化与发育起到至关重要的作用。近年来,通过对 SAM 活性和结构突变体的研究,先后鉴定了 SAM 形成和功能发挥所必需的基因,如 *STM*,*WUS*,*CLV*1,*CLV*3 等。上述调控基因在不同生长发育阶段处于不同水平的动态平衡中,启动和维持着植物茎端分生组织的生长发育,并保证植物按顺序启动各侧生器官的分化和发育。

(1)*WUS* 基因

针对 *WUS* 基因可异位诱导植物干细胞形成的特点,*WUS* 基因被作为胚胎茎端分生组织早期形成的分子标记。研究表明,*WUS* 最早在 16 细胞原胚上面的 4 个细胞中表达,分裂完成后在近原形成层的细胞中持续表达,说明 *WUS* 基因的表达需要来自原形成层细胞的信号。在 SAM 的启动过程中,*WUS* 表达局限于中心区原体的一簇细胞中,因此 *WUS* 是 SAM 维持无限活性所必需的,鱼雷形胚阶段可观察到其在茎端分生组织中出现。*WUS* 相关的同源基因——*WOX* 基因家族是植物特有的转录因子家族,WOX 属于同源结构域(HD)类转录因子。研究表明 *WOX* 基因参与早期的胚胎发育和横向器官发育区位特异性的转录过程。*WOX* 基因家族的成员已被证明在 SAM 组织中心维持干细胞群特征时发挥作用,*WOX*3 调控着叶片边缘分生组织的发育,*WOX*4 调控维管干细胞的增殖,*WUS* 和 *WOX*5 参与胚胎发育过程中分生组织的从头形成,*WOX*5 具有促进 TAM 形成的作用,并在根部静止中心形成过程中发挥重要的作用,*WOX*8 和 *WOX*9 共同调控着合子胚发育和胚轴的形成,*WOX*11 和 *WOX*12 共同促进胁迫条件下原形成层内和周边生长素浓度的增加,同时调控着叶原基和薄壁组织细胞向根细胞的转变。最近的研究表明,*SpWOX*13 的异位表达导致茎端分生组织原套层细胞排列异常，说明 *WOX*13 具有促进细胞分化的作用。

另有研究表明，*WUS* 基因在促进或维持胚胎发生能力上起着关键作用，推测 *WUS* 参与生长素极性运输的调控，而生长素是诱导体细胞胚胎发生的重要条件，生长素浓度梯度的建立是植物胚胎发育必需的，因此推断 *WUS* 可能是参与体细胞向胚性细胞过渡的调控因子或作为维持胚性干细胞特征的重要因子。干细胞的增殖需要细胞从周围环境获得信号来维持。在苗端分生组织的组织和功能中心存在着一个包含 *WUS* 和 *CLV*3 两个基因的反馈调节机制。*WUS* 基因编码一个转录因子，能够直接调节另外一些基因的活性，它在中心区域组织中心细胞中表达，通过某些未知机制，*WUS* 能够将周围的细胞转变成干细胞，进而促进干细胞中特异基因 *CLV*3 的表达，而 *CLV*3 可以与 CLV1/CLV2 受体复合物相结合，通过反馈调节机制限制 *WUS* 在组织中心的表达。这种反馈抑制调节机制多出现在胚胎发育的心形胚时期，参与胚胎中茎端分生组织干细胞数目的调控：当干细胞数目过多时 *CLV*3 会过量表达，减少 *WUS* 的表达，导致干细胞增殖信号的减少；反之，则会引起 *CLV*3 表达的缺失，进而引起 *WUS* 的过量表达，进而刺激干细胞的产生。

(2) *CLV* 基因

研究表明，包括 *CLV*1、*CLV*2、*CLV*3 在内的 *CLV* 基因家族具有促进干细胞分化和器官形成的功能。*CLV*1 编码一个受体蛋白激酶，在茎尖分生组织的 L3 层中表达；*CLV*2 编码一个受体样蛋白，是维持 *CLV*1 受体激酶活性所必需的；*CLV*3 编码的蛋白质是一个分子量约 9 kDa 的分泌型蛋白，主要在干细胞中表达，在细胞之间移动并在茎尖分生组织 L3 层细胞处与 *CLV*1 结合。这 3 个基因在分生组织中心区域不同细胞层表达，一旦 *CLV* 突变后就会表现出膨大的分生组织、多个心皮等表型。关于拟南芥的研究表明，*CLV* 途径与 3 个基因相关：*CLV*1、*CLV*2 和 *CLV*3 是一组促进器官发生的基因，*CLV*1 和 *CLV*3 是限制中心区域大小所必需的，三个基因中任何一个基因缺失都会影响所有阶段的 SAM 的形成，导致器官发生延迟、分生组织变大、形成额外的花器官等。

(3) *ZLL* 基因

在植物发育中，正确的分生组织形成是胚胎形成后功能体现的关键。研究表明 *ZLL* 基因对胚胎顶端分生组织的正确形成是特异和必需的。*ZLL* 基因突变导致后期胚胎中 *STM* 基因的空间表达模式发生异常，导致胚胎发育模式和茎端分生组织的正常功能发生改变。*ZLL* 基因对 *STM* 基因具有调节作用,此调节作用的行使可能通过形成某种位置信息来实现,进而证实了 *ZLL* 基因是植物胚胎发育过程中的干细胞维持所必需的。

(4)*PLT* 和 *SCR* 基因

研究表明,生长素信号转导过程中通过 BDL/MP 途径正向调控着 *PLT* 基因的表达。该基因家族主要包括 *PLT*1、*PLT*2、*PLT*3、*BBM*4 个基因,负责编码调控静止中心形成和维持干细胞的 AP2 域转录因子。*PLT*1、*PLT*2、*PLT*3 基因功能冗余地调控着胚胎早期发育和胚胎后期发育过程中 *PIN* 的表达,因此 *PLT* 通过在高浓度的生长素位点促进 *PIN* 的表达参与生长素的反馈调控。*SCR* 与 *PLT* 共同决定了发育成静止中心的细胞的命运,在胚根及胚根原发育过程中发挥着至关重要的作用,静止中心是 *PLT* 和 *SCR* 集中表达的位置。

1.2.3.3 胚柄发育相关的基因

胚柄是胚胎中短暂存在的结构,胚柄在胚胎中的功能主要体现在两方面:首先,将发育中的原胚推入胚囊的中央,利于营养物质吸收的同时保证充足的生长空间;其次,胚柄具有营养成分和激素等物质的运输传递功能。近年来,研究者利用分子生物学技术手段研究了胚柄与胚头之间的信号转导机制,鉴定了胚柄形成和功能作用相关的基因。

拟南芥 *TWN* 突变体导致胚胎停育,胚柄增殖形成多个胚胎。*TWN* 保证胚柄细胞的形成及胚胎极性的构建,同时胚柄具有在特定的条件下发育成为胚胎的能力,表现出不依赖于母体信息的合子胚发育。*TWN*1 基因产物参与维持胚柄细胞的身份,该基因突变可缓解胚胎对胚柄的抑制作用,同时 *TWN*2 突变体在胚胎发育早期有缺陷,抑制早期胚胎发育过程中基细胞的发育,进而影响胚柄的发育。随后的研究表明,*TWN* 除影响胚柄的分化外,也影响着子叶的发育,因此推测 *TWN* 基因可能参与拟南芥胚胎顶部和基部的位置信息的细胞间转换和传递途径的调控。PtNIP1 是水 - 甘油跨膜输送的蛋白通道,研究表明其先在胚柄中表达,并在胚柄伸长过程和胚胎发育的营养运输过程中扮演着重要角色。在红花菜豆(*Phaseolus coccineus*)胚胎发育早期,胚柄中含有大量的胚胎发育所需要的 IAA,说明胚柄是植物生长素的合成点。

1.2.3.4 抗氧化系统和细胞程序性死亡相关的基因

细胞程序性死亡(programmed cell death,PCD)是植物正常生长发育必需的,也是植物自身抵御不良环境的重要途径,而植物胚胎发育过程也需要通过PCD途径来消除多余的组织和器官或者清除受损坏死的细胞,与此同时植物体内形成的抗氧化系统(antioxidant system,AS)涉及的相关酶类和一些热激蛋白(heat shock protein,HSP)也共同参与了对植物胚胎发育的调控。

(1)PCD的发生及作用酶类

PCD是生物体在内源的发育信号或外源的环境信号作用下特定时空发生的细胞死亡过程,是植物胚胎正常发育必不可少的过程。研究表明,针叶树体胚发生过程中PCD有两个峰值,一个是原胚团的消除阶段,另一个是胚柄的消除阶段。胚柄作为分化的暂时性器官可通过液泡的PCD逐渐被消除,在被子植物中胚柄的消除开始于晚期球形胚阶段并终止于鱼雷形胚的起始阶段,在裸子植物中则出现在胚胎发育的后期。挪威云杉(*Picea fabri*)和冷杉(*Abies fabri*)体胚发生研究中首次证实了胚胎发育过程中存在两个PCD高峰,分别为由PCD执行原胚的降解、原胚向胚胎转变及早期胚胎发育过程中胚柄的终止分化过程。在松属(*Pinus*)的合子胚发育研究中也证实了PCD在胚柄和次胚消除过程中的作用。研究人员对挪威云杉体胚发生过程的研究表明,激活原胚团中PCD是原胚团向胚胎转变过程所必需的。通过形态学和分子标记方法,鉴定出植物细胞死亡包括液泡死亡和坏死死亡两种类型,但对于其发生机制还不是很明确。液泡死亡是抑制分化和随后的胚柄消除所必需的,同时有助于胚胎极性的建立。在挪威云杉的体胚研究中发现,终止分化的启动和胚柄中PCD现象伴随着胚胎发育早期顶基轴的形成而发生,随后胚管细胞应答PCD并经历一系列特定的形态学的转变,在胚柄的基细胞中执行PCD,PCD发生过程在胚柄的末端检测到大量空壁的死亡体、液泡膜的破裂、核溶解酶的释放,剩余的细胞组分被消化,胚柄的基部出现液泡死亡的现象。在植物中发生的PCD是由与动物中的半胱氨酸蛋白酶结构类似的metacaspase来执行的,metacaspase与植物胚胎形成过程中的PCD现象有十分重要的关系,此外液泡加工酶(VEIDase)也参与了植物PCD过程。挪威云杉胚胎中发现了VEIDase活性的存在,在早期阶段的胚胎中高表达,当胚胎形态建成后含量降低,其活性定位于发生PCD的胚胎区域,

同时发现 *mc* Ⅱ - *Pa* 基因的下调抑制胚胎形成期胚柄分化的 PCD 过程,进一步得出 *mc* Ⅱ - *Pa* 基因通过调控 VEIDase 活性可实现对植物胚胎发育 PCD 的调控,证实了该酶在胚胎模式建成中发挥重要的作用。对参与挪威云杉胚柄中细胞液泡死亡调控的研究表明,*mc* Ⅱ - *Pa* 主要通过调控核膜解体和染色质退化参与胚柄的消融。在 PCD 发生过程中除了相关的核酸酶和蛋白酶发生明显的变化外,其他一些分子也参与了该过程的调控,如 CAT、POD、SOD 等抗氧化酶类参与的抗氧化胁迫机制,以及成视网膜细胞瘤蛋白(retinoblastoma protein,RP)参与的维持细胞稳态的过程等。在苏格兰松胚胎发育过程的研究中发现,靠近合子胚周围的雌配子体组织和珠心层的细胞发生 PCD 现象,同时检测到在这些组织中编码自噬相关蛋白(ATG5、CAT、RBR)基因的表达,指出 CAT 在苏格兰松的胚胎发育过程中具有保护代谢活跃的细胞免受过氧化氢的积累而抑制氧化胁迫和细胞死亡的作用,ATG5 和 RBR 参与调控的胚胎周围雌配子体的坏死性 PCD 是受基因调控的。

此外,Blanvillain 等人在拟南芥的研究中发现了一个能激活细胞程序性死亡的多肽,该多肽具有 25 个氨基酸,被命名为 KOD,KOD 对拟南芥中胚柄的程序性死亡有直接或间接的影响。另有研究表明,PCD 相关基因的时空表达受到激素的相关调控,如 ABA、ETH、SA、JA 等激素的生物合成和信号转导途径均参与了 PCD 过程的调控。

(2)AS 的发生及作用酶类

在植物胚胎发育过程中形成的 AS 对于胚胎的正常发育及胚后发育是必需的,其中涉及的活性氧(reactive oxygen species, ROS)或活性氧清除系统(ROS - scavenging system)主要包括 SOD、POD、APX、CAT、GPX 等酶类的参与。SOD 在细胞抗氧化保护机制中起核心作用,SOD 可催化细胞内超氧自由基转变为细胞毒性相对较低的 H_2O_2,随后 H_2O_2 经 CAT、POD 等酶的作用生成对生物体无害的物质 H_2O。研究表明,SOD 可提高细胞分化频率,SOD 可消除 O^{2-} 或增加 H_2O_2 的影响,随后细胞信号传递系统促使细胞分化基因的表达,SOD 对胚性细胞的分化以及早期胚胎发育有促进作用。对杂种落叶松(*Larix leptolepis* × *L. principis - rupprechtii*)的研究表明,在体胚发生过程原胚期中 SOD 活性较高,在添加 ABA 后初期有小幅降低,在早期单胚后直至子叶胚期保持增加的趋势,该研究也证明 SOD 与胚性细胞的分化及体胚的发育呈正相关性。CAT 在清除

超氧自由基及 H_2O_2 过程中具有减轻细胞中活性氧毒害的作用。APX 是氧化防御系统中的最重要的酶类之一，负责调控细胞内 H_2O_2 的水平。APX 在巴西松原胚期、球形胚期、鱼雷形胚期种子中高表达，在成熟阶段没有表达，说明在种子发育早期需要高水平的氧化胁迫代谢，高水平的 ROS 导致 APX 聚集用于调控活性氧胁迫。

POD 在体胚发生早期胚性细胞和球形胚的形成过程中高表达，证实了 POD 在胚胎发育形态建成过程中的作用，但对于其作用机制和分子机制仍然不是很清楚。谷胱甘肽过氧化物酶(glutathione peroxidase, GPX)是另一个生物体内清除氧自由基的重要酶类，在物质代谢和呼吸作用尤其旺盛的时期产生大量的 ROS 清除系统，诱导细胞内 GPX 发生作用。在植物处于逆境时，谷胱甘肽硫转移酶(glutathione S – transferases, GST)通过催化某些内源性或外来有害物质的亲电子基团与还原型谷胱甘肽的巯基结合，进而解除毒性，GPX 和 GST 均参与体胚发生过程中的 ROS 清除过程。

对于 ROS 参与 PCD 过程的研究表明，ROS 对植物中 PCD 过程的诱导、信号转导和实施均起到重要的调控作用，生物体可以通过降低或提高抗氧化酶水平来调控活性氧的平衡，进而实现对 PCD 的调控。

(3) HSP

热激反应是生物体抵御各种压力胁迫、修复损害的主动反应。HSP 是普遍存在于生物系统发育过程中的氨基酸序列与功能极为保守的一类分子伴侣，生物细胞通过合成 HSP 参与调控细胞的增殖与分化、生存与死亡等重要事件。HSP 根据相对分子质量大小、氨基酸序列的同源性及功能分为 HSP100、HSP90、HSP70、HSP60、HSP40、小分子 HSP。HSP 具有维持细胞内稳态、保护和修复核蛋白的作用，同时与主要凋亡蛋白共同参与胁迫条件下的细胞凋亡信号通路的调控。HSP 家族具有双重功能，抑制细胞凋亡，促进细胞存活的同时，也可成为细胞凋亡蛋白分子伴侣，促进细胞凋亡。

大量的研究表明，植物合子胚和体胚发生过程中涉及 HSP 的参与和调控。在对拟南芥的研究中也发现，种胚特异性转录因子调控 HSP101、HSP17.4、HSP17.7 的特异表达。HSP70 参与调控 PCD 的过程在对水稻(*Oryza sativa*)的研究中也得到了验证。已有的研究表明，HSP 家族在植物胚胎发育中促进新合成蛋白质的转运和折叠的同时保护细胞免受高压的影响，因而具有抑制细胞凋亡的作用。

1.2.3.5 激素代谢信号转导相关的基因

包括 IAA、CTK、ABA 等在内的植物内源激素在植物胚胎发育和分化过程中发挥着重要的调控作用。自各种内源激素被研究者发现，其生理功能和作用机制的研究一直备受关注。近年来，随着分子生物学技术手段的进步，研究人员逐渐揭示了激素的合成代谢与信号转导途径相关的基因及生理作用机制。

(1)生长素作用相关的基因

生长素是一个以吲哚环为基础的简单小分子，在植物生长发育的各个层面和不同阶段发挥着重要的作用。生长素调控着细胞分化、分裂和伸长，维管组织的分化、器官的分化和极性的建成，参与早期的胚胎分化事件和胚胎双侧对称的形成过程。近年来，随着分子生物学、遗传学、生物化学等研究手段的日趋成熟，我们对生长素合成代谢、信号转导、极性运输机制有了进一步的了解。研究表明，植物生长素的合成途径包括依赖色氨酸途径(Trp - dependent pathway)和不依赖色氨酸途径(Trp - independent pathway)，其中依赖色氨酸途径又包括四条子途径，分别为吲哚 - 3 - 乙醛肟(indole - 3 - acetaldoxime，IAOx)途径、吲哚 - 3 - 丙酮酸(indole - 3 - pyruvic acid，IPA)途径、色胺(tryptamine，TAM)途径和吲哚 - 3 - 乙酰胺(indole - 3 - acetamide，IAM)途径，见图 1 - 4。

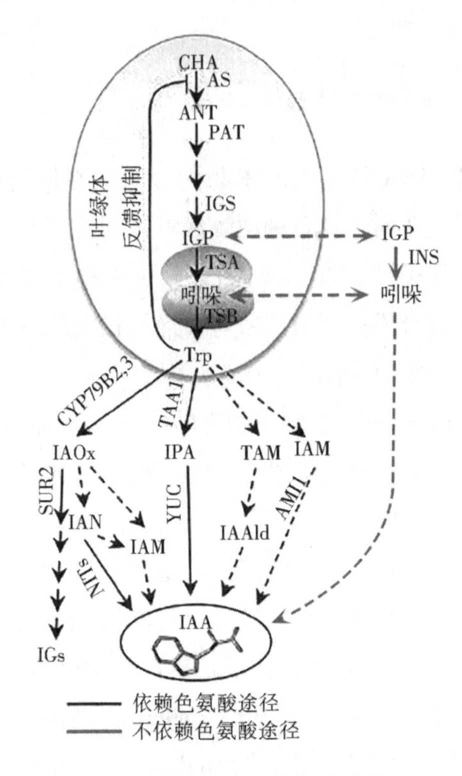

图 1-4　植物生长素生物合成途径

注:实线箭头指的是确定的途径与识别的酶,虚线箭头为不确定的途径和酶。ANT,邻氨基苯甲酸;AS,邻氨基苯甲酸合酶;CHA,分支酸;IAAld,吲哚-3-乙醛;IAM,吲哚-3-乙酰胺;IAN,吲哚-3-乙腈;IAOx,吲哚-3-乙醛肟;IGP,吲哚-3-甘油磷酸;IGs,吲哚硫苷;IGS,吲哚-3-甘油磷酸合酶;IPA,吲哚-3-丙酮酸;PAT,邻氨基苯甲酸磷酸核糖基转移酶;TAA1,色氨酸转氨酶;TAM,色胺;TSA,色氨酸合成酶 α;TSB,色氨酸合成酶 β;YUC,黄素单加氧酶。

TAM 途径为色氨酸首先在色氨酸脱羧酶作用下形成 TAM,TAM 通过酶促反应转变为吲哚-3-乙醛(IAAld),IAAld 再经专一脱氢酶作用形成 IAA,黄素单加氧酶(flavin monooxygenase,YUC)基因家族编码的黄素单加氧酶是该途径的限速酶,主要负责催化色胺向 N-羟基色胺的转化。但也有研究人员对 *YUC* 基因家族编码的酶作为 TAM 途径的限速酶提出质疑,后来基于遗传学、生物化学和代谢方面的证据提出 *YUC* 基因家族主要参与 IPA 向 IAA 的转化过程的调控。*TAA*1 及其两个关系最近的同源基因 *TAR*1、*TAR*2 在依赖色氨酸的 IPA 合成途径中起重要作用。在 IPA 途径中,色氨酸首先在 TAA1 关键酶的作用下形成

IPA，IPA 再经脱羧形成 IAAld，随后形成 IAA。对 IAO 途径的研究表明，在该途径中色氨酸首先经 CYP79B 蛋白酶催化形成 IAO，IAO 可以分别生成 IAN 和 IAAld，再分别经腈水解酶（nitrilase）和醛氧化酶（aldehyde oxidase，AAO）的催化作用生成 IAA，该途径被证实是拟南芥中 IAA 合成的主要途径。IAM 途径中色氨酸先在色氨酸单加氧酶（tryptophan monooxygenase，iaaM）催化作用下转变成 IAM，IAM 再经水解酶水解生成 IAA。最近的研究表明，IAM 为豌豆根系的 IAA 合成的主要途径。吲哚水合酶（indole synthase，INS）调控的不依赖色氨酸的 IAA 合成途径与依赖色氨酸的合成途径共同调控着拟南芥的胚胎发育早期顶基轴的建立过程，目前，不依赖色氨酸的生长素合成的确切路径和作用的酶类还尚未被揭示。

在植物中 IAA 的合成主要是以色氨酸为前体进行的，即依赖色氨酸途径；拟南芥基因组含有 11 个 *YUC* 基因家族成员，这些基因的过表达会导致内源 IAA 的积累。*YUC* 基因家族对胚胎发育和胚后器官形成至关重要，其中 *YUC*1、*YUC*4、*YUC*10 和 *YUC*11 被证明参与胚胎发育的调控，且这些基因之间存在功能冗余。在拟南芥体胚启动过程中，*YUC*1 和 *YUC*2 表达显著增加，*YUC*4 和 *YUC*6 的表达稍有增加，*YUC*10 和 *YUC*11 表达变化不大，在添加外源生长素后 0 ~ 48 h 的胚性愈伤组织中的自由 AUX/IAA 水平增加，该研究结果证实了 *YUC* 基因编码该过程生长素合成中的关键酶。对于 *TAA*1 和 *YUC* 基因缺失导致胚胎发育异常的研究表明，色氨酸经 *TAA*1 催化首先产生 IPA，再由 *YUC* 催化产生 IAA 的途径可能是植物中主要的依赖色氨酸的生长素合成途径。*YUC*6 在氧化胁迫条件下被上调表达，转基因植株表现出生长素过剩的表型，说明 *YUC*6 可促进生长素合成。

生长素代谢过程是植物维持体内生长素平衡和调节各种生理活动的重要途径。研究表明，在植物体内只有很少一部分自由态的 IAA 存在，多数以非活性共价化合物的形式存在；植物体通过生长素自由态和束缚态的转换来调节自身生长素的水平，进而实现生长素对植物生长发育的调控；而生长素酰胺合成酶（GH3）基因家族是一类生长素早期的响应基因，该家族成员负责催化游离态 IAA 与氨基酸偶联形成结合态的 IAA - 氨基酸，其中Ⅱ类 GH3 蛋白主要包括 GH3.5、GH3.6、GH3.17 等 8 个成员，通过编码 IAA 酰胺合成酶调控植物体内生长素的均衡。桦树根系的研究表明 *BpGH*3.5 过表达，植株内自由态 IAA 含量也降低，进一步说明*GH3.5*参与了IAA代谢和信号转导通路的调控。Zhang等人从落叶松体胚发育过程中分离出*GH3*基因，证实了*GH3*通过维持植物生长素的稳态而对IAA与ABA含量产生重要影响。

生长素信号转导途径的研究是近年来学者关注和研究的重点，近年来的研究初步揭示了生长素的信号转导途径，发现参与生长素信号转导的相关蛋白，如生长素受体相关的SCF复合体(SKP1, cullin and F - box complex)、生长素蛋白(AUX/IAA)和生长素响应因子(auxin response factor, ARF)。AUX/IAA是在生长素处理后上调表达基因过程中发现的一类转录抑制因子，在采用IAA处理后的10~20 min内AUX/IAA基因的转录本被诱导，这些基因在植物中以多基因家族的形式存在。AUX/IAA基因与*GH3*基因、生长素上调小RNA(small auxin - up RNA, SAUR)共同作为生长素原初反应基因，并且上述生长素原初反应基因可以被生长素快速诱导表达。AUX/IAA蛋白作为阻遏蛋白可与ARF异源性地结合，同时抑制其与下游基因启动子部位的生长素反应元件的结合，进而影响下游基因的转录与表达，因此AUX/IAA蛋白作为生长素早期应答基因表达的抑制因子负调控生长素信号转导过程，生长素响应因子在植物中是由多基因编码的稳定的核定位蛋白(拟南芥鉴定了22个ARF)。在植物体内AUX/IAA多以同源二聚体形式或与ARF结合形成异源二聚体的形式存在，在低浓度生长素条件下，AUX/IAA与ARF结合阻碍ARF与生长素应答基因顺式元件(AUXRE)的结合，抑制ARF的转录激活，进而抑制生长素早期响应基因的表达。当生长素浓度高时，TIR发挥功能，生长素发挥“分子胶”的作用，生长素作为分子胶将SCF^{TIR1}和AUX/IAA结合，再通过泛素 - 蛋白酶体系将AUX/IAA蛋白降解，释放ARF，启动下游基因的转录。由此可见，生长素信号转导途径需要ARF与AUX/IAA的相互作用来实现对生长素响应基因的精细调控。研究表明，除了AUX/IAA外，TIR1/AFB蛋白家族是另一个共受体组合。拟南芥基因组编码的6个TIR1/AFB蛋白为F - box蛋白，以依赖生长素的方式与AUX/IAA结合，TIR1/AFB具有不同的生化活性，同时其转录调控受很多因素影响。TIR1和AFB2介导AUX/IAA降解的调控，AFB1、AFB3与TIR1共同调控生长素的作用发挥，对于TIR1/AFB的确切功能目前仍然不清楚。

生长素结合蛋白ABP1具有直接结合生长素的能力，其参与了生长素在细胞质中的信号转导事件，ABP1因此被作为生长素信号转导途径的关键因子。

目前普遍认为*ABP*1基因是植物发育中所必需的。对相关突变体的研究表明，ABP1负责调节细胞分裂、细胞扩张、分生组织形成、胚胎和根的发育。近年来，ABP1与生长素的关系已被确认，有研究表明ABP1具有调节生长素输出载体蛋白PIN的亚细胞分布的作用。在质膜中，细胞表面的ABP1和跨膜受体样激酶细胞形成的复合物作为生长素的受体发挥作用，而上述功能的启动过程需要通过激活一种类Rho GTP酶（ROP），ROP被证实在细胞骨架的组织和PIN参与的内吞过程中具有重要的调节作用。对拟南芥的研究表明，ABP1可能不是生长素信号转导中的必需因子，并对*ABP*1是否参与生长素的调控作用提出了质疑。因此，对于ABP1参与生长素调控的多个生物学过程的分子机制、下游组分、相关的信号事件还需进一步探究。

生长素晚期响应基因处于早期响应基因的下游，被转录因子ARF直接调控，这些基因家族主要为细胞周期调控基因和细胞壁形成酶的编码基因，通过这些基因的调控，实现对细胞伸长、分化和分裂等一系列植物生理反应的调控。近年来，在植物中开展的相关研究进一步揭示了上述生长素信号转导途径中各作用元件的作用方式及对生长素生理功能的影响，如Rademacher等人阐述了ARF、AUX/IAA、TIR/AFB在根茎尖分生组织形成过程中及在胚胎根诱导中的作用机制。

有研究表明，抗氧化系统缺陷的拟南芥会出现生长素不足和生长素动态失衡的表型。对谷胱甘肽生物合成的突变体（CAD2）的研究表明，谷胱甘肽的水平会影响生长素的传输和生长素的浓度。另外，臭氧处理会降低生长素信号转导途径的*TIR*1、*AFB*1、*AFB*3、*AFB*5、*AUX/IAA*基因的转录水平，并且ROS可直接通过某种未知的机制调控ARF的转录。上述研究结果说明ROS和AS参与生长素的感知和生长素的信号转导途径。生长素信号转导途径中的感知、传导过程，受调控的其他基因需要进一步探索和揭示。生长素信号转导过程见图1-5。

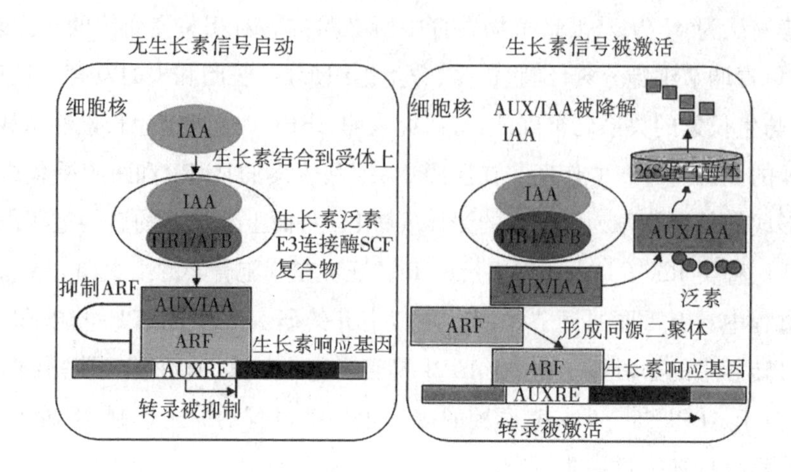

图1-5 TIR1/AFB介导的生长素信号转导途径

此外，生长素的极性运输方式及由此形成的浓度梯度分布也对其生物功能的发挥起着至关重要的作用，如生长素浓度梯度对向地性生长、干细胞的分化、侧生器官的启动起到重要的调控作用。生长素极性运输是由一个外运蛋白家族介导的，这个家族被称为PIN蛋白家族，PIN生长素输出载体对细胞内生长素的运输方向和生长素浓度起到重要的调控作用。在植物胚胎发生过程中，PIN蛋白极性定位介导的生长素运输对胚胎正常的分裂模式建成是非常重要的，如在*pin7*突变体中细胞分裂出现缺陷，多突变体中表现得更为严重，其他*pin*突变体也会不同程度影响生长素作用的发挥，如向性、根端分生组织的建成、维管组织的分化等。

(2)脱落酸作用相关的基因

ABA在种子成熟和胚胎发育过程中起到重要作用。内源ABA可促进胚胎正常发育成熟并抑制其过早萌发，同时可促进储藏蛋白相关基因的表达。研究表明，ABA生物合成途径调控的关键酶分别为脱落醛氧化酶(abscisic aldehyde oxidase，AAO)、玉米黄质环氧化酶(zeaxanthin epoxidase，ZEP)、9-顺式环氧类胡萝卜素双加氧酶(nine-cis-epoxycarotenoid dioxy genase，NCED)。ABA生物合成首先在叶绿体内进行，C40胡萝卜玉米黄素在ZEP作用下生成环氧玉米黄质(antheraxanthin)，环氧玉米黄质随后在9-顺式新黄质合酶(nine-cis neo-xanthin synthase，NSY)作用下形成全反式紫黄质(all-trans-violaxanthin)，形成9-顺式新黄质(9-cis-neoxanthin)或9-顺式紫黄质(9-cis-violaxanthin)，新黄质与新紫黄质再在NCED作用下产生黄氧素(xanthoxin)，再经短链醇脱氢/还原酶(short chain alcohol dehydrogenase/refuctase,SDR)作用生成脱落醛(abscisic aldehyde),最后脱落醛在AAO作用下形成ABA,ABA的生物合成途径详见图1-6。

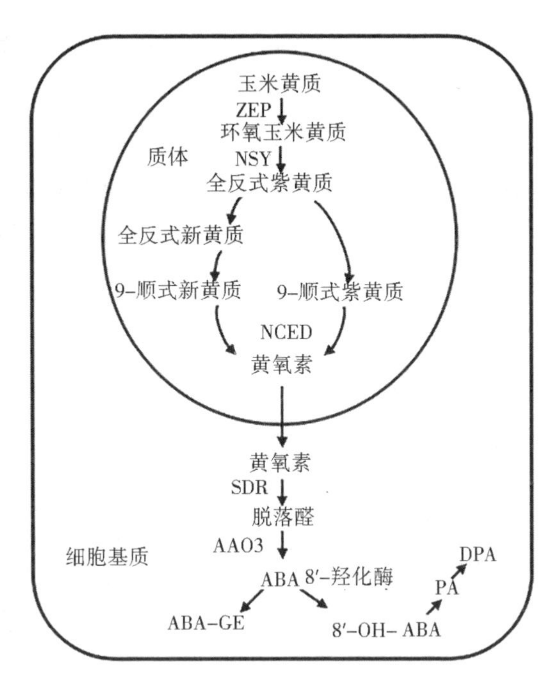

图1-6 ABA生物合成及主要代谢途径

ABA在种子中的作用研究表明,在种子和发育的胚胎中检测到所有ABA合成基因转录产物的存在,在种子发育ABA积累高峰出现前,在胚胎中发现*ZEP*基因表达,并推测发育种子中可溶性糖、渗透胁迫可能是激发ABA合成的信号。对番茄的研究表明,NCED酶可以调节种子中的ABA水平,编码NCED酶的基因过表达导致种子休眠延长。对越橘(*Vaccinium vitis-idaea* L.)的研究表明,果实发育中期*VmZEP*表达略有增加,同时推测增加的*VmZEP*极有可能来自种子。最近对牡丹(*Paeonia suffruticosa* Andr.)种子的研究表明,*PoZEP*1在种子发育中期上调表达,同时研究中也鉴定了*PoNCED*1在种子发育早期和中期高表达,上述两个酶的编码基因与ABA聚集时期基本一致。上述这些研究结果均证实了ZEP和NCED在ABA生物合成过程中具有调控作用。豌豆(*Pisum sativum* L.)的研究中鉴定的*AAO*基因(*PsAAO*1~3)在种子发育早期高表达,随后降低。上述研究结果表明,*AAO*基因对种子发育早期ABA合成起着重要的调控作用。

对ABA分解代谢的研究表明,ABA含量的降低主要是氧化分解代谢和共价结合失活导致的,其中高等植物ABA分解代谢的主要途径为8′位甲基羟基化途径,ABA在8′-羟化酶(8′-hydroxylase)的作用下形成具有不稳定结构的8′-OH-ABA,随后8′-OH-ABA经酶的催化生成红花菜豆酸(phaseic acid,PA),PA随后被还原生成二氢红花菜豆酸(dihydrophaseic acid,DPA),见图1-6。在8′位甲基羟基化过程中,ABA的激素活性会逐渐降低。参与上述代谢途径的ABA-8′-羟化酶是一种细胞色素P450单加氧酶,该催化反应需要分子氧和NADPH的参与,因此ABA-8′-羟化酶在降低ABA浓度和活性方面具有重要作用。受ABA诱导表达的该基因家族为*CYP*85簇中的*CYP*707*A*基因家族的*CYP*707*A*1、*CYP*707*A*2、*CYP*707*A*3、*CYP*707*A*4四个基因,推测上述这四个基因参与ABA的分解代谢。*CYP*707*A*基因家族均编码ABA-8′-羟化酶,在植物组织中具有不同的分布,功能交叠且转录模式不同,分别参与植物的不同生理过程,进而实现对植物内源ABA的分解代谢的调控。ABA在转录水平上正向调控*CYP*707*A*基因的表达,启动其氧化失活途径,而赤霉素与油菜素甾醇也可通过在转录水平上正向调控*CYP*707*A*基因的表达,影响植物内源ABA的代谢分解。ABA分解代谢失活对于调控细胞内ABA水平至关重要。在发育的聚合草(*Symphytum officinale* L.)种子中发现,*SoCYP*707*A*2与*SoNCED*基因(*SoNCED*6, *SoNCED*9)通过影响合成与分解代谢,共同调控着种子发育过程中ABA的含量。

ABA可快速诱导一系列基因的表达,这些基因的编码产物参与多种ABA反应过程,*ABA*响应基因的表达受到转录因子和顺式作用元件的严格调控,其中碱性亮氨酸拉链(bZIP)类转录因子在响应*ABA*基因表达中起到关键作用。拟南芥中有9个与ABA相关的bZIP类转录因子,该类转录因子也被称为ABRE结合蛋白ARER或ABRE结合因子ABF。

ABA受体鉴定难度大,目前报道的潜在的ABA受体包括PYR/PYL/RCAR蛋白家族、G蛋白偶联受体、Mg^{2+}螯合酶H亚基等,其中研究较深入的为PYR/PYL/RCAR蛋白家族。对于PYR/PYL/RCAR蛋白家族的研究表明,其可作为ABA受体参与ABA的应答,作用机制为:在没有ABA存在时,该受体蛋白以二聚体形式存在,不能与蛋白磷酸酶PP2C(protein phosphatase 2C)作用,使PP2C处于活化状态抑制下游功能组分蛋白激酶SnRK2(sucrose nonfermenting 1-related protein kinase 2)的活性,关闭 ABA 信号,证明 SnRK2 在 ABA 信号通路上作为正调控因子发挥作用;有 ABA 存在时,ABA 能与 PYR/PYL/RCAR 受体蛋白特异性结合并导致受体蛋白构象发生改变,使 PYR/PYL/RCAR 受体蛋白能与 PP2C 结合抑制其磷酸酶活性,解除对 SnRK2 的抑制而磷酸化下游的转录因子,进而启动相关基因的表达,PP2C 是在 ABA 信号通路上作为负调控因子实现功能的调控,PYR1 在与 ABA 结合后与 PP2C 相互作用,引起 PP2C 构象的改变,导致磷酸酶活性受到抑制,ABA 信号得以向下传递。对 SnRK 的研究表明,该蛋白激酶在高等植物中高度保守,三突变体 *srk2dei* (*snrk* 2. 2, *snrk* 2. 3, *snrk* 2. 6)表现为种子萌发和气孔运动的 ABA 不敏感表型,说明 SnRK2 的三个亚类中蛋白激酶在 ABA 信号途径中发挥正调控作用。对 ABA 不敏感的突变体(*pyr*1, *pyl*1, *pyl*2, *pyl*4, *pyl*5, *pyl*8)的研究表明,PYR/PYL/RCAR 受体是影响 SnRK2 活性的主要受体。ABAR/ChlH 是在植物细胞质/叶绿体中发现的 Mg^{2+} 螯合酶 H 亚基,具有催化细胞叶绿素合成的作用,同时在应激条件下参与质体/叶绿体与细胞核间的信号反向传导。对拟南芥的研究表明,ABAR/ChlH 作为 ABA 受体蛋白正向调控 ABA 信号应答反应,该受体蛋白参与植物种子萌发、植株生长及气孔开闭的调控过程。综上,ABA 信号转导途径包括蛋白激酶(SnRK2、Ca^{2+}依赖的蛋白激酶)、蛋白磷酸酶、RLK 等,形成错综复杂的网络系统,但对于信号转导途径和 ABA 作用的整体调控网络仍有待开展深入的研究来进一步揭示。ABA 信号转导详见图 1 - 7。

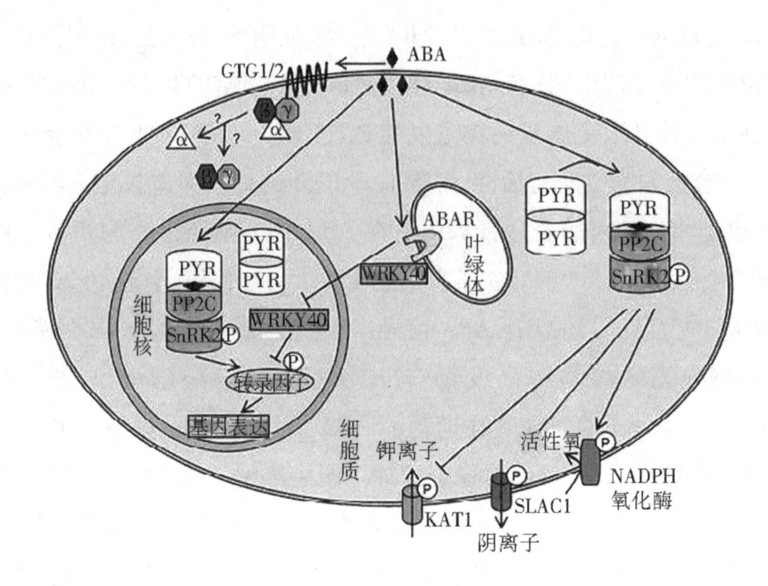

图 1-7　ABA 信号转导通路模式图

1.3　植物体细胞胚胎发育的研究进展

1.3.1　植物体细胞胚胎发生过程

植物体细胞胚胎发生(somatic embryogenesis,SE,简称体胚发生)是利用植物细胞的全能性,在人工培养条件下未经性细胞融合而产生具有胚性能力的细胞,经一系列与合子胚发育类似的过程产生的,具有发育成完整植株能力的胚状体。体胚发生作为一种高效的无性繁殖技术,现广泛应用于植物基因工程、种质资源保存、体细胞苗木的产业化生产等领域。由于与合子胚发育过程类似,体胚发生也可作为研究高等植物合子胚发育早期事件基因表达调控的理想模型。林木上体胚发生可极大程度地提高繁殖系数,在优良品系的规模化生产方面应用潜力巨大,与育种技术结合也在遗传转化和新种质创造培育方面效果显著。迄今为止,在裸子植物与被子植物研究中均有成功诱导出体胚并发育成植株的案例,但整体来看,木本植物的体胚发生普遍较草本植物难度大,其中针叶树的体胚诱导尤为困难。针叶树体胚发生的研究可追溯至 20 世纪 70 年代,1985 年首次从挪威云杉未成熟合子胚诱导获得成熟的体细胞胚胎,随后众多针叶树种相继开展体胚发生的研究实践,迄今,已从冷杉属(*Abies*)、云杉属

(*Picea*)、落叶松属(*Larix*)、松属(*Pinus*)等多种针叶树中成功获得了体细胞胚胎,其中一些树种在欧洲国家已经实现了规模化生产应用,并取得了瞩目的成绩。对于针叶树而言,特定基因型、特定发育阶段的未成熟合子胚获得难度大,且早期发育时期的鉴定较为困难,导致一些树种胚性愈伤组织诱导率低仍成为亟待解决的瓶颈问题,截至目前仍有很多针叶树体胚发生困难。研究表明,针叶树的体胚发生主要包括胚性愈伤组织的诱导、增殖,体胚成熟及体胚的萌发,植株再生几个阶段,见图1-8。

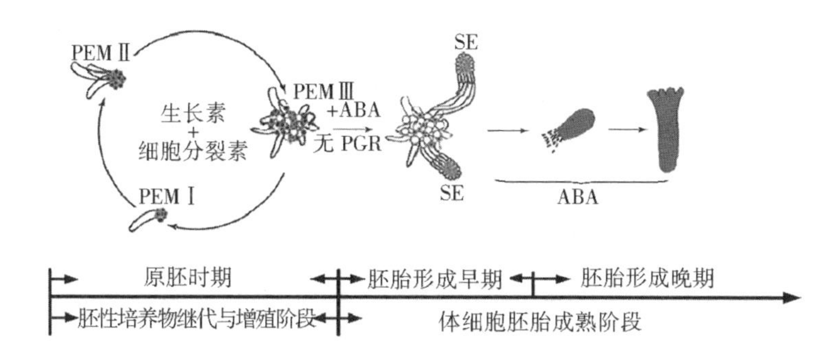

图1-8 针叶树体细胞胚胎发生过程

1.3.2 胚性愈伤组织诱导的影响因素研究进展

胚性愈伤组织的成功诱导是前提和基础,未分化的体细胞可否转化成胚性细胞直接决定后期能否成功诱导出体胚,进而直接关系到体胚发生体系能否成功构建。而外植体类型与发育状态、基因型、培养基类型、激素种类及浓度等均可影响胚性愈伤组织诱导效果。通常会产生两种类型的愈伤组织,分别为胚性愈伤组织(embryogenic callus, EC)和非胚性愈伤组织(non-embryogenic callus, NEC),只有EC具有胚胎发生能力。

1.3.2.1 外植体发育时期对胚性愈伤组织诱导的影响

理论上来说,针叶树胚性愈伤组织可以由各种组织器官产生,包括未成熟或成熟的合子胚与植物芽、叶片、花器官等,但研究发现只有处于胚性感受态的外植体才容易诱导出胚性愈伤组织。针叶树EC诱导过程中选择幼嫩的组织作为外植体材料诱导效果明显好于成熟组织,如松属中未成熟合子胚或雌配子体多为诱导EC的最佳材料。关于不同发育状态杉木的外植体对胚性愈伤组织诱导影响的研究中,从 25 个家系中采集 3 种不同发育阶段的未成熟合子胚,随着外植体的发育成熟,愈伤诱导率逐渐上升,但其中胚性愈伤组织的诱导率逐渐下降,从 12.44% 降到 6.86% ,最后到 3.89% 。对长白落叶松(*Larix olgensis*)的研究表明,散粉后 70 d 左右的胚可能最适合进行胚性愈伤组织的诱导。对玉米 EC 的诱导研究中,从细胞解剖学视角对比了不同发育时期的外植体及 EC 和 NEC 在整个诱导过程的形态变化情况,发现只有特定窗口期的胚胎才具有诱导胚性愈伤组织的能力。

大量研究数据表明,针叶树合子胚作为胚性愈伤组织诱导的外植体时,存在一个易于诱导出胚性愈伤组织的特定的窗口期,多集中在 6 月末至 7 月初,但都依靠大量的外植体培养与采种后的显微镜形态学观察来确定,实施过程烦琐,不适于规模化的生产推广。截至目前,仍有很多针叶树体胚发生困难,对于针叶树而言,鉴定适合 EC 诱导的未成熟合子胚的发育时期是解决针叶树胚性愈伤组织诱导率低问题的关键。

1.3.2.2 外植体基因型对胚性愈伤组织诱导的影响

基因型决定了针叶树胚胎发育窗口期,对激素处理的反应,以及产生不同的愈伤能力。除外植体类型外,诱导愈伤组织胚性能力的大小很大程度上也受到基因型的影响。研究表明,有些顽固的基因型无论怎样也不能诱导出具胚性的愈伤组织。近年来越来越多的树种获得了体细胞胚胎,但整体对于针叶树而言,特定基因型、特定发育阶段的未成熟合子胚获得难度大,且发育早期的鉴定较为困难,一些树种胚性愈伤组织诱导率低仍成为亟待解决的问题,截至目前仍有很多针叶树体胚发生困难。

1.3.2.3 培养基与外源激素处理对胚性愈伤组织诱导的影响

不同激素处理与不同的培养基对胚性愈伤组织的发生有显著影响。诱导愈伤的常用培养基有 MS、DCR、MLV、LM 等,其中 DCR 培养基使用最为广泛,诱导效果相对良好。此外,植物生长调节剂在体细胞胚胎的发生过程中、胚性愈伤组织的诱导过程中起着重要作用。其中生长素与细胞分裂素调控着体胚发生过程中的分化与去分化过程,在大多数被研究的物种中,生长素和细胞分裂素都会促进胚胎组织的发生和与增殖有关的植物生长调节剂。目前植物组织培养试验中常用的人工合成植物生长调节剂为2,4-D,萘乙酸(naphthalene acetic acid, NAA),6-BA,激动素(kinetin,KT)等。2,4-D在诱导外植体去分化中起到重要作用,是胚性愈伤组织发生阶段的关键因素之一。通常情况下,低浓度的2,4-D可促进细胞的分裂与伸长,有利于胚性愈伤组织的诱导;高浓度则会影响植物细胞正常代谢,造成细胞异常分裂,造成体胚发生率降低、新生体胚畸形。例如,宋跃在对长白落叶松的研究中发现,当2,4-D浓度为1.5 mg·L^{-1}时诱导率最高,而当2,4-D的浓度超过1.5 mg·L^{-1}时,胚性愈伤组织的诱导率则开始下降。不同的生长激素对胚性愈伤组织发生的影响力大小不同,此前耿菲菲等人在对思茅松的体胚诱导试验中发现,2,4-D、6-BA和TRIA 3种激素中对思茅松成熟胚诱导胚性愈伤组织影响最大的是2,4-D,影响最小的是6-BA。

1.3.2.4 外植体内源激素与胚性愈伤组织诱导状况的关系

植物激素是调控离体培养条件下植物体细胞转化成胚性细胞的关键因素,决定着胚性愈伤组织的数量和质量。其中生长素在调控植物体胚发生过程中扮演着重要的角色,是大多数植物体胚发生的关键启动因子之一,内源生长素含量上升或维持在较高的水平是胚性细胞出现的标志。在云杉的体胚发生过程中,IAA的免疫定位研究表明,生长素信号与胚胎发生潜力密切相关。欧洲黑松(*Pinus nigra* Arn.)的胚性细胞中检测到高水平的内源IAA,而添加外源IAA可显著提高胚性细胞的诱导率,证实了生长素在体细胞获得胚性过程中发挥着重要作用。落叶松免疫组织化学分析研究表明,在胚性愈伤组织形成过程中胚性细胞首先表现出明显极性,而这种极性结构对后期体胚的形态发育至关重要,且在极性的长形细胞内检测到IAA,EC中内源IAA含量也显著高于NEC,说明与合子胚发育过程中的作用类似,IAA参与体细胞胚胎极性的构建。在对花旗松的研究中,3种基因型之间测定的植物激素浓度差异显著。IAA表现最为明显,在EC中IAA的水平较NEC高1.1~2.2倍。在对截形苜蓿的研究中,当苜蓿细胞形成NEC和EC时,ABA、GA和IAA的生物合成和降解分别导致各自含量呈现不同的变化趋势,在非胚性细胞团中检测到的ABA与IAA、GA的含量比值说明,体细胞胚性能力的获得需要内源激素ABA、GA与IAA共同参与调控,较高的ABA水平与NEC的产生有关,低水平ABA有利于胚胎的形成。香蕉(*Musa nana* Lour.)体胚的蛋白质组学分析的试验证明,香蕉的胚胎生成能力与内源激素的合成高度相关,在 NEC 细胞中观察到两种参与乙烯生物合成关键酶的过度表达,因此推测在愈伤组织诱导阶段乙烯的生物合成可能是阻碍胚胎生成潜能的主要原因之一。在玉米体胚诱导研究中,较高水平的 IAA 与 ABA 有利于 EC 的形成,而较高的 GA 含量会对此不利。另外,也有研究表明在 EC 的诱导和增殖过程中,生长素和细胞分裂素协同起决定性作用。

1.3.3 植物体胚发生过程的组织细胞学研究

植物体胚发生是一个复杂的发育过程,其间感受态体细胞转为胚性细胞需要通过一系列的内外部形态、生理生化水平和分子水平的变化。早期植物体胚发生的研究多集中在形态学、生化特性层面上,获得的信息十分有限,近年来随着生物技术的发展,石蜡切片、超微切片和组织化学等方法的广泛应用,我们通过组织细胞形态特征的变化规律可以追踪胚性愈伤组织诱导过程及早期体胚发生的启动。相对于被子植物,针叶树体胚发生早期外植体发育时期的鉴定困难,对于针叶树早期胚性获得过程,组织细胞学研究相对较少。从形态特征来看,EC 与 NEC 差异较大。EC 通常呈乳白色或透明状,显微观察由成簇成团细胞质致密的细胞组成,细胞多呈等径圆形,体积小且核大,内含丰富淀粉粒,细胞分裂能力强,胞间连丝广泛存在,具有成胚潜力;而 NEC 结构疏松,细胞体积相对较大,表面形状不规则,细胞壁厚,排列疏松,多呈高度液泡化,几乎无细胞器,细胞间隙大且无规律,无淀粉粒的积累,这类细胞一般不具备胚胎发生潜力。超微结构观察发现,在积雪草[*Centella asiatica* (L.) Urb.]EC 表面形成细胞外基质(extracellular matrix, ECM),ECM 的网状结构在胚性细胞间起到桥梁作用,同时 ECM 也被作为积雪草愈伤组织具胚性能力的早期标志性结构。随着胚状体进一步发育,这种基质层会逐渐降解,但这种结构在 NEC 中没有出现。在燕麦胚性愈伤组织的环境扫描电镜(ESEM)中也观察到,在原胚及后期球形胚周围均有 ECM 结构的出现,而且这种纤维化的网状结构可以将原胚细胞连到一起,并且 ECM 结构会伴随着体胚的成熟逐渐消失。

胚性细胞分化和发育的另一个标志特征即在 EC 中出现明显淀粉粒的积累,从而证实了淀粉粒的消长与胚性能力获得需要的能量供应有关。

1.3.4 植物体胚发生的分子生物学研究进展

体细胞胚性能力的获得是植物体胚发生成功的前提和基础，而体细胞获得成胚潜力是物理和化学刺激下胚性相关基因差异表达的结果，许多基因参与该过程的调控。研究表明，未成熟合子胚基因相对活跃，在体胚发生诱导过程中细胞表达更容易，因此常作为针叶树体胚发生中外植体类型的首选。近年来，以 EC 与 NEC 作为试验材料，通过构建 cDNA 文库、RNA 测序等技术手段，一些重要的胚性相关的标记基因相继被分离、克隆与鉴定。*SERK* 基因是调控植物体细胞向胚性细胞转变的重要基因，*SERK* 基因仅在 EC 中表达，而在 NEC 中没有表达，因此其被作为体胚发生中鉴别胚性能力的重要标记物，现已在多种植物胚性愈伤组织中被克隆与鉴定出来。*WUS*、*CLV*、*LEC* 等基因的动态平衡负责调控分生组织的启动和保持，以确保植物按顺序启动各器官发育。*CsL1L* 基因在柑橘 EC、体胚和未成熟种子中高表达，在 NEC、营养器官和花器官中低表达，*CsL1L* 异位表达可使营养组织诱导出体胚，表明 *CsL1L* 参与体细胞向胚性细胞的转变，同时该过程也伴随着 IAA 浓度的增加。在对陆地棉（*Gossypium hirsutum* Linn.）的研究中发现，*GhLEC1*、*GhLEC2*、*GhFUS3* 在高分化率的胚性愈伤组织中高表达，证实了 *AtWUS* 具有促进胚性愈伤组织形成的作用。在木薯（*Manihot esculenta* Crantz）SE 诱导早期，*MeLEC* 基因参与了从体细胞到胚性细胞的转变。*WUS* 同源基因家族 *WOX* 是植物特有的转录因子家族，参与早期的胚胎发育和器官横向发育的转录过程调控。*WOX4* 调控维管干细胞的增殖，*WUS* 和 *WOX5* 参与胚胎分生组织从头合成的调控，*WOX5* 具有促进根部静止中心形成的作用，*WOX8* 和 *WOX9* 共同调控苜蓿早期胚胎发育和胚轴的形成，并作为体胚发育的标记物。此外，欧洲云杉合子胚发育早期的原胚及胚柄上部发现 *WOX2* 瞬时表达。

植物激素在体胚发生过程中的分子水平研究结果表明，外源生长素刺激可促进启动 *WUS*、*LEC* 等胚胎分化基因发挥作用，进而调控体胚的分化。例如，在 2,4 - D 处理后，*WUS* 基因在体胚发生早期诱导阶段表达，不添加 2,4 - D 时该基因没有表达。陆地棉中也发现 *AtWUS* 基因激活可引起 *PIN* 表达的改变，再进一步激活 *LEC* 基因的表达，进而促进细胞的分化和体胚的诱导。此外，生长素的极性运输也参与分生组织的启动与维持，生长素可通过 PIN1 蛋白介导的生

长素极性运输诱导 *WUS* 基因的表达，在胚性愈伤组织中促进组织中心的形成及干细胞的产生。生长素极性运输抑制剂 NPA 和 TIBA 处理后，在芸薹属植物体胚发生过程中生长素的极性分布和 *WUS*、*LEC*1、*LEC*2 时空表达模式均发生改变，导致体胚数量降低、畸形胚数量增加，说明 *PIN* 的表达与内源 IAA 的分布位点变化有关。体胚发生初期在 PIN1 蛋白定位的位置产生原胚，体胚发生早期 *PIN*1 与 *WUS* 的表达位点部分重合，说明 *PIN*1 与 *WUS* 共同调控诱导体胚发生。生长素受体基因 *TIR*1 在百子莲胚性愈伤组织与分化能力强的细胞中发挥重要的作用。最近在日本柳杉高胚性与低胚性的 EM 对比研究中也发现，*LEC*、*WUS*、*GLP* 胚性相关基因在高胚性的 EM 中高表达。*LEC*1、*BBM*、*FUS*3 和 *AGL*15 在棉花 EC 中上调表达。龙眼的 EC、NEC、致密型原胚（ICpEC）、球形胚（GE）转录组研究数据表明，在体胚发育早期，脂肪酸生物合成与植物激素（尤其是生长素与细胞分裂素）信号转导途径显著增强，同时也鉴定了 *LEC*1、*PIN*1、*BBM*、*WOX*9、*WOX*2 胚性相关的标记基因。对咖啡的 SE 诱导期间生长素作用研究表明，参与生长素生物合成调控的 *YUC* 基因表达与外植体中发现的游离 IAA 信号一致，说明 IAA 的生物合成在咖啡 SE 诱导过程中起着至关重要的作用。近期在百合体胚发生研究中也鉴定出了 *YUC* 基因，落叶松体胚发育过程中分离出 *GH*3 基因，证实了 *GH*3 通过维持植物生长素的稳态而对 IAA 与 ABA 含量产生重要影响。对二穗短柄草不同胚性的愈伤组织的研究表明，*YUC*、*AIL*、*BBM*、*CLV*3 胚性相关基因在培养早期（30 d 和 60 d）高表达，同时在培养 30 d 具高胚性潜力的愈伤组织中发现吲哚类化合物的富集，上述基因的瞬时表达有利于细胞维持高的胚胎发生潜能。

近年来，对体细胞获得胚性的过程进行研究发现，细胞首先响应外源信号，感受态细胞在特定信号诱导下遵循胚胎发生通路，成熟细胞失去原有分化状态并获得细胞分裂能力，在激素与相应的激素受体结合后，激活受体蛋白并引起特定蛋白的磷酸化或者去磷酸化，从而引发其他激素的响应、细胞壁的建成、糖组分的变化等一系列连锁反应，最终诱导特定基因的表达。除体胚发生的标记基因直接与体胚发生相关外，其他基因，如细胞周期、细胞壁与糖代谢、PCD 等相关基因，它们表达的分子调控也通过间接调控相关信号来调控体胚发生。在对棉花的研究中发现，伴随着体细胞向胚性细胞的转变，淀粉含量显著增加。这是细胞获得胚性转变的关键，典型的细胞极化和高度的淀粉粒积累是体细胞获得感受态细胞的第一步,因此 SELTP 和相应的淀粉酶可以作为早期检测胚性细胞的标记物。此外,研究表明,参与细胞分化与器官建成过程的 *TaTCP*－1 基因在小麦体胚发生的分子调控中起关键作用。

目前,对于植物体胚发生的机制研究虽然取得了一定的进展,如体胚发生过程中相关基因调控的研究主要集中于愈伤组织(EC 和 NEC)及后期体胚或合子胚形态发育的研究,但外植体发育状态对早期体细胞胚性获得的作用机制还有待于进一步研究。

1.4 本书研究的目的与意义

裸子植物对人类的生存环境、经济建设等方面具有重要作用,陆地森林覆盖率的50%以上为裸子植物,世界上现存裸子植物近千种。作为裸子植物的红松是温带地带性顶极群落——阔叶红松林的建群树种,也是我国乃至东亚地区极其重要的优质珍贵用材树种和坚果经济林树种,具有重要的生态、经济和社会价值。但是,现有关于红松的研究主要集中在一般生物生态学特性、生长发育、育种育苗造林、群落动态与结构等方面的研究上。在胚胎发生发育方面的研究主要集中于阐述红松配子体发育、受精过程及胚胎发育过程中淀粉的动态变化情况。总体来看,红松合子胚形成后的发育过程、胚胎与胚柄消除过程、胚胎发育的机制等方面的问题尚未见详细的阐述。针对红松胚胎发育机制研究内容匮乏的现状,笔者提出本书研究课题,旨在深入细致地了解红松胚胎模式构建及胚胎形态分化后的成熟演变过程,以及 PCD 实现胚柄和多余胚胎消除的过程中激素调控作用机制等,上述这些问题的解决具有重要的生物学意义,也是进一步深入研究和解决体胚发生体系构建过程中存在问题的基础。本书根据红松合子胚发育与体细胞胚胎发育过程类似的特点,从内源激素和发育调控基因网络两个层面系统研究红松合子胚发育过程的转变和生物学机制,利用转录组学研究方法揭示红松种胚发育不同阶段的基因差异表达情况,搭建转录组信息平台的同时全面解析胚胎发育过程中的特定基因在特定时空的表达信息,挖掘调控红松胚胎发育的关键作用基因,丰富针叶树胚胎发育机制与技术宝库,为促进红松及相关针叶树的胚胎发育过程调控和发育机制的揭示提供参考依据;通过研究,找到胚胎发生关键时期转变的调控因子,以期为红松体胚发生及相关研究提供新的研究思路。此外,红松在生产上存在生产周期长、种子结实率低、子代优良性状降低等问题,导致具优良性状的红松种苗难以满足市场需求,建立于体胚发生技术的快繁体系可实现红松优良种系的规模化生产,进而满足市场对红松种苗的大量需求。在针叶树体胚发生中,胚性愈伤组织的成功诱导是前提和基础,体细胞可否转化成胚性细胞直接决定后期能否成功诱导出体胚,直接关系到体胚发生体系能否成功构建。众多研究表明,外植体发育状态对胚性愈伤组织的诱导效果影响较大,针叶树体胚发生中以未成熟种胚作为外植体效果最好,包含合子胚在内的种子发育"微环境"调控胚性愈伤组织的诱导效应是我们了解和揭示植物体细胞获得胚性能力必不可少的一个重要环节,但针叶树外植体发育状态的早期鉴定和取材难度较大,导致开展针叶树外植体发育影响胚性愈伤组织诱导的研究相对较少。鉴于此,本书的研究以红松胚性愈伤组织诱导体系作为研究平台,开展红松胚性愈伤组织诱导条件筛选的研究,从组织细胞层面、生理层面及分子层面共同阐释红松胚性愈伤组织形成的生物学机制,研究结果在理论上可为深入揭示红松体细胞向胚性细胞转化的生物学机制奠定基础,也为针叶树早期胚胎发育机制的研究提供参考;在实践上对提高红松胚性愈伤组织诱导的可预见性和可调控性具有重要意义,同时也为红松及其他针叶树体胚发生、外植体的选择和早期胚性愈伤组织的鉴定提供参考。

2 红松胚胎发育过程的形态解剖学及内源激素研究

2.1 试验材料

红松不同发育阶段球果均采自黑龙江省苇河林业局红松种子园优选的开放授粉的无性系057、059。

黑龙江省苇河林业局红松种子园地处128° 3′E，44° 40′N，属长白山脉与小兴安岭的中间地带。海拔高300 m，无霜期130 d，年积温2 700 ~3 000 ℃，年平均气温3 ℃，年降水量600 ~800 mm，主风向为冬季多西北风，夏季多东南风，土壤为森林暗棕壤，土层厚度40 ~80 cm，pH值在5.5 ~6.5之间，为微酸性和中性土壤。红松初级种子园于1983年采用鹤北林业局天然红松母树林接穗，圃地嫁接，1984年定植，树高7.8 ~8.0 m，胸径20 ~22 cm。

2.2 试验方法

2.2.1 红松胚胎发育的形态学观察

试验材料选用红松未成熟球果，取材时参照马尾松研究中种子的取材方法，分别采集无性系固定单株上中部的3个球果，从5月29日至8月15日每隔1周进行样品采集，未成熟球果采集后用冰盒在24 h内带回实验室后立即用器械去除种鳞和种皮，取出种子和胚胎（全程冰上操作），在每个球果的中间部分选取健康发育的种子放在体视解剖镜下进行种子形态学和胚胎发育时期的鉴定,并拍照。

2.2.2 红松胚胎发育的解剖学观察

现场采集球果,取出不同发育时期的种子,用FAA固定液固定,用于石蜡切片的制作与观察。采用苏木精染色方法,按常规石蜡制片方法制片,切片厚均为10 μm,中性树胶封片,用光学显微镜进行观察并拍照。

2.2.3 红松胚胎发育过程的内源激素含量的测定

红松不同发育阶段球果均采自黑龙江省苇河林业局红松种子园优选的开放授粉的完成受精的057和059两个无性系球果(大球果),内源激素含量的测定样品采集时间分别为7月5日、7月15日、7月22日、8月5日。将分别处于原胚期、裂生多胚期、柱状胚期、子叶胚前期不同发育时期的种子取出,从相同无性系的每个球果中各取50粒种子并将其均匀混合,称重后分装并用液氮速冻,-80 ℃保存用于植物内源激素、RNA和蛋白质的提取。植物内源激素的测定采用酶联免疫吸附测定法(ELISA),试剂盒由中国农业大学作物化学控制研究中心提供,分别检测GA、IAA、玉米素核苷(ZR)及ABA的含量,激素提取测定参照试剂盒附带的操作说明书进行,每个样品200 mg,三次重复。

2.2.4 数据分析

试验数据采用Microsoft Office Excel 2003和SPSS 17.0分析软件进行分析处理,用邓肯多重范围检验进行显著性检验,书中所有图的数据均为3次重复平均值。

2.3 结果与分析

2.3.1 红松种胚形态发育过程观察结果

类似其他裸子植物的传粉受精,红松传粉受精经历的时间间隔较长,同一采样时间同一家系的种胚所处发育阶段不同,甚至来自同一植株上的样本也有差异。连续两年的跟踪监测结果表明,红松于6月中上旬传粉,受精发生在次年的6月中旬。在6月中下旬至7月初胚胎处于原胚期(图2－1阶段1),种子呈现透明状,内部溶蚀腔尚未形成,珠孔闭合。7月初原胚柄延长将末端的初生胚细胞推入雌配子体,雌配子体的溶蚀腔随着胚柄的伸长扩大空间并推动胚胎更深入到雌配子体中,先后经历裂生多胚期(图2－1阶段2)和柱状胚期(图2－1阶段3)。裂生多胚期的特点为胚柄进一步发育,同时出现多个初级胚胎。该阶段种子较原胚期种子体积增大,去掉种皮后的种子逐渐变为不透明,种子内出现溶蚀腔及两个或两个以上具有胚头和胚柄的胚胎,珠孔打开,随后多个胚胎之间出现竞争现象,保留一个优势胚胎(极少有两个)进一步发育(其他幼胚都在胚胎选择时逐渐退化解体),并最终发育形成成熟胚。7月中下旬红松胚胎发育成为一个伸长的圆柱体,胚胎发育进入柱状胚期,该时期种子变为不透明,内部溶蚀腔变得更大,优势柱状胚的胚头变大,胚柄伸长。7月底至8月初,种子体积进一步增大,大小与成熟时接近,去除种皮后种子呈现不透明的乳白色,外观接近成熟胚,种子内部胚柄退化,胚胎发育表现为形成根分生组织、芽分生组织,并分化出子叶,此时进入子叶胚前期(图2－1阶段4)。

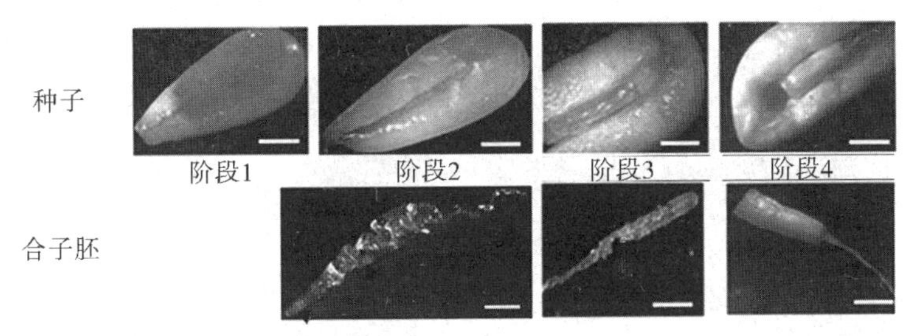

图2－1　不同胚胎发育阶段的红松种胚形态[种子(上排)和切开的合子胚(下排)发育状态]

注:从左至右依次为:阶段1,原胚期;阶段2,裂生多胚期;阶段3,柱状胚期;阶段4,子叶胚前期。种子:bar＝2 mm;合子胚:bar＝1 mm;箭头代表胚头。

2.3.2　红松胚胎发育过程解剖学观察结果

红松胚胎发育过程的解剖学观察结果如图2－2所示。

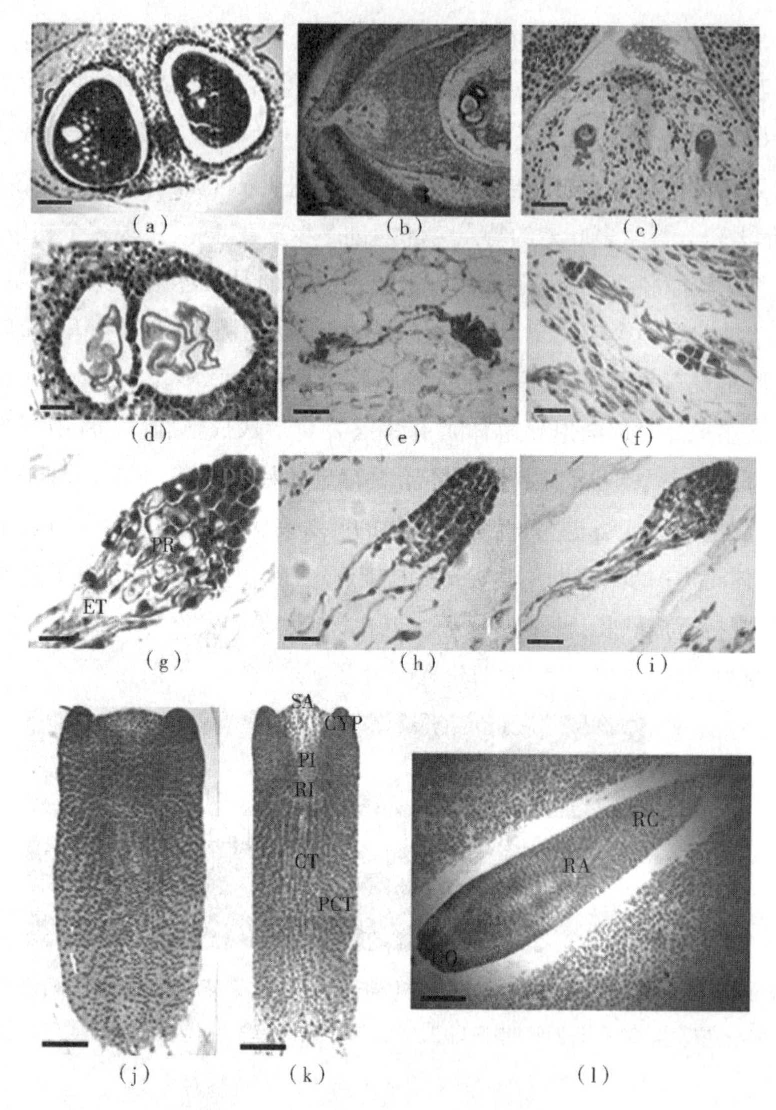

图2-2 红松种胚发育的石蜡切片图

注:(a)具成熟卵细胞的雌配子体(bar=100 μm),含有若干个蛋白泡和套层细胞(JC);(b)花粉进入珠孔通道(bar=40 μm);(c)进入的花粉放大图(bar=100 μm);(d)合子胚有丝分裂(bar=100 μm);(e)带有胚柄的幼胚向雌配子体中央移动(bar=100 μm);(f)溶蚀腔内多个幼胚(bar=100 μm);(g)占主导地位胚胎(bar=200 μm),近轴区(PR),胚管(ET),远轴区(DR);(h)柱状胚(bar=200 μm);(i)带有发达胚柄系统胚胎(bar=200 μm);(j)苗端开始分化胚胎(bar=500 μm);(k)子叶胚前期阶段胚胎(bar=500 μm),苗端(SA),子叶原基(CYP),髓(PI),根原始细胞(RI),柱状组织(CT),环柱组织(PCT);(l)成熟的子叶胚(bar=500 μm),子叶(CO),根端(RA),根冠(RC)。

在5月底至6月初未受精的卵细胞(颈卵器)中,红松的颈卵器位于雌配子体边缘,周围由一层规律排列的具有较浓细胞质的套层细胞(jacket cell, JC)包裹,套层细胞的存在有利于颈卵器和周围原叶细胞的物质运输,石蜡切片观察到在红松未成熟种子雌配子体中有2~3个颈卵器发育[图2-2(a)],从图中看到在卵细胞中含有大量的内含物和蛋白质,也可观察到若干个蛋白泡(protein vesicle,PV)的存在,随着颈卵器的进一步发育,其周围雌配子体的原叶细胞不断增殖,颈卵器深陷入雌配子体中。图2-2(b)、(c)显示的是6月上中旬采集的红松种子纵切的石蜡切片解剖图,从图中可看到在红松受精过程中首先两个精细胞沿着珠孔通道进入颈卵器并与卵细胞结合完成受精过程,在颈卵器内受精后的合子胚经分裂形成新细胞质的过程清晰可见[图2-2(d)]。从图2-2(d)、(e)可看到带胚柄的多个幼胚向雌配子体深处方向移动的过程(7月上中旬采集的红松种子),此时胚胎纵向由4~8个细胞组成,横向由2~4个细胞组成,胚头下面产生延长的管状初生胚柄和次生胚柄。图2-2(f)中看到此时溶蚀腔(雌配子体细胞解体形成的空腔)已形成,多个幼胚存在于溶蚀腔内,由于初生胚柄和次生胚柄迅速伸长生长,而胚胎生长的环境空间(溶蚀腔)大小有限,导致各级胚柄形成迂回曲折且互相缠绕的发达胚管系统。类似其他的针叶树,观察发现在红松种子中存在多个胚胎,此时胚胎处于多胚期,红松胚胎发育属于裂生多胚型,在多个胚胎中通常只有一个(极少数有两个)胚胎,位于雌配子体溶蚀腔的中央位置,胚胎头部较大、胚柄发达且生活力强的健全胚属于优势胚,与其他胚胎在养分竞争过程中处于优势,并最终保留下来占据整个溶蚀腔,发育成成熟胚,而其他劣势胚由于竞争上处于劣势,生长发育受到影响,最终被降解吸收,随后幼胚细胞不断分裂形成一个长的圆柱体[图2-2(g)、(h)、(i)],此时的胚胎表现为胚头由胚柄支持,胚头部分细胞和胚柄部分细胞形态差异较大,胚头细胞染成亮蓝色,组成胚头的细胞呈现圆形或近圆形,具有染色较深的大细胞核和浓密细胞质的细胞,胚头分为近轴区(proximal region,PR)和远轴区(distal region,DR),远端和近端细胞处于旺盛的平周分裂,从图中可看到正在分裂的细胞和新细胞壁的形成,而胚柄细胞呈现长柄状,细胞核相对较小或没有,染色较浅,细胞质稀,从细胞形态和结构来看,胚胎形成鲜明的极性分化[图2-2(g)],图2-2(g)、(h)为柱状胚期的胚胎,图2-2(i)可清晰地看到此时胚胎中强大的胚管系统(embryonal tube,ET)的存在。7月底至

8 月初采集的红松种子解剖图见图 2－2(j)，此时胚胎的细胞在不断有丝分裂的基础上，细胞数量增加，体积也进一步增大，在胚胎的近端区域细胞平周分裂，这些细胞成为根冠(root cap，RC)的前身，而胚胎头部[在将来形成苗端(SA)位置]的细胞进行垂周分裂，形成原表皮，随后在幼胚的苗端多细胞团深处出现弧形排列的细胞，弧形底部产生根原始细胞(root initial cell，RI)，根原始细胞向各个方向进行细胞分裂，向上分化出原形成层，同时侧面分化形成皮层，向下形成根冠，苗端形成，胚柄逐渐退化，根端分生组织和茎端分生组织开始形成，形成静止中心(QC)和苗端，最初形成的苗端呈半圆形[2－2(j)]，伴随着生长形成圆锥状小丘，随后自由端侧面的肩部细胞进行平周分裂，尤其是表皮下层细胞的活动形成子叶原基，起初子叶原基与苗端在同一水平线上，随后子叶迅速分裂、生长和分化形成发达的结构，而苗端相对静止，进而导致子叶原基明显高于苗端，图2－2(k)为子叶胚前期发育阶段。当胚胎完全成熟时(8 月中下旬的种子)，胚胎填充整个雌配子体，胚胎各部分组织器官已基本完成分化，茎分生组织呈现圆锥形，苗端呈现 3～5 层细胞高，细胞及其核大，近等径，整个苗端呈现丘状突起，髓部(pith，PI)短，髓部细胞比苗端细胞稍长，且细胞核大，原形成层组织明显一直分化到子叶(cotyledon，CY)顶端，柱状组织(crown columnar tissue，CT)明显，中柱组织被环柱组织(per－columnar tissue，PCT)包围，此时胚柄完全退化，可看到成熟胚由苗端、子叶、胚轴和根端(root apex，RA)几个部分组成，图 2－2(l)为完成整个分化过程处于成熟子叶胚期的胚胎纵切图。

2.3.3 红松胚胎发育的内源激素含量变化

2.3.3.1 ZR 含量的变化

两个无性系的不同发育阶段红松雌配子体 ZR 含量测定结果见图 2－3(a)，整体来看 ZR 含量在两个无性系中均呈现下降的变化趋势；在原胚期 ZR 含量最高，无性系 057 和无性系 059 分别为 12.90 ng/g(鲜重)和 13.62 ng/g，随后的发育过程中含量逐渐降低，在子叶胚前期 ZR 含量降至最低，此时无性系 057 和无性系 059 ZR 含量分别为 9.03 ng/g 和 7.40 ng/g，原胚期的 ZR 含量约为子叶胚前期含量的 2 倍。方差分析结果表明，两个无性系中原胚期内源 ZR 含量均显著高于后面三个发育时期的含量($p<0.05$)，裂生多胚期与柱状胚期

差异不显著,但显著高于子叶胚前期,在接近种子成熟的干燥期含量最低。本结果表明,ZR 在红松胚胎发育前期作用明显,随着胚胎的发育作用逐渐降低。

2.3.3.2 IAA 含量的变化

供试的两个无性系不同发育阶段红松雌配子体中内源 IAA 含量呈现相同的动态变化趋势[图 2-3(b)],从原胚期至裂生多胚期 IAA 含量略有增加,随后的裂生多胚期至柱状胚期增加幅度变大,柱状胚期含量达到整个发育过程中最高值,无性系 057 和无性系 059 IAA 含量分别为 101.92 ng/g 和 107.26 ng/g,子叶胚前期含量最低,无性系 057 和无性系 059 含量分别为 46.96 ng/g 和 59.65 ng/g。方差分析结果表明,四个发育时期的 IAA 含量均差异显著,此外,IAA 与 ZR、GA 相比,其含量全程均维持在较高的水平。由此我们推测 IAA 在原胚期至柱状胚期作用显著,发育至子叶胚前期胚胎发育分化基本完成时生长素作用减弱。

2.3.3.3 GA 含量的变化

两个无性系供试材料中 GA 含量动态变化的趋势一致,均呈现先降低后增加的变化趋势[图 2-3(c)],在原胚期 GA 含量较高,发育至裂生多胚期含量降低,此时无性系 057 和无性系 059 GA 含量分别为 4.82 ng/g 和 5.59 ng/g,柱状胚期 GA 含量再次增加,并且该增加趋势一直持续至子叶胚前期,并达到峰值(无性系 057 和无性系 059 GA 含量分别为 7.54 ng/g,8.04 ng/g)。方差分析结果表明,原胚期与子叶胚前期 GA 含量差异不显著,但显著高于裂生多胚期和柱状胚期的 GA 含量。该研究表明,种子发育全程 GA 含量均维持较低的水平,据此看出 GA 在胚胎发育过程中的作用不显著。

2.3.3.4 ABA 含量的变化

两个无性系供试材料中 ABA 含量的变化情况见图 2-3(d),发育全程内源 ABA 含量相对较高,数值与 IAA 含量接近,且在两个无性系中变化趋势基本一致,均呈现先上升后下降的趋势。具体表现:在原胚期 ABA 含量为四个发育期的最低,此时无性系 057 和无性系 059 ABA 含量分别为 88.50 ng/g 和 94.85 ng/g,随后一直保持上升的趋势,直至发育至裂生多胚期达到最高水平

(无性系 057 和无性系 059 ABA 含量分别为 133.20 ng/g 和 139.98 ng/g),在随后的裂生多胚期、柱状胚期和子叶胚前期,ABA 含量呈现持续递减的动态变化趋势,发育至子叶胚前期,ABA 含量降至最低,接近原胚期的水平。方差分析结果表明,裂生多胚期 ABA 含量显著高于其他各时期的值,除无性系 057 原胚期的 ABA 含量与子叶胚前期 ABA 的含量差异不显著外,其余各时期 ABA 含量差异均显著。研究结果表明,ABA 在红松胚胎发育过程中尤其是在中后期的胚胎形态建成及成熟早期阶段起着关键性作用。

2.3.3.5 胚胎发育过程中内源激素含量比值的变化

不同植物激素对植物生理活动的影响是既相互制约又相互促进的。整体来看,两个无性系内源激素含量的比值在 0.62 ~ 1.02 间波动,波动幅度较大。从图 2-3(e)可以看出,(ZR + IAA + GA)/ABA 的比值整体呈现先增加后降低的趋势,且供试的两个无性系变化趋势一致。具体来看,前 3 个发育时期的(ZR + IAA + GA)/ABA 的比值显著高于子叶胚前期的值,子叶胚前期的激素含量比值分别为 0.62(无性系 057)和 0.77(无性系 059),最高值出现在柱状胚期,此时期的激素含量的比值分别为 1.02(无性系 057)和 1.01(无性系 059),柱状胚期的比值显著高于原胚期和裂生多胚期的比值,而原胚期和裂生多胚期的比值差异不显著。由此可看出,在红松胚胎发育的早期,促进生长类的激素占主导地位,而形态建成及分化基本完成之后的发育逐渐由抑制生长、促进成熟和有机物积累的激素控制。

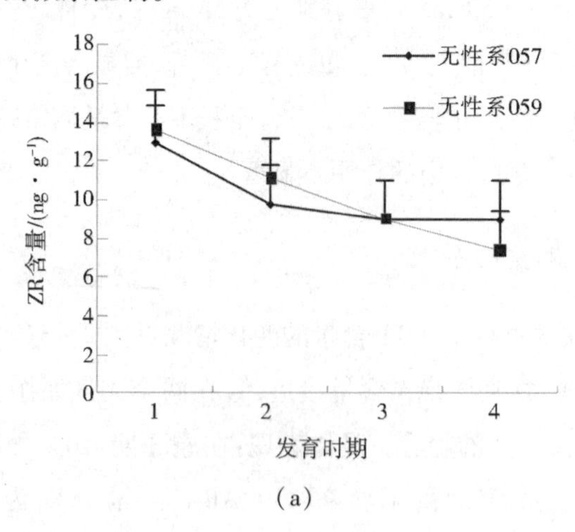

(a)

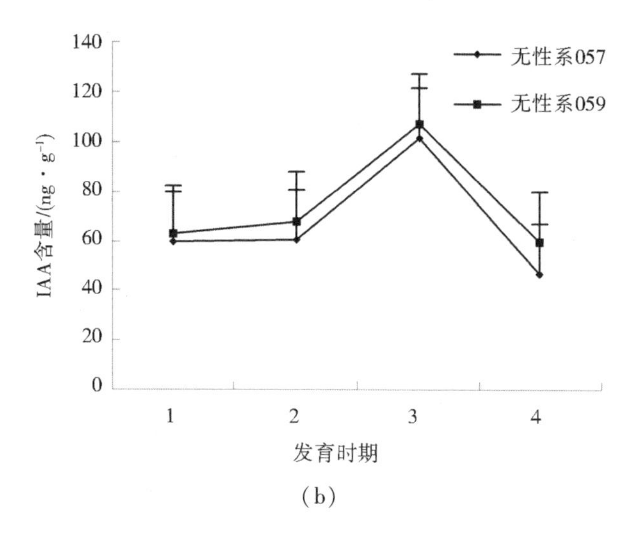
140
120
100
80
60
40
20
0
IAA含量/(ng · g^{-1})
无性系057
无性系059
1
2
3
4
发育时期

(b)

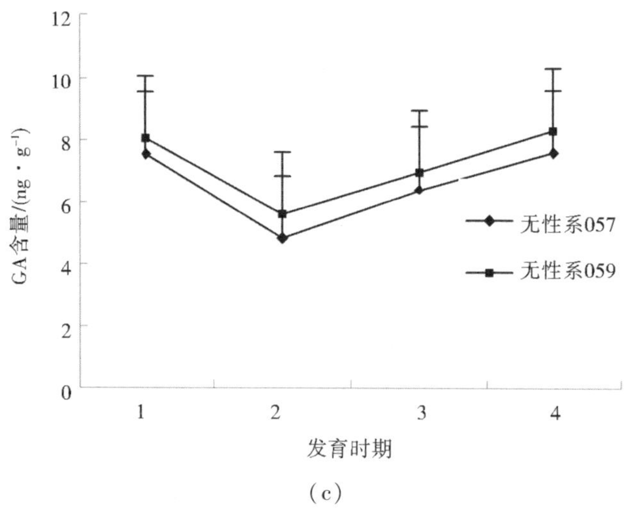
12
10
8
6
4
2
0
GA含量/(ng · g^{-1})
无性系057
无性系059
1
2
3
4
发育时期

(c)

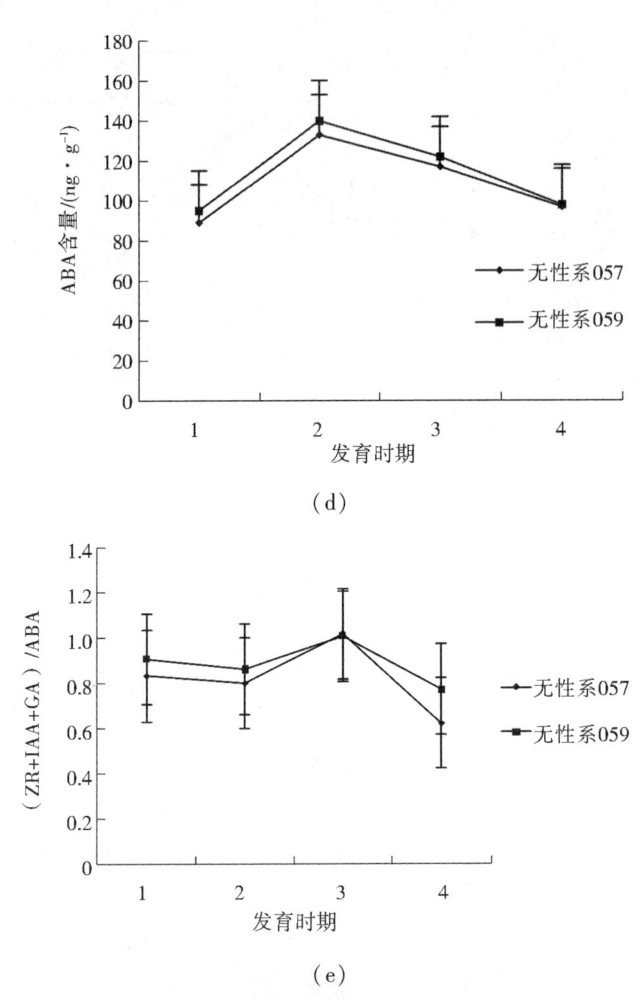

图2-3　不同发育时期红松种胚内源激素含量变化

注:1为原胚期,2为裂生多胚期,3为柱状胚期,4为子叶胚前期。

2.4　讨论

2.4.1　红松胚胎发育进程的解析

红松为松科松属树种,其胚胎发育遵循松属的胚胎发育过程,即胚胎发育从受精卵开始先后经历原胚期、裂生多胚期、柱状胚期、子叶胚前期、子叶胚期等几个阶段。红松的胚胎发育起始于胚珠内的单受精,产生的二倍体合子胚包

裹于单倍体的雌配子体内，由于合子胚在雌配子体中生长发育，因此雌配子体作为营养库为合子胚的生长发育提供养分。6月初开始受精后，先后经历几次细胞分裂，到6月中下旬形成由16个细胞组成的原胚，原胚主要包括开放层、莲座层、初生胚柄层和初生胚细胞层四层；7月初进入裂生多胚期，主要特点为细胞分裂形成的胚柄伸长，把末端的初生胚细胞推入雌配子体，雌配子体的溶蚀腔随着胚柄伸长而扩大空间并推动胚胎更深入到雌配子体中，此时通过细胞分裂形成1个种子中出现多个胚胎的现象，即多胚期，随后进入胚胎选择时期，多个胚胎间出现生长发育上的竞争，但同时选择保留一个优势胚（极少有两个）进一步发育（其他幼胚都在胚胎选择时逐渐退化解体），最终发育成种子的成熟胚；之后幼胚细胞不断分裂增多，到7月中旬形成一个伸长的圆柱体，此时进入柱状胚期，随后在胚柄端的根原始细胞分化出根端和根冠组织，发育为胚根；在远轴区分化出下胚轴、胚芽和子叶，7月底至8月初先后进入子叶胚前期和子叶胚期，进而完成胚胎的形态建成和分化过程，随后经历约1个月的漫长时间来完成种子的进一步成熟，而胚胎结束分化后至种子完全成熟的过程胚胎形态没有变化，只发生胚胎体积的增大和胚胎内含物的积累变化。

本书的研究中通过制作石蜡切片并利用苏木精染色的方法解析红松胚胎发育过程的解剖结构的变化，首先发现红松雌配子体含有多个颈卵器，花粉沿着珠孔通道进入雌配子体并与卵细胞结合完成受精，受精后裂解形成胚胎，历经多胚的竞争选择，优势胚随后经过组织器官的分化，再经储藏物质的积累最终完全成熟。由于裸子植物的雌配子体观察和实验操作难度的限制，以及红松受精过程的短暂，所以在本书的研究中未观察到受精这一瞬间。

2.4.2 红松胚胎发育过程内源激素动态变化分析

本书的研究中采用ELISA方法测定两个开放授粉的无性系057、059的不同发育阶段的红松胚胎内源激素的含量变化情况，以便确定内源激素在不同无性系之间的表达是否是具有普遍性。

2.4.2.1 ZR含量的变化

细胞分裂素在细胞分裂和蛋白质合成过程中起着重要的作用，细胞分裂素有利于雌配子体的细胞分裂、伸长及原胚期胚胎发育所需的养分吸收。本书的研究结果表明,ZR 含量在红松胚胎发育四个关键时期的变化较为明显,ZR 含量在原胚期最高,在随后的发育过程中 ZR 含量持续降低,由此推测红松胚胎发育过程中细胞分裂素的影响表现为前期作用显著,随着胚胎的发育,其作用逐渐减弱,接近脱水干燥期细胞分裂素作用微弱,该研究结果与前人对其他植物的研究结论一致。在红松胚胎发育早期(原胚期),可能通过高水平的细胞分裂素诱导细胞分裂、促进细胞伸长,并促进营养物质向种子的转移;随后的发育过程中(裂生多胚期、柱状胚期和子叶胚前期)ZR 含量逐渐降低,分析这一变化趋势可能是由于胚胎发育后期生长速度变慢,因此需要低水平的 ZR。此外,在针叶树的体胚发生研究中,通常在胚性愈伤组织的诱导阶段需要添加高水平的外源细胞分裂素类激素(如 6 - BA,KT),而在随后的诱导原胚和体胚成熟试验中则需要低水平的细胞分裂素,说明无论是在体胚发生或合子胚发育过程中,ZR 含量存在相一致的动态变化趋势。

2.4.2.2 IAA 含量的变化

IAA 是种子发育期间主要起作用的生长素类物质,在胚胎发育过程中 IAA 含量的变化被认为是胚胎发生的早期信号,高水平的 IAA 与种胚的生长发育阶段相关联,IAA 通过刺激细胞伸长实现种胚的膨大增长。在红松胚胎发育前三个发育时期,IAA 含量持续上升,发育至柱状胚期达到峰值,随后降低,而柱状胚期是胚胎模式构建的重要节点,尤其在发育前期作用显著(原胚期至柱状胚期),由此可见,IAA 参与了红松胚胎发育过程中胚胎的形态建成过程的调控,该研究结果与火炬松、南洋杉等合子胚发育过程中的 IAA 的研究结果类似。生长素在胚胎发育早期的胚胎分化事件和胚胎双侧对称的形成过程中起着至关重要的作用,如在云杉的胚胎发育过程中,器官组织的开始分化期伴随着生长素含量的增加,据此对本书研究中 IAA 峰值出现在柱状胚期的特点进行分析,推测可能是在该发育阶段——分生组织开始发育前,需要高水平的 IAA 来维持更强的胚胎细胞活性,在发育后期 IAA 含量降低可能是自由态 IAA 发生转化,形成结合态或者其他产物导致的。针叶树体胚发生研究中外源添加生长素情况与本书研究的内源 IAA 含量变化趋势相一致,即在胚性愈伤组织诱导过程中需要高浓度的生长素类激素(如 2,4 - D,6 - BA)处理,通过 IAA 可以使体细胞获得胚性,原胚诱导及成熟培养中需要降低浓度或不添加生长素。

2.4.2.3 GA 含量的变化

GA 在针叶树营养生长及生殖生长过程中发挥着重要的作用,主要体现在促进早熟、提早开花和促进种子生长发育等方面。而 GA 促进种子发育的作用主要是通过促进生长素的合成而间接促进种子的发育。本书的研究表明,在红松合子胚发育早期,GA 含量的变化呈现逐渐升高的趋势,裂生多胚期达到最高,成熟发育期含量逐渐降低,但在整个发育阶段,GA 含量较低,据此推测在胚胎发育过程中 GA 的作用可能不大。

2.4.2.4 ABA 含量的变化

本书的研究中,原胚期至裂生多胚期的 ABA 含量持续增加,随后的发育过程 ABA 含量逐渐降低,该研究结果与其他物种合子胚发育过程中 ABA 含量的变化情况基本一致,即在发育早期 ABA 含量呈现递增的趋势,后期的胚胎成熟干燥期呈现递减的趋势。众多研究结果表明,ABA 在促进种胚成熟期储藏蛋白的合成及在成熟后期促进种胚耐受干燥所需蛋白质的合成过程中调控相关基因的表达及抑制萌发。此外,在针叶树体胚发生的原胚诱导及体胚成熟研究中加入 ABA 会增加体胚成熟的数量和质量,而缺少外源 ABA 不会促进成熟,同时在体胚诱导过程中,需要在原胚向幼胚转变时期添加外源 ABA 也与本书研究中相对应的合子胚发育过程中 ABA 出现峰值相吻合,上述研究也证实了 ABA 在胚胎发育过程中的重要作用,尤其是在种子发育中期对储藏蛋白的合成过程起着重要的调控作用。

2.4.2.5 激素间动态平衡对种胚发育的影响

胚胎和种子发育过程不仅与植物内源激素的绝对含量有关,还与各类激素之间的平衡有关,尤其是促进生长的激素与抑制生长的激素之间的比例及平衡,ZR、IAA、GA 属于促进生长的激素,而 ABA 属于抑制生长的激素。本书的研究中,(GA + IAA + ZR)/ABA 的值整体呈现先增加后降低趋势,柱状胚期达到最大值,表明早期的原胚、裂生多胚和柱状胚发育均需要较高浓度的生长促进因子,器官开始分化作为转折点,随后抑制生长的激素起主导作用来促进胚胎和种子的成熟。研究结果表明,红松胚胎和种子发育过程的演变不仅与 GA、

ABA、ZR 和 IAA 的绝对含量有关,还与(ZR + IAA + GA)/ABA 的值有关。在胚胎发育前期,生长促进激素与生长抑制激素的比值较高有利于胚胎和胚乳细胞快速分裂,进而影响胚胎分化及种子的大小;而胚胎成熟后期,二者比值降低则促进种子的成熟同时抑制生长,该研究结果在其他植物上的相关研究中也得到了证实。

2.5 本章小结

本书的研究采用形态解剖学和组织细胞学的方法首先对红松胚胎发育进程进行监测,在此基础上对红松胚胎发育的原胚期、裂生多胚期、柱状胚期、子叶胚前期内源 IAA、ABA、GA、ZR 含量的变化进行了测定,分析各种内源激素对红松胚胎发育过程的调控作用。主要得到以下结论:

(1)红松胚胎发育遵循松属的胚胎发育过程,即胚胎发育从受精卵开始先后经历原胚期、裂生多胚期、柱状胚期、子叶胚前期、子叶胚期等重要时期。胚胎发育过程存在胚胎模式构建、多胚的选择与消除及胚柄的消除等关键阶段,胚柄短暂存在及多胚并存并最终保留 1 个主导胚成熟是红松胚胎发育的显著特点。

(2)红松胚胎发育过程中无性系间内源激素含量变化趋势一致,相对于其他激素,IAA 和 ABA 起着主要的调控作用。IAA 和 ABA 含量呈现单峰曲线变化,并且全程含量较高,ABA 峰值出现在原胚向幼胚转变的裂生多胚期,IAA 峰值出现在柱状胚期;ZR 和 GA 含量全程维持在较低的水平,ZR 含量在发育全程呈现逐渐递减的变化趋势,GA 含量呈现先降低后增加的变化趋势。

(3)(ZR + IAA + GA)/ABA 的值呈现先增加后降低的变化趋势,在柱状胚期达到峰值。在胚胎发育早期,生长促进激素与生长抑制激素间的高比值有利于胚胎形态建成及器官的分化,胚胎发育成熟后期,低比值有利于种子的进一步成熟。

3 红松胚胎发育过程的转录组学研究

3.1 试验材料

本书研究所用材料为采自黑龙江省苇河林业局红松种子园优选的开放授粉的无性系057固定单株上的未成熟球果，样品采集时间分别为7月5日、7月15日、7月22日、8月5日。将经鉴定分别处于原胚期(S1)、裂生多胚期(S2)、柱状胚期(S3)、子叶胚前期(S4)相同发育时期的种子(带有胚胎)取出并随机混合在一起，分别称取两份样品于液氮速冻后，-80 ℃保存，分别用于总RNA与总蛋白的提取。

3.2 试验试剂

DEPC(焦碳酸二乙酯)、CTAB(十六烷基三甲基溴化铵)、β-巯基乙醇、SDS(十二烷基硫酸钠)、Tris、EDTA(乙二胺四乙酸钠)、苯酚、氯仿、异丙醇、异戊醇、无水乙醇、LiCl和NaCl、琼脂糖等。植物总RNA提取试剂盒：TRNzol-A^+总RNA提取试剂盒。试验试剂配制均采用高压灭菌0.1% DEPC水(采用去离子水配制)。CTAB提取液：每100 mL需2 g CTAB，0.1 mol/L Tris-HCl(pH=8.0)，25 mmol/L EDTA(pH=8.0)。氯仿与异戊醇的比例为24:1(体积比)。以上试剂均用去离子水配制，并于121 ℃灭菌20 min后备用。

3.3 试验方法

3.3.1 总 RNA 的提取

采用植物总 RNA 提取试剂盒提取植株总 RNA,具体操作步骤如下:

(1)取约 0.1 g 样品,放入经液氮预冷的研钵中,用预冷的研杵碾碎后,转移至 1.5 mL 离心管中,迅速加入 1 mL 预冷 TRNzol - A^+ 提取液,漩涡振荡器混匀后 4 ℃静置 5 min。

(2)匀浆液中加入 0.2 mL 氯仿,剧烈振荡 15 s 后室温静置 3 min。4 ℃, 12 000 *g* 离心 15 min,取上清液。

(3)将上清液转移至新的离心管中,加等体积的异丙醇,倒转 3 ~ 5 次,混匀后室温静置 20 min,4 ℃,12 000 *g* 离心 10 min,去上清液。

(4)向沉淀中加入 75% 乙醇(体积分数,下同)洗涤沉淀 2 次,4 ℃,7 500 *g* 离心 5 min,倒出液体,残液短暂离心后,用枪头吸出并室温放置晾干。

(5)加 20 μL 无 RNase 水,微量移液器反复吹打沉淀,充分溶解 RNA, -80 ℃保存待用。

3.3.2 提取总 RNA 的质量检测

取上述提取的总 RNA 溶液 1 μL 先在 0.8%(质量分数)琼脂糖凝胶上电泳,1 μL EB 染色后,检测 RNA 有无,并拍照。取 1 μL RNA 样品用 NanoDrop 2000 超微量分光光度计测定 $OD_{260/280}$、$OD_{260/230}$,选择上述检测结果提取的 RNA 样品在冰上融化后,充分混匀并离心,取适量样品使用 Agilent 2100 Bioanalyzer 检测 RNA 完整性(RIN 值),以及 28S rRNA 和 18S rRNA 的比值和提取 RNA 的浓度。

3.3.3 cDNA 文库的构建及测序

提取样品总 RNA 后,用带有 Oligo(dT)的磁珠富集 mRNA,加入 Fragmentation Buffer 将 mRNA 打断成短片段后,以 mRNA 为模板,用六碱基随机引物合成第一条 cDNA 链,加入缓冲液、dNTP、RNase H、DNA 聚合酶 Ⅰ 合成第二条 cDNA

链。经过 PCR 纯化试剂盒纯化洗脱后做末端修复,加 poly(A)并连接测序接头,用琼脂糖凝胶电泳回收目的片段,使用 Agilent 2100 Bioanalyzer 对文库质量进行检测,建好的测序文库用 Illumina HiSeq 2000 平台进行测序。

3.3.4 从头(de novo)组装及全局分析

(1)clean reads 的获得

原始序列数据测序完成之后,对原始数据去除接头序列(adapter)及对低质量测序片段(read)进行处理,去除含接头序列的 reads,以及含 N 比例大于 5% 的 reads 及低质量 reads(质量值 $Q \leq 10$ 的碱基数占整条 reads 的 50% 以上),获得 clean reads。

(2)trinity 的组装

采用组装软件对 trinity 进行组装,先用 TGICL 将组装得到的 unigenes 去冗余,进一步拼接后对序列进行同源转录本聚类,得到最终的 unigenes。

(3)unigenes 功能注释

首先,通过 blastx 将 unigenes 序列与数据库 NR、SWISS - PROT、KEGG 和 COG(e 值 <0.000 01)进行比对,得到该 unigenes 的蛋白功能注释信息(注:取比对结果最好的蛋白确定 unigenes 的序列方向,如果不同库之间的比对结果有矛盾,则按 NR、SWISS - PROT 、KEGG 和 COG 的优先级确定 unigenes 的序列方向),预测 unigenes 可能的功能并对其做功能分类统计。跟以上四个库皆均比不上的 unigenes 用软件 ESTScan 预测其编码区并确定序列的方向,对于可以确定序列方向的 unigenes 给出其从 5′到 3′方向的序列,无法确定序列方向的 unigenes给出组装软件得到的序列。根据数据库注释信息,使用 Blast2GO 软件得到 GO 功能注释,再用 EGO 软件对所有 unigenes 做 GO 功能分类统计。

(4)unigenes 的表达量注释

表达量的计算使用 FPKM 法,其计算公式为:

$$\text{FPKM} = \frac{10^6}{NL/10^3}$$

公式中,FPKM(A)为 unigenes A 的表达量,C 为唯一比对到 unigenes A 的片段数,N 为唯一比对到所有 unigenes 的总片段数,L 为 unigenes A 的碱基数。FPKM 法能消除基因长度和测序量差异对计算基因表达量的影响,计算得到的基因表达量可直接用于比较不同样品间的基因表达差异,并对差异表达基因做

GO 功能分析和 KEGG Pathway 分析。

(5)差异表达基因的筛选

根据基因的表达量(FPKM 值),计算该基因在不同样本间的差异表达倍数,并对红松胚胎发育过程不同样本间的转录组差异表达基因进行筛选。将符合 FDR(false discovery rate)≤0.001 且差异表达倍数 2 倍以上的基因定义为差异表达基因。

(6)差异 unigenes 的 GO 分析

Gene Ontology,简称 GO,功能显著性富集分析给出与基因组背景相比,在差异表达基因中显著富集的 GO 功能条目,进而给出差异表达基因相关的生物学功能。首先把所有差异表达基因向 GO 数据库每个节点(term)映射,计算节点的基因数目并应用超几何检验,找出与整个基因组背景相比,差异表达基因显著富集的 GO 条目,计算公式为:

$$P = \sum_{i=0}^{m-1} \frac{\binom{M}{i}\binom{N-M}{n-i}}{\binom{N}{n}}$$

公式中,N 为所有 unigenes 中具有 GO 注释的基因数目;n 为 N 中差异表达的基因数目;M 为所有 unigenes 中注释为某特定 GO 节点的基因数目;m 为注释到某特定 GO 节点的差异表达基因数目。计算得到的 p 值通过校正后,满足 $p \leq 0.05$ 条件的 GO 节点定义为在差异表达基因中显著富集的 GO 节点。通过 GO 功能显著性富集分析,确定差异表达基因行使的主要生物学功能,同时整合表达模式聚类分析,揭示具有某一功能的差异基因表达模式。

(7)差异表达基因的 KEGG Pathway 分析

KEGG 是系统分析基因产物在细胞中的代谢途径及这些基因产物功能的数据库。Pathway 显著性富集分析以 KEGG Pathway 为单位,应用超几何检验,找出与整个基因组背景相比,在差异表达基因中显著富集的 Pathway。

3.3.5 实时荧光定量 PCR 测序结果的验证

3.3.5.1 实时荧光定量 PCR 引物设计

本书的研究选择转录组测序获得的 15 个胚胎发育过程中差异表达的基因

和1个内参基因(微管蛋白 α 基因)进行实时荧光定量 PCR 验证。引物序列采用 Primer Premier 5.0 软件设计,引物序列详细信息见表3-1。

3.3.5.2 反转录反应

采用-80 ℃保存的转录组测序的 RNA 样本为模板,按照 PrimeScrip RT reagent Kit with gDNA Eraser(Takara 编号:DRR047A)说明书先后进行去除基因组 DNA 和反转录反应,每个样品设3个重复。

3.3.5.3 实时荧光定量 PCR

采用SYBR Premix Ex Taq Ⅱ(Perfect Real Time)(Takara 编号:DRR081A)进行实时荧光定量 PCR 反应操作,由 ABI 7500 实时荧光定量 PCR 仪完成荧光分析检测。PCR 具体反应程序如下:

阶段1:预变性

1个循环

95 ℃,30 s

阶段2:PCR 反应

40个循环

95 ℃,5 s

60 ℃, 30~60 s

阶段3:离解

3.3.5.4 实时荧光定量 PCR 数据分析

通过内参基因及基于正态分布的方法计算各差异表达基因的相对表达量,采用 $2^{-\Delta\Delta Ct}$ 数据分析方法,分析目的基因的相对表达量,分别测定不同样品的内参基因和目的基因的 Ct 值,每个样品的目的基因的 Ct 值与内参基因的 Ct 值之差即为 ΔCt,用公式 $2^{-\Delta\Delta Ct}$ 计算出各个样品相对于内参基因的表达量,随后进行样品间基因相对表达量的比较,对实时荧光定量 PCR 结果和转录组测序结果进行相关性分析。进行相关性分析时,根据转录组测序与实时定量得到的基因表达数据,分别计算不同样品间(S2-S1; S3-S1; S4-S1)以及表达差异倍数的以2为底的对数值,然后以获得的对数值计算相关系数及线性回归方程。

表 3－1　实时荧光定量 PCR 验证引物信息表

检测基因代码	基因名称	上游引用/下游引物(5′→3′)
TUB	tubulin α	F：ATCGCCTACGTTATCGACCAG R：CCCCTTTCAATAAACTATCACCC
C111	*POD*17	F：AGCAAGGGATGCCGTCG R：AATAGTTGGATCAGAGCTGTCGC
C8200.1	*XTH*9	F：ATTCAACACGGTTTCCCACG R：TCATCAGTTCCATTGCTACCACC
U3379	*HSP*90	F：ATAGTTCCCAAGCAATCCACCA R：TTCGTATCAGGGCAGACAAGG
U13717	*SERK*1	F：TTTTAGTAGATGCGTCAATGTGCG R：GGGACAAAACCCAGCATAGCC
C1549.8	*GPX*	F：CAATCAATTTGGTGGACAGGAAC R：ACCTTTGCTGGACTTCAAGAACT
U355	*NIP*1－1	F：GATTTTTCATTGGATTCCAGCACTG R：TTTCCGCTCCGTCCCCTTA
U13708	未知	F：CAATGGCAGAATGAAGTCAGATG R：GCTAATAAAGCAATCCTTGACCC
C2076	globulin－1	F：CGACCAATACGCTGCTCCTG R：CAGAGGCAGATCAGAGACACGAG
C2165	*GST*	F：TTATTTTGGAGGGGAGCAG R：GCAACCTTTTCAGGATGTGG
U423	*HSP*18	F：ACAACTTGGTGGAATCGTG R：CCAGAAAATCATCCGAGAAG
U17458	*LEC*1	F：AACATACAGAGGCAACGAAGC R：CATCACTATTGGAAATCCGAAC
U7946	*ECP*63	F：AGAAGGCTCGGCAGACCAATG R：CGCTTTTCCCGCAACACTATC
C3706	*LEA*2	F：GGCAAAGATACAGCGAGGAT R：GATTGTGACCAGGAAAAGCAG
C350	1－Cys peroxiredoxin	F：TTTGATGAAGTGCTGCGTGTATTG R：GGCTGATCGTCTCATATCCCTG

3.4 结果与分析

3.4.1 总 RNA 质量结果分析

TRIzol 法提取的四个样品 RNA 电泳检测结果见图 3－1，提取所有四个时期样品的 RNA 电泳图的条带亮度均较大，清晰显示出 28S rRNA 和 18S rRNA 两条完整的条带，前者亮度为后者的 1.5～2.0 倍，并且这两条条带没有弥散现象，5S rRNA 条带浅，整体来看有轻微的拖尾现象，结合超微量分光光度计检测结果，说明对 RNA 质量影响不大，电泳图结果说明 TRIzol 法提取的 RNA 降解较少，完整性好；同时提取的总 RNA 采用分光光度计测定，结果表明四个样品总 RNA 的 $OD_{260/280}$ 全部在 1.8～2.0 之间，说明没有蛋白质、糖类、酚类污染，$OD_{260/230}$ 全部处于 1.9～2.1 之间，表明 RNA 样品受离子和小分子的干扰少，电泳图显示 S4 样本 RNA 的条带最亮，同时分光光度计测定结果表明，提取的 RNA 浓度大于 700 ng/g，S4 是四个样品中浓度最大的，原胚时期的条带亮度最弱，且浓度最低，该方法可初步鉴定 TRIzol 法提取 RNA 样品的质量较好，基本上可以满足后续的试验要求。

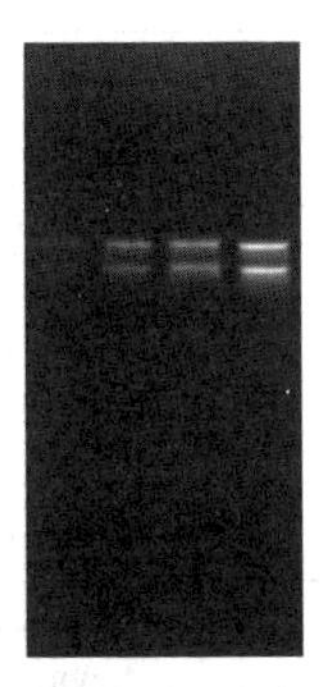

图 3－1 提取红松样本总 RNA 的琼脂糖凝胶电泳图

注：从左向右样品依次为 S1，S2，S3，S4。

在完成对提取 RNA 样品的电泳和浓度的粗略检测基础上，对提取的 RNA（$OD_{260/280}$ 和 $OD_{260/230}$ 在 1.8～2.2 间，样品纯度高，样品浓度超过 200 ng/μL）样品采用 Agilent 2100 Bioanalyzer 进一步检测 RNA 的完整性，分别检测 RIN（RNA integrity number）、样品浓度、28S/18S 的比值。RIN 值是基于 18S rRNA 和 28S rRNA 的峰高度和面积计算的，通常 RIN 值的最高分是 10 分，表明提取的 RNA

非常完美，低于10分代表RNA有所降解，植物类高通量测序RNA需要RIN ≥ 7并且28S∶18S ≥1。由表3－2可以看出提取RNA样品的28S∶18S≥1.5，所有四个样品RIN值全部大于7，其中S1的RIN值稍低，RIN值仅为7.3，后三个样品的RIN值介于8.2～8.6之间，结合峰面积和模拟电泳图（图3－2），看到四个样品的28S rRNA和18S rRNA的峰图接近完美，基线平整，S1的模拟电泳图中RNA略有降解，这与琼脂糖凝胶电泳图的初步检测结果一致，其余三个样品通过生物分析仪形成的电泳图较好，检测结果表明几个样品28S∶18S ≥ 1.5。综上可以看出，四个样本提取的RNA完整性较好，没有DNA、脂肪、蛋白质、酚类和多糖等杂质污染，质量和纯度较高，除原胚期样品RNA产率稍低外，其余三个时期的样品RNA产率均较高，高于400 μg/g，上述结果表明提取的RNA样品可以用于后续的mRNA分离建库和高通量转录组测序。

表3－2　红松总RNA纯度及产量

样品编号	$OD_{260/280}$	$OD_{260/230}$	RNA浓度/（$\mu g \cdot g^{-1}$）	28S∶18S	RIN值
S1	2.00	2.06	199.5	1.6	7.3
S2	1.98	2.02	463.1	1.5	8.4
S3	1.91	1.99	547.9	1.6	8.2
S4	1.95	2.05	749.6	1.6	8.6

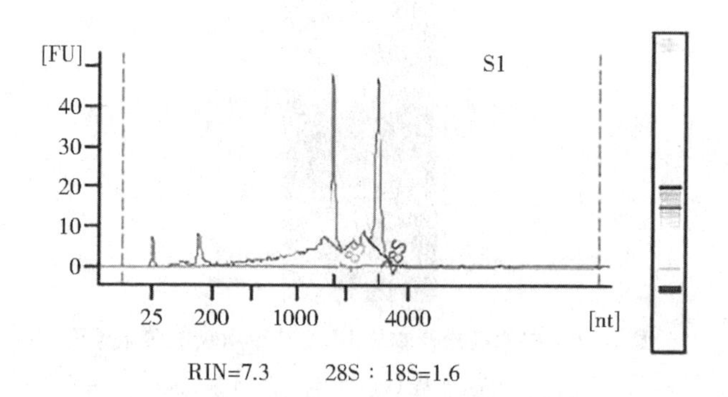

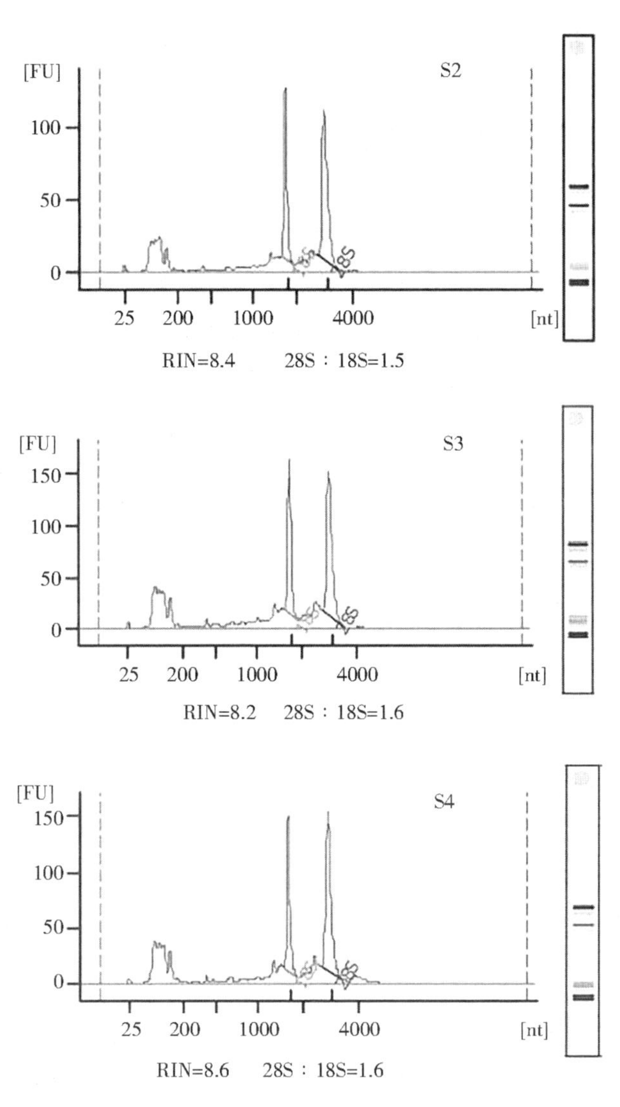

图 3 - 2 Agilent 2100 Bioanalyzer 检测 RNA 质量图

注:分别为 RNA 样品的 RIN 值和吸光度的比值图。

3.4.2 从头组装及序列功能注释

3.4.2.1 原始测序数据产量统计

通过 Illumina HiSeq 2000 平台将转录组测序得到的原始图像数据先转化为序列数据——原始数据(raw reads),对 raw reads 去除杂质,过滤得到 clean reads。本项目测序产量详见表 3 - 3,过滤得到可用于进一步转录组组装的 clean reads,数量分别为 55 250 774,51 833 636,51 833 636,55 286 694;四个样本中用于组装的测序数据 Q20 百分比均高于 97%,模糊碱基 N 的百分比均为 0.02%,GC 含量比在 44.84% ~ 46.43% 之间(Q20 的百分比、N 的百分比、GC 的比例常作为评价转录组测序质量的标准),以上测序结果表明 Illumina HiSeq 2000 测序质量较高,该数据可满足后续的转录组从头组装的要求。

表 3 - 3 红松转录组测序产量统计

样品	总 raw reads	总 clean reads	总的待分析核苷酸数量/nt	Q20 的百分比	N 的百分比	GC 的比例
S1	58270392	55250774	4972569660	97.93%	0.02%	44.84%
S2	55311192	51833636	4665027240	97.64%	0.02%	46.43%
S3	54931978	51833636	4665027240	97.78%	0.02%	45.82%
S4	58544670	55286694	4975802460	97.90%	0.02%	45.28%

3.4.2.2 转录组序列的功能注释

(1)unigenes 功能注释

由于红松的全基因组至今尚未完成测序,本书的研究将组装的 unigenes 序列比对到蛋白质数据库 NR、SWISS - PROT、KEGG 和 COG($e<0.000\ 01$)中,并通过 tblastn 将 unigenes 比对到核酸数据库 NT($e<0.000\ 01$)中,得到跟给定 unigenes 具有最高序列相似性的蛋白质,得到该 unigenes 的蛋白质功能注释信息。本书的研究对注释到每个数据库及注释的 unigenes 数目进行统计,在 NR、NT、SWISS - PROT、KEGG、COG、GO 数据库中获得注释的 unigenes 数量分别为 36 743 个,39 158 个,24 063 个,22 277 个,13 961 个,23 421 个。整体来看,通过数据库的比对,共获得带有基因描述功能的注释 unigenes 为 43 558 个,占全部组装 unigenes(63 840)的 68.23%,见表 3 - 4。与此同时,将与 NR 数据库的

比对结果中获得注释的基因序列的物种分布情况进行统计(图 3 -3),从匹配序列分布的物种来看,北美云杉(*Picea sitchensis*)匹配的 unigenes 最多,占 NR 注释 unigenes 的 44.9%,其后依次为葡萄(*Vitis vinifera*)、桃(*Amygdalus persica*)、小立碗藓(*Physcomitrella patens* subsp. *patens*)、蓖麻(*Ricinus communis*)、毛果杨(*Populus balsamifera* subsp. *trichocarpa*)、大豆(*Glycine max*)、江南卷柏(*Selaginella moellendorffii*),分别占 NR 数据库注释 unigenes 的 14.1%、3.9%,3.2%,3.1%,2.8%,2.7% 和 2.5%,由此可见,红松转录组测序结果中得到注释的 unigenes 与 NR 数据库中已知序列相似度最大的物种为北美云杉,分析原因主要是由于北美云杉与红松均属于裸子植物门下松科不同属的物种,亲缘关系较近。

表 3 -4　红松转录组注释结果统计

序列文件	NR	NT	SWISS - PROT	KEGG	COG	GO	总数
All - Unigene. fa	36 743	39 158	24 063	22 277	13 961	23 421	43 558

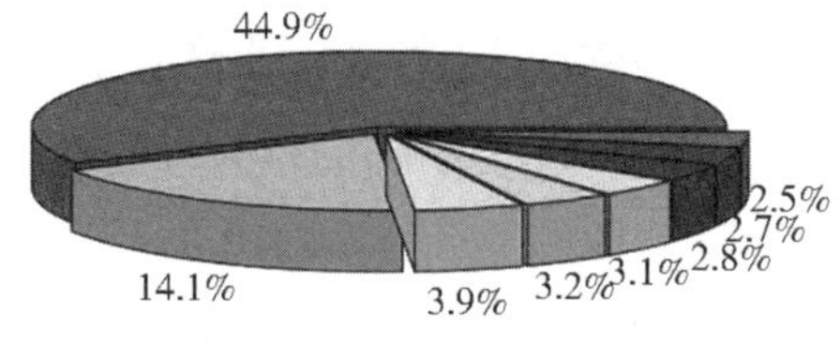

图 3 -3　红松 NR 注释的物种分布图

(2)COG 分类

采用 UniGene 和 COG 数据库比对,预测 unigenes 的功能并对其做功能分类统计,从宏观上认识该物种的基因功能分布特征,本书的研究中 unigenes 的 COG 功能分类情况见图 3 -4。测序鉴定获得的 43 558 个 unigenes 通过 COG 和蛋白质功能注释,结果表明这些 unigenes 共涉及 15 项功能。在所有的功能类别中有 4 629 个 unigenes 被注释为涉及一般功能预测,占 COG 注释 unigenes 的 10.63%,其后为复制、重组和修复、转录,分别占 5.36% 和 5.20%,翻译后修饰、蛋白质转换和分子伴侣占 4.53%;信号转导机制占 4.1%;翻译、核糖体结构和生物合成占 3.42%;碳水化合物的运输与代谢占 3.42%;氨基酸的运输与代谢,细胞周期调控,细胞分裂,染色体分离,能量的产生与转化,次生代谢物的生物合成,转运及分解代谢、无机离子运输与代谢、辅酶运输与代谢、细胞骨架、防御机制(defense mechanisms)等占有相对较小的比例。

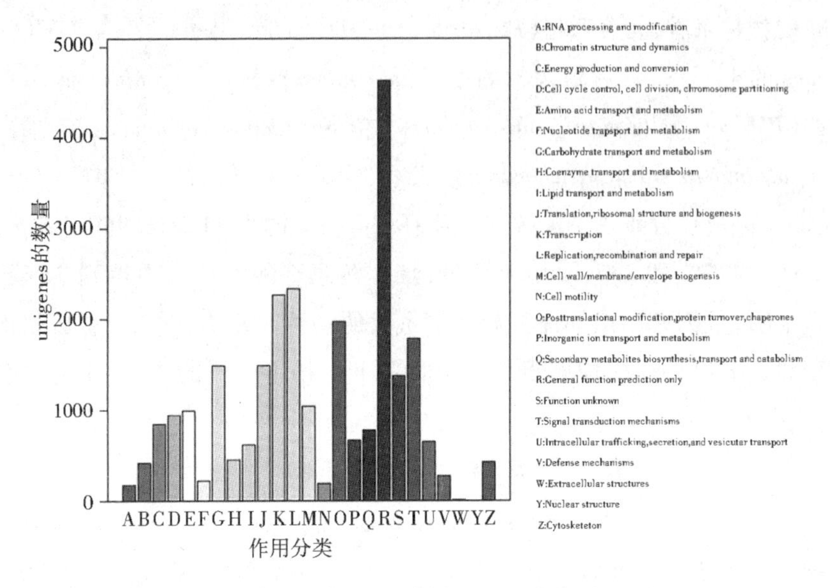

图 3－4　红松 unigenes 的 COG 功能分类

(3)unigenes 的 GO 分类

本书的研究使用 Blast2GO 软件进行 GO 功能注释后,采用 WEGO 软件对所有 unigenes 进行 GO 功能分类统计,进而从宏观上认识该物种的基因功能分布特征。分类结果表明,最终注释到对应 GO 功能的 unigenes 数量为 23 421 个,按照 GO 的三个功能分类进行统计,其中 85 307 个序列参与生物过程,占 GO 注释 unigenes 的 48.39%;涉及细胞组分的有 65 937 个序列,占 GO 注释 unigenes 的 37.40%;参与基因分子功能的最少,仅为 25 051 个序列,占 GO 注释 unigenes 的 14.21%。分类获得结果发现其中有些序列同时参与了多个生物学调控过程。将 GO 的三个大类又各分为多个小类:生物学过程;细胞和细胞部分(细胞组分);催化活性和结合功能(分子功能)。其中生物学过程包括细胞过程、代谢过程、刺激的响应等 23 个小类;细胞组分分为细胞、细胞连接、细胞外基质等 17 个小类;分子功能分为抗氧化活性、催化活性、通道调控活性等 16 个小类,见图 3－5。

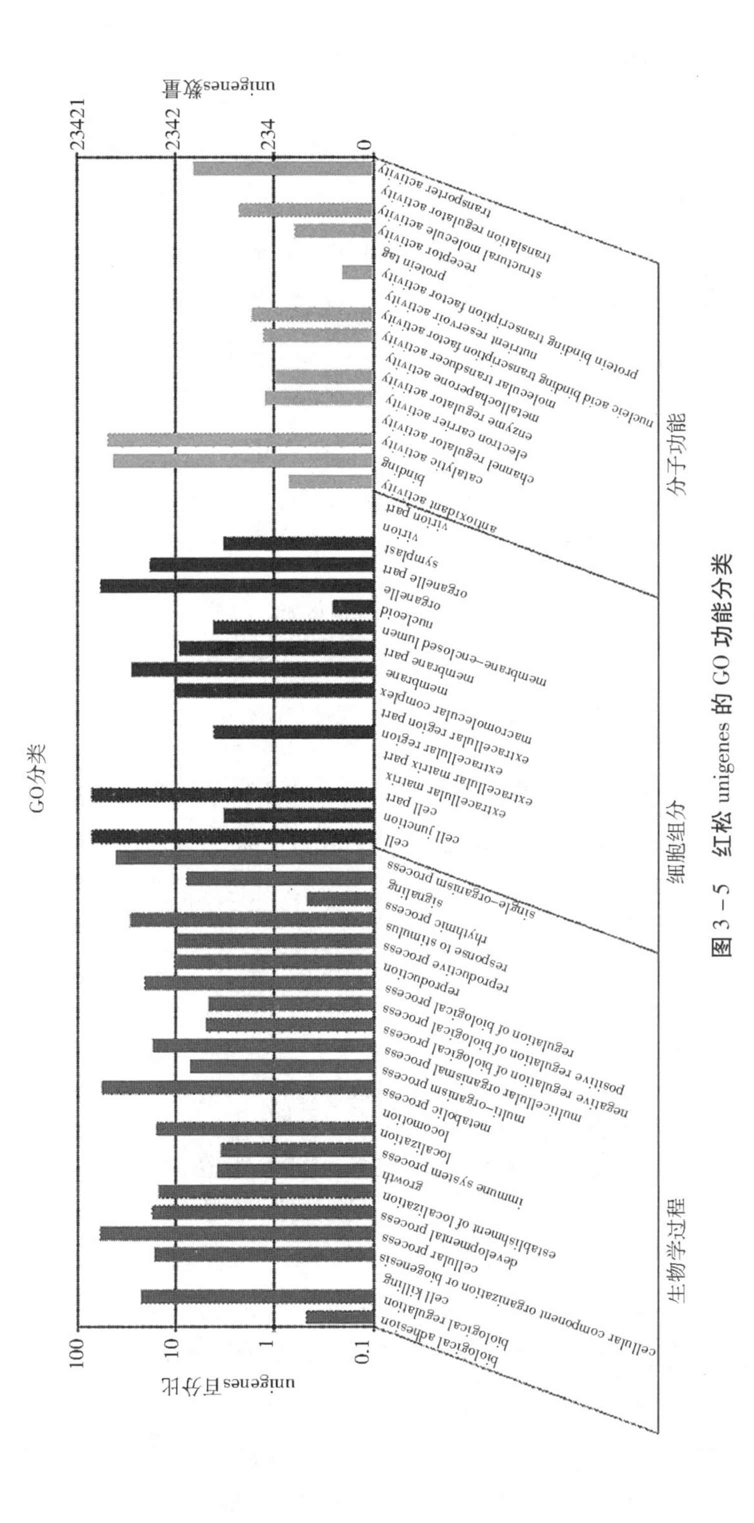

图 3－5　红松 unigenes 的 GO 功能分类

(4)unigenes 代谢通路分析

KEGG 是系统分析基因产物在细胞中的代谢途径及这些基因产物功能的数据库,根据 KEGG 注释信息进一步得到 unigenes 的 Pathway 注释,进而确定差异表达基因参与的最主要生化代谢途径和信号转导途径。本书研究的 unigenes 代谢通路分析结果表明,获得的全部 unigenes 中共被注释到数据库的 128 个代谢通路中。其中新陈代谢、次生代谢物合成、植物病原互作、植物激素信号转导、RNA 转运、剪接占有较高的比例,其被注释到代谢通路的 unigenes 数量分别为 4 437 个(19.92%)、2 399 个(10.77%)、993 个(4.46%)、953 个(4.28%)、854 个(3.83%)、842 个(3.78%),淀粉和蔗糖代谢为 491 个(2.2%),过氧化物酶为 181 个(0.81%),表明上述这些代谢通路在红松种子胚胎发育过程中发挥着重要作用。

3.4.3 胚胎发育过程差异表达基因的综合分析

3.4.3.1 差异表达基因的筛选及功能注释

将转录组测序数据中最终组装的所有 unigenes 用于转录组分析比较,得出四个不同时期的样本中基因表达量差异,结果见图 3-6(注:筛选条件为 FDR $\leqslant 0.001$ 和 $|\log_2$ 比值$| \geqslant 1$,灰色代表表达量上调,黑色代表表达量下调)。

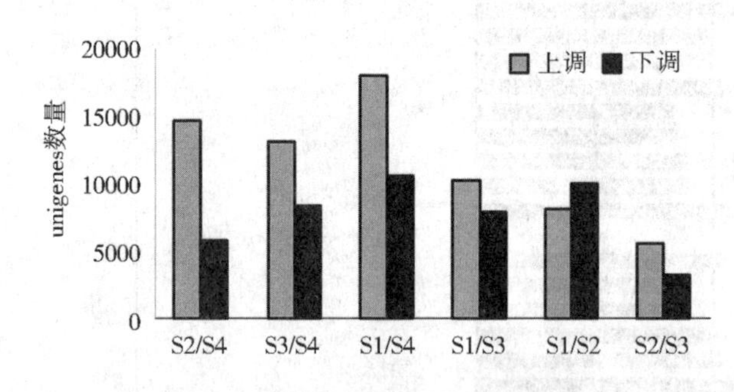

图 3-6 红松差异表达基因的统计

整体来看,上述 unigenes 中检测到的在各样品对比组中表达量差异显著上调基因的数量明显高于下调基因数量,只有 S1 和 S2 中上调基因数量少于下调基因数量。对 S1 和 S2 样品基因表达情况进行比较,发现在差异表达的 unigenes中有 8 125 个基因上调表达,10 045 个基因下调表达;S1 和 S3 中 10 190 个基因上调表达,7 851 个基因下调表达;S1 和 S4 中 18 036 个基因上调表达,

10 502 个基因下调表达;S2 和 S3 中 5 586 个基因上调表达,3 161 个基因下调表达;S2 和 S4 中 14 723 个基因上调表达,5 809 个基因下调表达;S3 和 S4 中 13 070个基因上调表达,8 380 个基因下调表达。在所有的样品对比组中,S2 与 S4 间、S4 与 S1 间差异表达的基因数量较多,S2 与 S3 间差异表达的基因数量最少,表现出在胚胎发育过程中趋于成熟的样本与早期的样本间差异基因数量最多。

3.4.3.2 差异表达基因的 GO 显著性富集分析

分别对四个样品进行两两比较,并对差异表达基因进行 GO 分析,差异表达的 18 170 条 DEGs(差异表达基因)集中分布在 55 个 GO 条目中($p<0.005$)。其中横轴表示 GO 功能的种类,右边纵轴表示注释到对应 GO 功能的 DEGs 数量,左边纵轴表示 DEGs 数量占总数的百分比。与上述各组差异表达基因富集的 GO 条目分布情况类似,对比组间也类似,数量上有少许差异。细胞过程、新陈代谢过程、刺激的响应、生物过程的调控、发育过程是富集最多的生物学过程大类下面的小类;在细胞组分大类下面富集的主要有细胞、细胞组分、细胞器、膜、信号转导等;在分子功能大类下面富集的主要有催化活性、结合、转运活性、结构分析活性、抗氧化活性等。

3.4.3.3 差异表达基因的 KEGG Pathway 显著性富集分析

通过 KEGG Pathway 显著性富集分析,可以确定差异表达基因参与的最主要生化代谢途径。四个样本中每两个样本进行比较的差异表达基因 KEGG Pathway 富集分析结果表明,每两个样品间差异表达的 DEGs 分别被注释到 121 ~ 128 个代谢通路中。整体来看,新陈代谢途径、次生代谢物的生物合成、植物病原互作、RNA 运输、植物激素信号转导、剪接、内质网的蛋白质加工、嘧啶代谢、嘌呤代谢、淀粉和糖代谢路径是富集 DEGs 最多的 GO 条目。

3.4.3.4 胚胎发育过程差异表达基因的具体分析

对转录组文库中筛选获得的 DEGs 进行功能归类,结果表明多数 DEGs 参与了新陈代谢、植物激素信号转导、淀粉和糖代谢、植物病原互作等功能过程。红松胚胎发育各阶段特异表达的基因是本书研究的重点,为更好地揭示红松整个种子发育过程中的不同代谢途径的差异基因表达情况，笔者选择在胚胎发育原胚期、早期、晚期特异高度表达的基因进行分析，如与激素信号转导与合成代谢、氧化胁迫相关的基因等，以探究其调控胚胎发育过程的潜在功能，筛选胚胎发育关键阶段潜在的候选标记物。本书的研究过程中按照 Filonova 等人鉴定的针叶树胚胎发育阶段，分别确定将 4 个样本划分为原胚期、早期的胚胎（裂生多胚期和柱状胚期）、晚期的胚胎（子叶胚前期）。

(1)与激素相关的基因

经过转录组学测序数据分析发现，许多上调和下调的差异表达基因参与植物激素代谢和信号转导通路，其中主要涉及 IAA 和 ABA 生物合成的代谢通路。因此，本书选择这两种激素合成代谢、运输与信号转导过程中作用的基因进行差异表达的具体分析。

①生长素合成代谢与信号转导相关的基因

为更好分析红松胚胎发育阶段转变的分子机制，本书首先对生长素生物合成与代谢途径中差异表达的基因进行筛选并聚类分析，聚类分析情况见图 3－7。

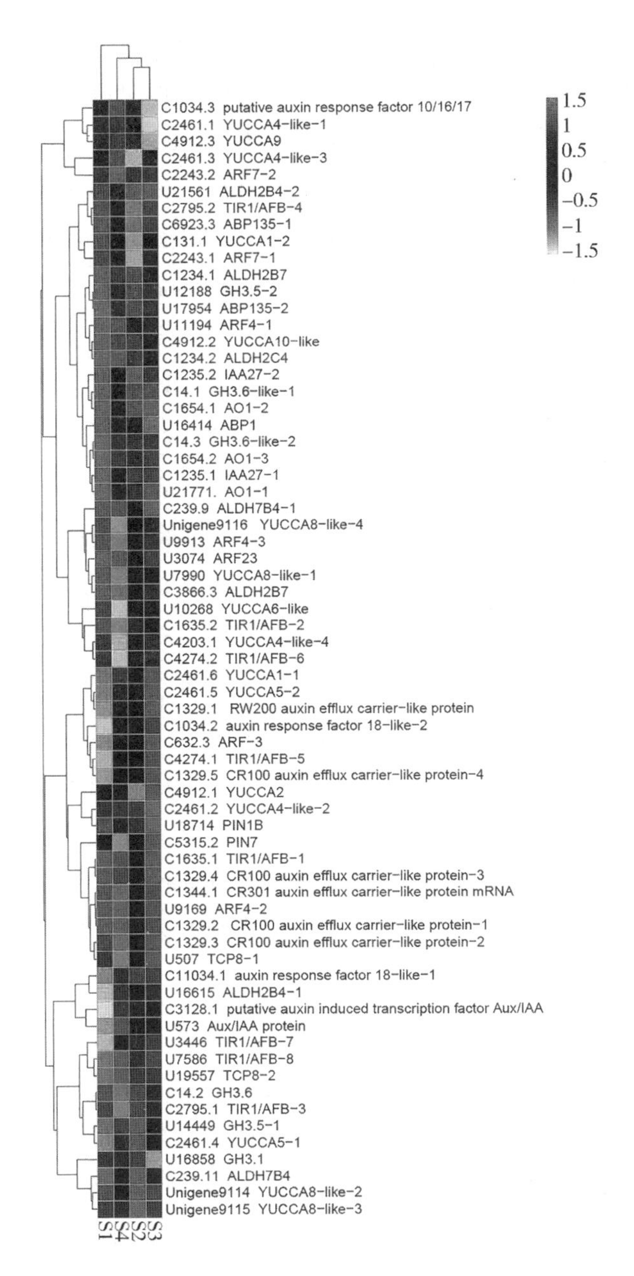

图 3-7 红松胚胎发育过程中生长素相关的基因聚类分析

植物中依赖色氨酸的 IAA 生物合成途径中需要黄素单加氧酶(YUC)家族蛋白催化生成 IAA,*YUC* 基因编码的黄素单加氧酶是催化吲哚-3-丙酮酸生成 IAA 途径中的关键限速酶。本书共鉴定了 *YUC*1(2 个)、*YUC*2(1 个)、*YUC*4(4 个)、*YUC*5(2 个)、*YUC*6(1 个)、*YUC*8(4 个)、*YUC*9(1 个)、*YUC*10(1 个)16

个 *YUC* 家族基因,这 16 个 *YUC* 家族基因均在胚胎发育不同阶段基本呈现相同的变化趋势,整体来看大部分表现为胚胎发育早期和原胚期表达量高,子叶胚前期下调表达,个别基因(C2461.1 YUCCA4 - like - 1,C2461.2 YUCCA4 - like - 2,C2461.3 YUCCA4 - like - 3)在四个发育时期的样本中出现了表达变化趋势不一致的现象,呈现在 S4 中上调表达,3 个基因中在子叶胚前期表达量最高的 FPKM 值仅为 2.121 4,其余的表达量均介于 0 ~ 2 之间,但考虑这些基因表达量普遍偏低,因此推测它们可能对 IAA 生物合成影响不大。此外,鉴定了参与依赖色氨酸的生长素生物合成 TAM 途径的醛氧化酶,鉴定的 3 个该酶的编码基因整体表达量偏低(FPKM 值小于 5),推测其对 IAA 合成速率影响不大。此外发现了参与吲哚乙腈(IAN)向 IAA 转变途径作用的转录因子 TCP8,此外,鉴定了生长素代谢过程中起到重要作用的Ⅱ类 *GH3* 家族基因,该基因家族调控自由态 IAA 向 IAA - 氨基酸的转化。本书鉴定的 6 个 *GH3* 基因均呈现不同的表达变化趋势,U12188 GH3.5 - 2 在原胚期的表达(FPKM 值 85.895 3)显著高于其他 3 个时期(其他 3 个时期 FPKM 值在 10 ~ 30 之间),整体来看,该基因在 4 个样本中均维持较高的表达水平;鉴定的其他 *GH3* 家族基因在 4 个样本中表达量均较低,其中 2 个基因(C14.1 GH3.6 - like - 1,C14.3 GH3.6 - like - 2)在原胚期表达量较高,在随后的发育过程中表达微弱或不表达,另外 2 个基因(C14.2 GH3.6;U14449 GH3.5 - 1)在发育的 4 个时期表达差异不显著,U16858 GH3.1 表现为在 S2 和 S4 中上调表达,但表达量整体偏低,推测上述 5 个基因可能对生长素代谢过程影响不大。

PIN 载体蛋白家族是生长素的极性运输所需要的载体蛋白。本书研究中鉴定了 2 个 *PIN* 基因,分别为 *PIN*1 和 *PIN*7,其中 *PIN*7 从原胚期开始表达,柱状胚期表达显著上调,子叶胚前期表达微弱;*PIN*1 在发育全程表达量均维持在较低的水平,具体来看 *PIN*1 在柱状胚期表达量最高,是其他 3 个发育期的 1.5 ~ 2.0 倍。此外,鉴定的其他 6 个生长素输出载体蛋白(auxin efflux carrier - like protein)中 3 个(C1329.3 CR100 auxin efflux carrier - like protein - 2;C1329.4 CR100 auxin efflux carrier - like protein - 3;C1329.5 CR100 auxin efflux carrier - like protein - 4)表达量全程较低,FPKM 值均低于 1,另外 2 个(C1344.1 CR301 auxin efflux carrier - like protein mRNA;C1329.2 CR100 auxin efflux carrier - like protein - 1)在裂生多胚期和柱状胚期的样品中显著富集,C1329.1 RW200 auxin efflux carrier - like protein 在柱状胚期上调表达，上述鉴定的生长素运输载体蛋白的表达变化趋势与第2章中测定的内源IAA的动态变化趋势基本一致。

信号转导过程中生长素作为信号分子首先与受体结合后水解特定的转录抑制因子，然后激活生长素下游响应基因的表达，进而最终实现生长素的生理调控作用。本书研究中鉴定了多个生长素信号转导过程中的重要组分和响应基因，具体包括1个生长素诱导的转录因子（C3128.1 putative auxin induced transcription factor AUX/IAA）、3个AUX/IAA蛋白（U573 AUX/IAA protein；C1235.1 IAA27 -1；C1235.2 IAA27 -2）、3个生长素结合蛋白（U17954 ABP135 -2；C6923.3 ABP135 -1；U16414 ABP1）、8个生长素受体（TIR1/AFB）、10个生长素响应因子（AFB）。生长素与其受体蛋白结合使AUX/IAA降解是生长素信号转导过程所必需的，鉴定的*AUX/IAA*表达变化情况为在子叶胚前期上调表达；*AUX/IAA*为后3个发育时期的样本中的表达量显著高于原胚期，约为原胚期的2~3倍；两个生长素响应蛋白（IAA27）在原胚期显著富集，随后的发育过程中下调表达；*TIR*1/*AFB*及*ARF*的表达变化趋势整体来看大部分表现为在发育的前3个时期样本中的表达量显著高于子叶胚前期的表达；鉴定的2个*ABP*基因中1个基因的表达量在发育全程较低，表达量高的U17954 ABP135 -2在原胚期显著上调表达。整体来看，上述生长素信号转导相关的基因在发育的前3个时期呈现利于生长素信号转导，随后信号转导减弱的趋势。鉴定的2个转录因子均在胚胎发育的裂生多胚期和柱状胚期上调表达。

②脱落酸相关的基因

在ABA生物合成的间接途径中涉及ZEP、NCED、AAO等酶类的重要作用，其NCED为主要的限速酶。本书研究鉴定的*NCED*基因在S2样本中表达量最高（FPKM =40.472 1），约为S3表达量的3.37倍，在另外两个时期的样本中呈现更显著的下调。与此同时鉴定在ABA生物合成途径中起重要作用的AAO和ZEP两个酶的编码基因，整体来看2个*AAO*基因在发育全程表达量偏低（FPKM均小于5），其中1个下调表达（原胚期的样本中高表达），1个上调表达（子叶胚前期的样本中高表达），2个*ZEP*基因在4个不同样本中表达量变化不明显，1个*ZEP*在胚胎发育前3个时期显著上调，子叶胚前期表达微弱，AAO和ZEP两个酶的编码基因表达情况证实了在红松种胚发育过程中ABA合成途径的NCED为主要起作用的限速酶，而AAO和ZEP只是参与调控。

参与 ABA 代谢途径的 *CYP707A* 家族基因在本书的研究中共鉴定出 3 个，这 3 个基因中表达量最高的 C6751.2 CYP707A1 在子叶胚前期和原胚期上调表达，结合前面鉴定的 ABA 生物合成过程调控酶类编码基因的变化情况，可以推断出内源 ABA 在胚胎发育的裂生多胚期和柱状胚期含量高，另外两个在发育期含量低，该推断在内源 ABA 含量测定结果中得到了证实。此外，鉴定的 3 个转录因子 ABI4 均在子叶胚前期的样本中显著上调表达；共鉴定 6 个 ABA 受体蛋白——PYR/PYL 家族蛋白，其中 abscisic acid receptor PYR1 在前 3 个发育期样本中显著富集，在样本 S4 中表达微弱；有 2 个 PYR/PYL 家族蛋白的转录水平表现为子叶胚前期显著上调（该时期的表达 FPKM 值介于 3 ~ 6 之间），其余的几个 PYR/PYL 家族蛋白在发育全程表达量不高（FPKM 小于 2）。PP2C 和 SnRK2 在 ABA 信号通路上分别作为负调控因子和正调控因子实现对 ABA 信号转导的调控功能，本书的研究中鉴定的 PP2C 在原胚期高表达，而 SnRK2 表现为与 PP2C 相反的变化趋势，在后 3 个时期的样本中上调表达。此外，筛选到 1 个未知的参与 ABA 信号转导过程的基因，该基因在原胚期上调表达，对于该基因的作用有待于进一步研究。上述研究结果表明，ABA 信号转导相关的受体与其他正负调控因子共同调控着植物体内的 ABA 信号转导过程，具体表现为发育的原胚期 ABA 信号转导最弱，后 3 个时期显著增加。

ABA 合成代谢与信号转导过程的相关基因的聚类分析结果见图 3 – 8。

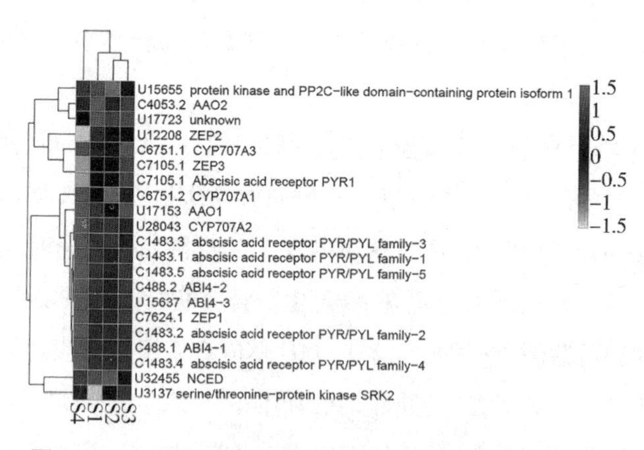

图 3 – 8　红松胚胎发育过程中 ABA 相关的基因聚类分析

(2)胚胎模式构建相关的基因

近年来利用遗传学和分子生物学方法相继开展了胚胎发育模式构建方面的研究,鉴定了多个参与调控分生组织形成和器官发生的关键基因,研究表明这些基因与植物激素和环境因子形成复杂的调控网络共同调控着植物的胚胎发育需要的动态平衡,进而维持顶端分生组织的生长,同时确保植物按顺序启动各侧生器官的分化和发育。大量研究表明,茎顶端分生组织中器官的启动与分生组织的维持是由 *CLV* 和 *WUS* 互作成反馈调控环实现的。本书鉴定的 *WOX*8 在原胚期有微弱的表达,在随后发育的两个时期表达量显著上调,在柱状胚期达到峰值(FPKM 值为4.668 5),约为原胚期的50 倍,为裂生多胚期的两倍多,子叶胚前期表达量再次下降至接近裂生多胚期的水平,证实了 *WOX*8 对胚胎发育过程干细胞形成和器官原基的发育具有促进作用。同时在 4 个样本中共鉴定了 16 个 clavata - like receptor,整体来看上述 clavata - like receptor 均在柱状胚期高表达,个别的也有除在柱状胚期高表达外,在裂生多胚期和子叶胚前期同时高表达的现象。同时鉴定了 1 个 *CLV*2 基因,但其整体表达量偏低(FPKM 值均低于 2),鉴定的 clavata 2 - like 也在柱状胚期高表达,鉴定的编码 clavata 1 - like protein 的基因在裂生多胚期高表达,鉴定的 clavata 1 precursor 也在柱状胚期显著上调表达,上述研究结果说明 *CLV* 基因在红松胚胎发育过程中的柱状胚期高表达,结合柱状胚期是红松胚胎发育分生组织器官开始形成的时期,证实了 *CLV* 和 *WOX*8 在调控分生组织器官启动和干细胞形成过程中起到重要的作用。

本书的研究鉴定了参与根端分生组织与胚根形成的 *SCR* 基因及其相关的转录因子和蛋白质,整体来看这些 *SCR* 基因、转录因子及蛋白质的表达情况呈现基本一致的变化趋势,即在柱状胚期或子叶胚前期上调表达或在 4 个样本中表达变化不明显,由于红松胚胎发育的根端分生组织和胚根启动与发育主要在柱状胚期和子叶胚前期,因此该研究结果证实了 *SCR* 主要参与红松根端组织的形成与调控。参与根端分生组织静止中心形成的基因 *PLT* 共鉴定到 7 个,整体变化趋势为随着胚胎的发育表达量逐渐增加,在柱状胚期或子叶胚前期上调表达,S1 与 S2 中表达微弱,上述研究结果表明 *PLT* 出现高峰期与 *PLT* 产生作用的时期相一致。鉴定的胚柄发育相关基因 *NIP*1 - 1 的 FPKM 值最高的两个时期分别为柱状胚期和裂生多胚期(胚柄较为发达的时期),其表达量分别为 18.

048 8 和 14.762 7，约为原胚期和子叶胚前期表达量的 4 ~ 5 倍，胚柄相关的通道蛋白 NIP 在胚柄形成和伸长期高表达，这有利于胚柄伸长过程和胚胎发育过程中营养的运输。此外，本书的研究中鉴定到参与胚胎发育后期子叶、胚柄形成的 *LEC*1 基因，该基因在胚胎发育 4 个时期均检测到有表达，前 3 个发育时期表达量逐渐增加，原胚期和子叶胚前期表达量最低，柱状胚期表达最高，分析可能是通过柱状胚期的上调表达为接下来子叶的发育奠定基础，详见图 3 - 9。

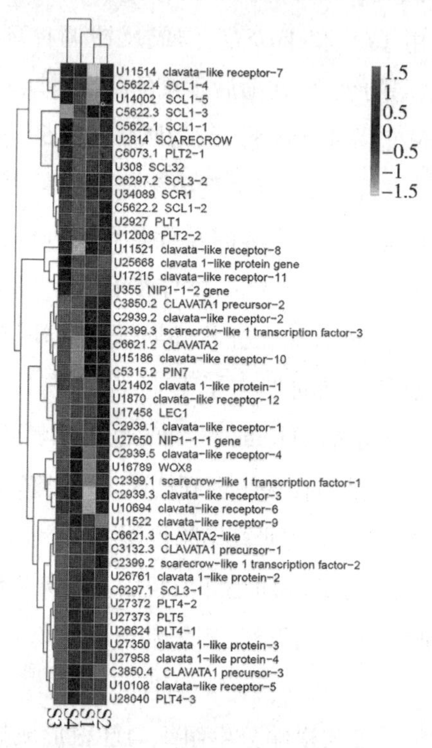

图 3 - 9 红松胚胎发育过程中胚胎模式构建相关的基因聚类分析

(3)抗氧化系统和细胞程序性死亡相关的基因

①PCD 相关的基因

本书鉴定的参与 PCD 调控的 *Mc* Ⅱ - *Pa* 编码基因在柱状胚期和原胚期上调表达。参与 PCD 过程调控的液泡加工酶(VEIDase)和 metacaspase 均在原胚期上调表达，表达量为后 3 个时期表达量的两倍及以上。上述研究结果表明，参与 PCD 过程的酶类在原胚期和柱状胚期均有不同程度的上调表达，同时也证实了红松胚胎发育过程类似于其他针叶树在上述两个发育期存在 PCD 现象。

②抗氧化相关的基因

一个强大的抗氧化系统是植物胚胎发生的必要前提，其中主要涉及 SOD、POD、APX、CAT、GPX 等酶类参与调控。本书鉴定的 *SOD* 基因在柱状胚期表达量最高，子叶胚前期的表达量最低，前者约为后者的 3 倍，原胚期表达与柱状胚期表达差异不显著，但显著高于裂生多胚期的表达量。与此同时鉴定的 *CAT* 基因在原胚期微弱表达，在裂生多胚期和柱状胚期表达显著上调，随后下调表达。本书中鉴定的 *APX*（C3295.2 APX2 -1）表现为在前 3 个发育期表达上调，U13777 APX2 -2 全程表达变化趋势不明显。此外在书中鉴定了 4 个 *POD* 基因，在原胚期表达量最高，显著高于其他时期的表达。GPX 和 GST 是生物体内清除氧自由基的重要酶类，本书中鉴定的 *GPX* 在原胚期上调表达；*GST* 在前 3 个发育时期表达量高，子叶胚前期的表达微弱；同时鉴定的还有半胱氨酸过氧化物酶（C350.1 1 - cys peroxiredoxin）基因，在原胚期和柱状胚期表达显著上调。上述结果说明抗氧化酶类相关的基因在红松胚胎发育早期发生的氧化反应中起着重要的调控作用。

③热激蛋白相关的基因

热激蛋白（HSP）是普遍存在于生物系统发育过程中的氨基酸序列与功能极为保守的一类分子伴侣。HSP 根据相对分子质量大小、氨基酸序列的同源性及功能分为 HSP100、HSP90、HSP70、HSP60、HSP40、小分子 HSP。本书鉴定的 10 个小分子 HSP 家族成员（15.7 kDa、16.9 kDa、17.0 kDa、17.3 kDa、17.8 kDa 和 18.1 kDa），除了 C7569.1 HSP17.3 在原胚期上调表达，U18600 HSP15.7 在原胚期和柱状胚期上调表达外，其余 8 个小分子 HSP 均在柱状胚期表达量最高；鉴定的所有 HSP70、HSP90 在红松胚胎发育过程中的原胚期和柱状胚期（PCD 高峰期）的表达量显著高于其他的两个时期，上述 HSP 表达变化趋势说明 HSP 可能参与了红松胚胎发育过程的两次大规模的 PCD 的调控，对于 HSP 参与植物胚胎发育过程中的细胞凋亡过程的调控在其他植物上已被证实。

上述这些 PCD 过程及抗氧化相关因子在原胚期和柱状胚期高表达的结果说明，在这两个时期可能存在着活跃的 PCD 现象参与原胚的降解、胚柄及多余胚胎消除过程的调控。PCD 和抗氧化相关基因的聚类分析情况详见图 3 -10。

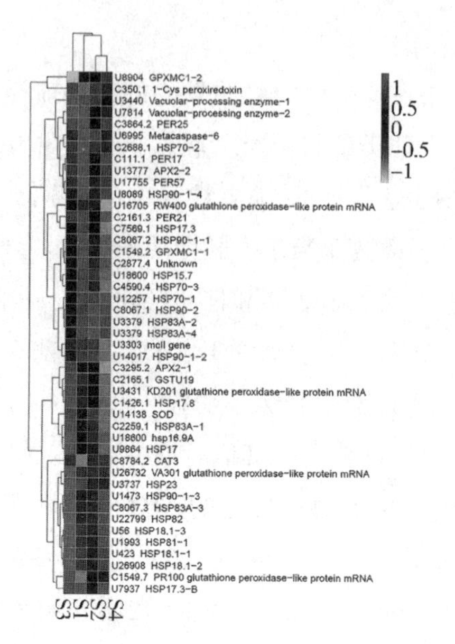

图 3－10　红松胚胎发育过程中 PCD 和抗氧化相关基因的聚类分析

(4)储藏蛋白相关的基因

植物胚胎发育过程常伴随着一些储藏物质的积累,后期发育通常是以储存化合物和相关酶类的开始出现作为标志。本书中鉴定的 3 个类豌豆球蛋白(vicilin)相关的基因在 S4 中显著富集,而类豆球蛋白(legumin)与类球蛋白(globulin)相关基因从裂生多胚期开始显著富集,类豆球蛋白在柱状胚期达到峰值,类球蛋白的表达则在子叶胚前期与柱状胚期基本上持平或略有增加。LEA 是胚胎发育后期大量表达的一类蛋白质,其受 ABA 和脱水信号诱导,并伴随种胚成熟过程产生,在胚胎发育晚期特定阶段表达。本书中鉴定的 6 个 LEA 相关的 ECP63、lea－like protein、LEA 均在胚胎发育至中后期(柱状胚期或子叶胚前期)的表达量最高。上述研究结果证实了储藏蛋白在幼胚形成后的胚胎成熟过程中大量积累,同时也说明储藏蛋白的积累是红松胚胎发育进一步成熟的重要标志。鉴定的脱水蛋白(dehydrin)在裂生多胚期出现富集,在柱状胚期或裂生多胚期达到峰值,在子叶胚前期表达呈现不同程度的下调。鉴定的 1 个 ABA 胁迫的成熟蛋白(U5123 abscisic stress－ripening protein)在裂生多胚期和柱状胚期显著上调表达。上述研究结果表明,红松胚胎发育成熟需要储藏蛋白的积累,从裂生多胚期的幼胚形成后即开始出现积累,并一直持续到胚胎形态建成结束,详见图 3－11。

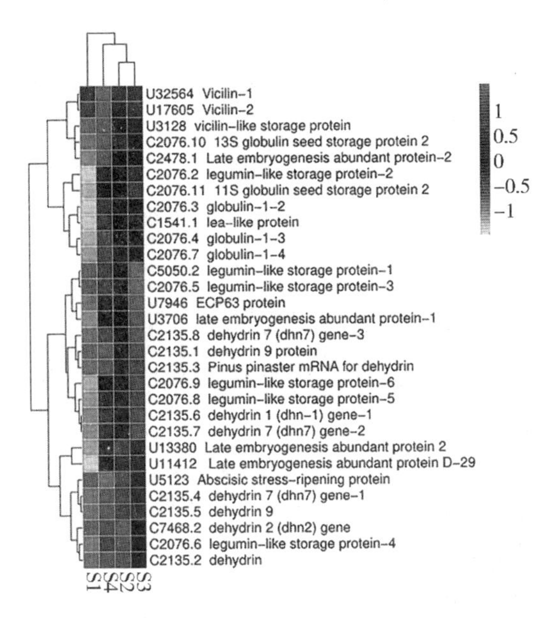

图 3 - 11 红松胚胎发育过程中储藏蛋白相关的基因聚类分析

(5)其他胚胎发育相关的基因

除上述胚胎发育过程中鉴定的差异表达基因外,本书还鉴定了一些细胞分裂、能量代谢、胚性能力相关的基因,见图 3 - 12。其中鉴定了在 DNA 复制和修复中起着重要的作用的增殖细胞核抗原(proliferating cell nuclear antigen, PCNA)的相关基因,结果表明 *PCNA* 在原胚期表达量较高,后 3 个发育期显著下调。本书鉴定参与细胞分裂和细胞壁重建相关的壳多糖酶基因、木葡聚糖内糖基转移酶/水解酶(xyloglucan endotransglycosylase/hydrolase, XTH)基因、*AGP* 基因的表达均在原胚期显著上调。此外,正如预期的参与存储代谢的蛋白质在发育早期的原胚期的胚胎中被检测到,例如 α - 葡糖苷酶(α - glucosidase)的表达量在原胚期约为子叶胚前期的 30 倍,为裂生多胚期和柱状胚期的 2 ~ 3 倍,该水解酶优先选择蔗糖底物表明糖类代谢是在幼龄的种子和胚胎中快速增长阶段所必需的,早期发育阶段蔗糖通过 α - 葡糖苷酶水解,释放 α - D - 葡萄糖(α - D - glucose)用于淀粉合成的底物。有研究表明 *SERK* 基因家族在被子植物和裸子植物合子胚和体胚发育过程中起到重要的作用,本书鉴定 *SERK* 在发育全程表达持平,与上述研究结果基本一致,说明 *SERK* 基因在红松胚胎发育全程均起作用。此外,还鉴定了仅在原胚期有表达的 2 个非特异性脂转移蛋白(non - specific lipid transfer proteins, nsLTP),nsLTP 目前在被子植物和裸子植物中都有相关报道，nsLTP 蛋白在植物的种子、胚胎、果实、叶、茎、花粉等组织和器官中高表达，nsLTP 蛋白在脂类物质转运、防御反应、植物激素的信号转导、种子形成、抑制细胞死亡过程中均起着重要的调控作用，但 nsLTP 对红松胚胎发育的调控还有待于进一步开展相关的研究。

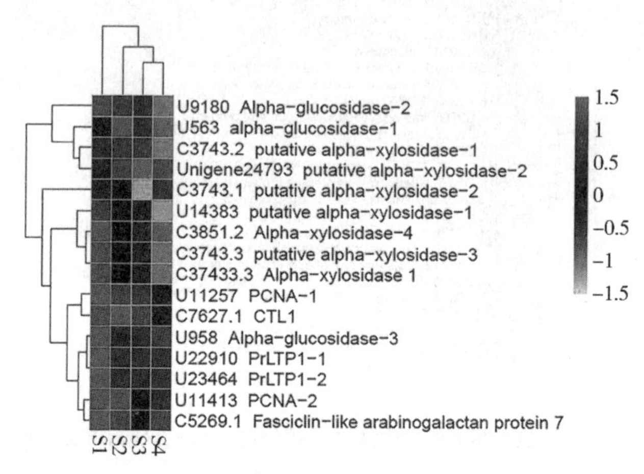

图 3-12　红松胚胎发育过程中其他相关基因的聚类分析

3.4.3.5　qRT-PCR 验证

为验证转录组测序文库获得数据的可靠性，并进一步分析红松胚胎发育过程中重要基因的表达模式，本书以用于 Illumina 高通量测序分析的样品作为模板，利用 qRT-PCR 方法对选择的 14 个基因的表达情况进行分析，这些基因包括氧化胁迫相关的基因、胚胎器官发育相关的基因、胚胎发育晚期富集蛋白相关的基因等多个类别。结果表明，包括内参基因在内的所有设计引物特异性高，均可扩增出单一条带，引物具有良好的特异性，内参基因在 4 个样品中相对表达量稳定。qRT-PCR 方法获得的基因表达模式与高通量测序的数据进行相关性分析结果表明，二者呈极显著的正相关性，转录组测序和 qRT-PCR 获得基因的差异表达倍数(Gfold)的 log2(Gfold)之间的相关系数分别为 0.743 4 (S2/S1)、0.824 2 (S3/S1)、0.899 2(S4/S1)，见图 3-13。两种方法获得的基因表达情况见图 3-14，除了 *C350* 基因利用两种方法获得的数据结果差异较大外，其余选择的 14 个差异表达基因通过实时荧光定量检测与转录组测序得到的结果变化趋势基本一致，说明本书获得的转录组数据具有较高置信度，但定量随机检测这些基因在 4 个样本中的表达情况发现，qRT-PCR 和高通量测序所获得的基因的表达倍数之间存在一些偏差，这可能是由两种技术在进行数据分析时使用不同的计算方法所导致的。

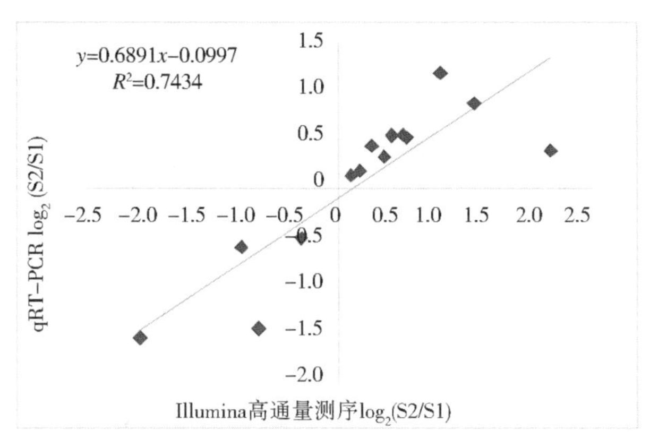

(a)

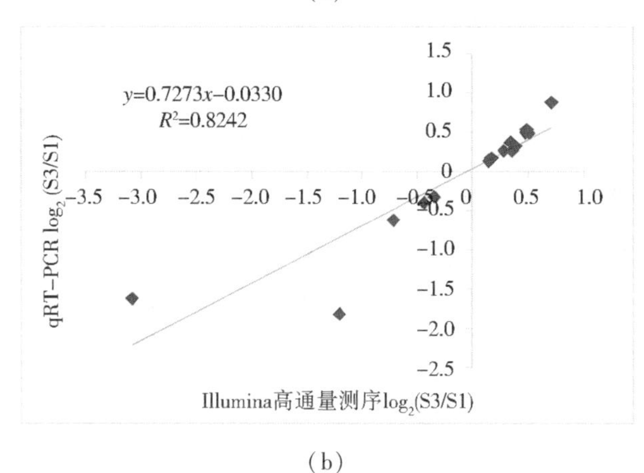

(b)

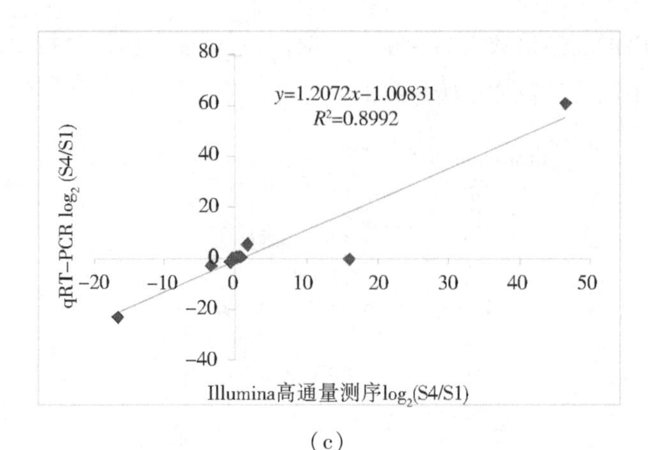

(c)

图 3－13　qRT－PCR 与红松 Illumina 高通量测序结果的相关性分析

注:(1)图(a)、(b)、(c)分别代表 S2/S1,S3/S1,S4/S1;

(2)X 轴和 Y 轴分别表示 Illumina 高通量测序和 qRT－PCR 的 $\log_2$(Gfold)。

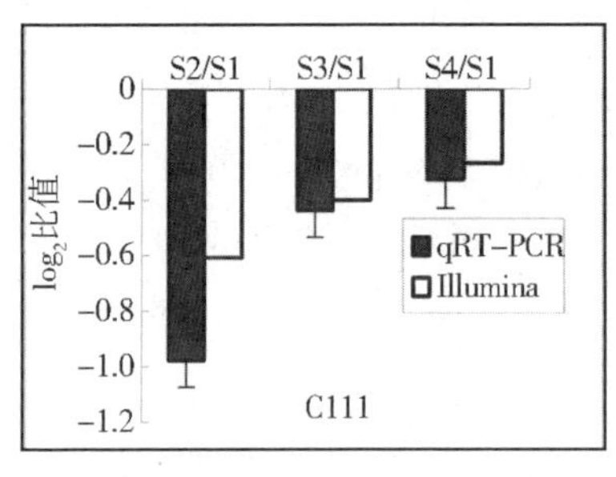

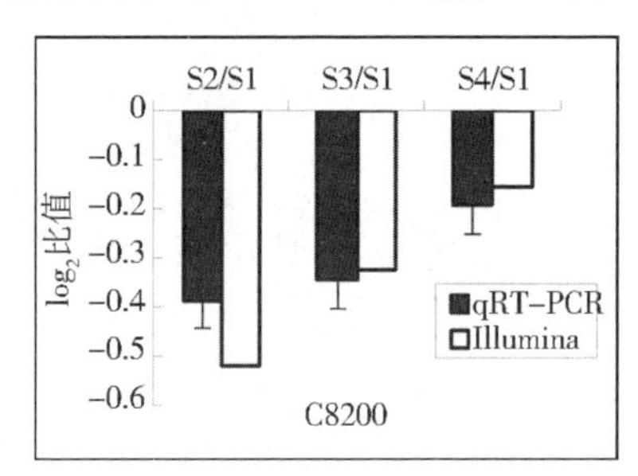

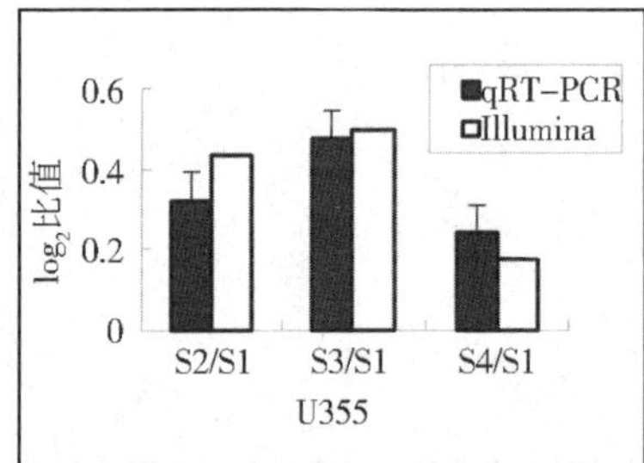

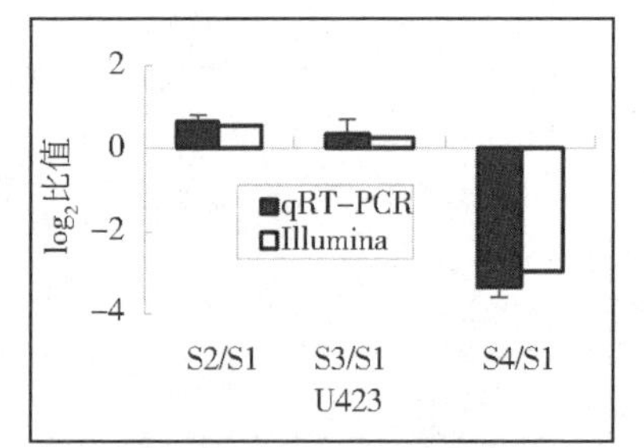

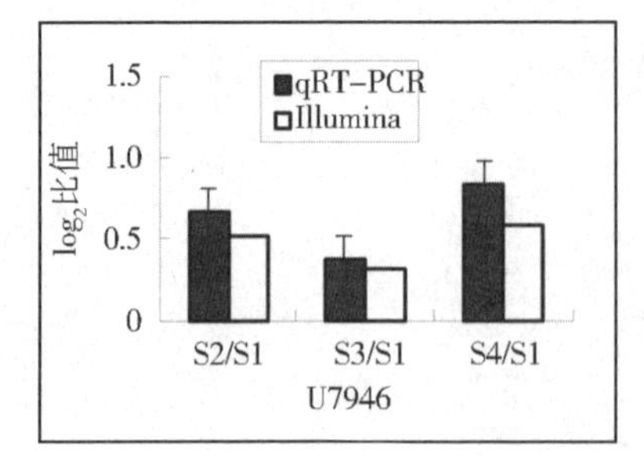

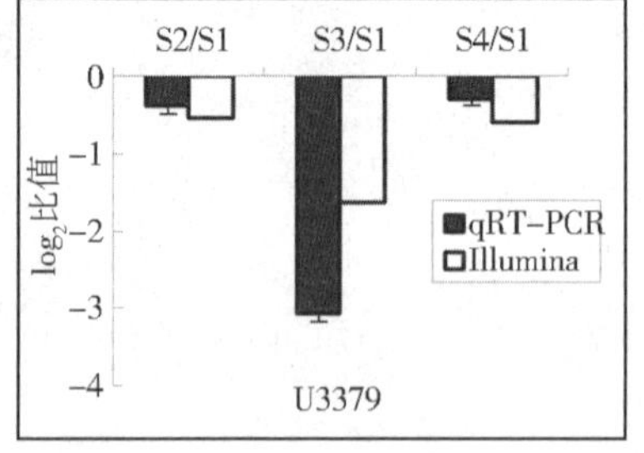

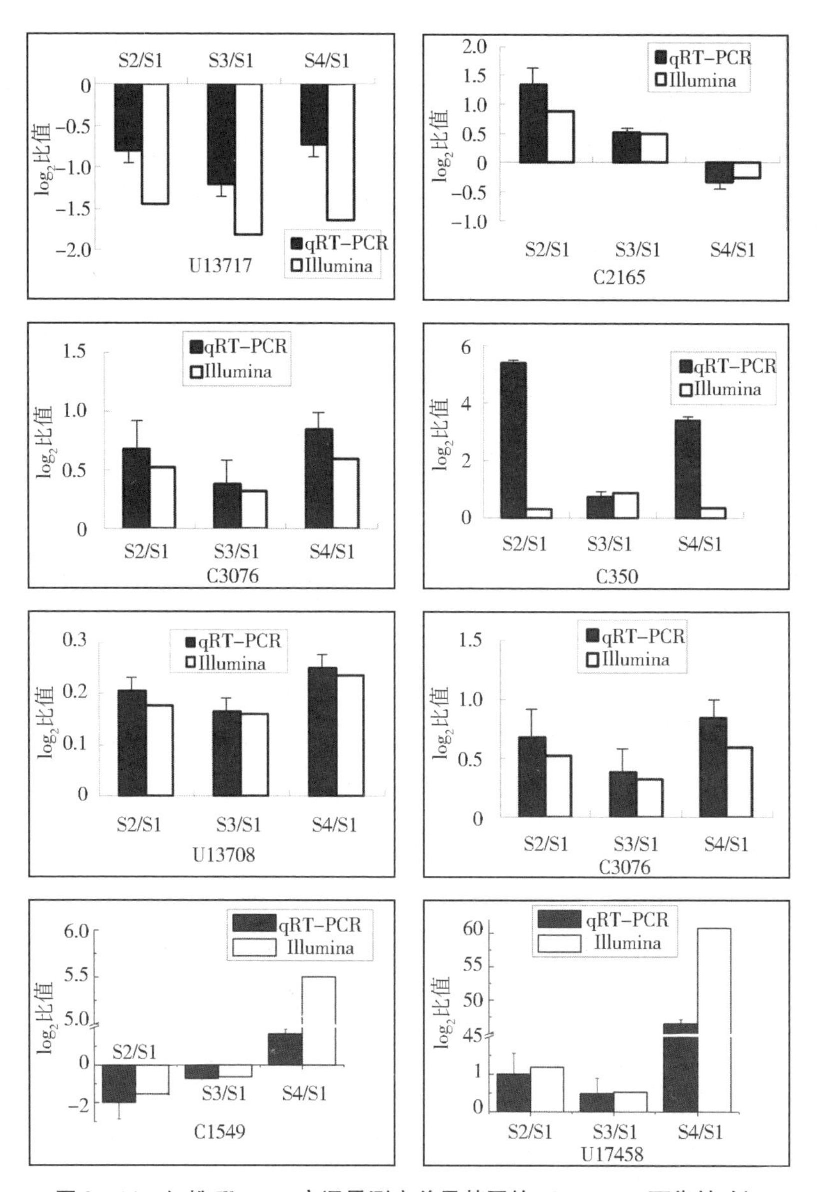

图 3-14 红松 Illumina 高通量测序差异基因的 qRT-PCR 可靠性验证

3.5 讨论

转录组学研究可直接揭示在不同条件、不同时间下包括胚胎发育在内的生物体特定生命过程中基因的表达情况。转录组 *de novo* 测序即从头测序，可以在不知道物种基因组详细信息的情况下，采用新一代高通量测序技术对物种或者组织的转录本进行测序并得到相关的转录本信息,实现物种转录组序列的基因表达量及基因功能预测等生物学信息分析。植物的胚胎发育过程是植物生长发育过程中的一个重要生命历程,受到植物体内和体外环境等多方面因素的复合调控,本书采用转录组学技术对红松胚胎发育 4 个关键阶段的样本进行转录组测序,共获得 63 840 个 unigenes;通过数据库的比对,获得功能注释的有 43 558个,相似度最高的物种为北美云杉,证明了红松与北美云杉亲缘关系最近。KEGG Pathway 富集分析结果表明,差异表达基因主要分布在新陈代谢途径、次生代谢物的生物合成、植物病原相互作用、植物激素信号转导等路径。上述结果证实了红松胚胎发育过程中激素信号转导、植物病原互作、新陈代谢等路径发挥着极其重要的作用。

3.5.1 激素相关的基因对红松种胚发育过程调控的解析

3.5.1.1 生长素相关基因的调控

生长素在植物胚胎发育过程中起着非常重要的作用。在植物早期胚胎发育过程中,生长素参与调控合子极性和顶基轴建立、表皮原基特化和对称模式的转变、胚根原基特化、根尖分生组织及茎尖分生组织形成等。生长素对早期胚胎发育的调控作用主要通过生物合成、极性运输和信号转导实现。

生长素跨膜运输、合成与降解代谢等过程共同调控着细胞内生长素的瞬时浓度。IAA 生物合成途径主要为依赖色氨酸和不依赖色氨酸的途径,而依赖色氨酸的途径又包括 4 条子途径,分别为吲哚乙醛肟途径、吲哚丙酮酸途径、色胺途径和吲哚乙酰胺途径。*YUC* 基因家族编码的黄素单加氧酶是生长素的依赖色氨酸途径中的重要限速酶。*YUC* 基因家族编码生长素生物合成的关键酶是拟南芥体胚诱导过程中所必需的。*YUC*1、*YUC*4、*YUC*10 和 *YUC*11 在植物胚胎发育过程中作用显著且功能冗余。*YUC*1*YUC*4*YUC*10*YUC*11 四突变体从球形胚开始出现垂体细胞发育的畸形,胚根原细胞发育异常最终导致不能形成胚根,下胚轴和子叶也表现出缺陷或者缺失,以上证实影响 IAA 生物合成的 *YUC* 基因是胚胎顶部和基部区域的正常分裂所必需的,同时拟南芥 *YUC*1 在胚胎发生早期和心形胚期有明显表达,*YUC*4 在胚胎发生每个时期均有表达。在本书的研究结果中,鉴定的其中 1 个 *YUC*1 从裂生多胚期开始表达,柱状胚期表达量增加至裂生多胚期的2倍,随后下调表达,该研究结果与上述拟南芥的研究结果相一致。另1个*YUC*1仅在原胚期高表达,为裂生多胚期的2倍多,上述结果表明*YUC*1在胚胎发育早期生长素合成过程中起着重要的作用。最近的研究表明,*YUC*6包含黄素腺嘌呤二核苷酸(FAD)结合位点,减少*YUC*6会影响IPA途径产生IAA。拟南芥中过量表达*YUC*6出现株高增加、延迟叶片衰老、推迟开花的表型。本书研究鉴定的*YUC*6、*YUC*8也在胚胎发育早期表达量高,随着胚胎发育的进行下调表达,说明*YUC*6对红松胚胎发育过程中IAA合成具有促进作用。鉴定的*YUC*4在发育全程均维持在较低的表达水平,且变化不明显,仅有1个*YUC*4在柱状胚期上调表达;本书研究中鉴定的*YUC*9、*YUC*10分别为在裂生多胚期、原胚期和柱状胚期的样本中上调表达,上述的研究表明*YUC*基因家族在红松原胚期及幼胚的早期发育过程中——生长素的合成过程中起到重要的调控作用。

在IAA生物合成中,催化吲哚乙醛向吲哚乙酸转化的醛氧化酶(AAO)基因也被鉴定出来,但整体表达量不高,说明其对IAA生物合成速率可能影响不大。研究表明,TCP家族转录因子是植物特有的调控分生组织中细胞分化和生长的重要转录因子,现有的研究报道中仅在被子植物中被鉴定出来,研究表明TCP家族转录因子参与植物生长、细胞的分裂、节间长度、叶片长度、种子萌发及胁迫响应等多个生物过程。TCP参与植物生长素的调控机制研究表明,TCP3可与*IAA*3的启动子结合参与对生长素的响应,TCP4参与JA合成途径的调控。对于转录因子TCP8的研究表明,其在GA调控的植物茎发育的边缘分化过程中起着重要调控作用。随后在拟南芥中的研究表明,TCP8与TCP9通过共同调控SA和JA生物合成,进而影响两类激素生理作用的发挥,但TCP在胚胎发育过程中作用的相关研究尚未见报道。本书研究中鉴定的2个转录因子TCP8均在柱状胚期上调表达,而该时期为胚胎发育的分生组织的启动形成期,据此推测TCP8可能参与分生组织器官的启动调控。推测本书研究鉴定的转录因子TCP8参与的路径,其可能负责编码腈水解酶,进而影响IAA的最终合成速率,已有的研究表明*TCP*基因家族参与SA、JA和GA的合成代谢途径,但对于*TCP*8或者其基因家族是否参与IAA合成途径,并在该途径是否起到重要作用的研究未见相关报道。

目前普遍认为IPA途径为植物中最普遍存在的IAA生物合成途径。拟南芥的研究表明,*TAA* 基因家族介导的生长素合成途径参与茎端分生组织和根端分生组织建成的调控,但在本书研究中并未检测到有 *TAA* 基因家族(包括 *TAA*1、*TAR*1、*TAR*2)的表达,由此推测在红松胚胎发育过程中 IPA 途径可能不是 IAA 生物合成的主要途径,根据上述鉴定的酶类编码的基因推测,IAA 的主要合成途径可能为 TAM 途径和 IAOx 途径。TAM 途径中间产物出现顺序依次为色氨酸、色胺、N－羟基色胺、吲哚－3－乙醛肟、吲哚乙醛、IAA;IAOx 途径中间产物出现顺序依次为色氨酸、色胺、N－羟基色胺、吲哚－3－乙醛肟、吲哚乙腈、IAA;两个路径前期均采用共同的途径并由 YUC 限速酶调控,详见图 3－15。两个 IAA 合成途径中哪个路径在红松种胚发育过程中占主导,抑或两个途径起到同等重要作用尚需进一步的研究来验证。

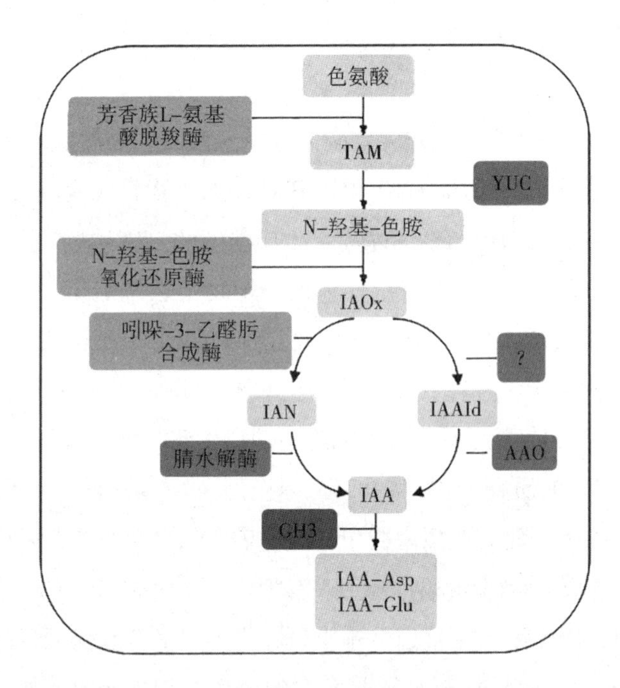

图 3－15　红松色氨酸生物合成与代谢路径图

注:白色背景代表本书研究中识别的酶;? 表示不确定的路径和酶。TAM,色胺;YUCCA,黄素单加氧酶;IAOx,吲哚－3－乙醛肟;IAN,吲哚－3－乙腈;IAAld,吲哚乙醛;GH3,生长素酰胺合成酶。

GH3 可将自由态的 IAA 催化成轭合态的 IAA－氨基酸,通过调控生长素自由态与轭合态的转换进而调节着生物体内源生长素的含量,研究表明 GH3 也是受生长素调节转录的早期基因。鉴定的 6 个 GH3 家族基因均呈现不同的表达变化趋势，其中有 3 个基因（C14.1 GH3.6 - like - 1，C14.3 GH3.6 - like - 2；C1234.2 ALDH2C4）在原胚期上调表达，随后的发育过程中表达微弱或不表达，另外 2 个基因（C14.2 GH3.6；U14449 GH3.5）在发育的 4 个时期表达差异不显著，U16858 GH3.1 表现为在 S2、S4 中上调表达，但该基因的表达量在发育全程整体偏低，上述研究结果说明在红松合子胚发育的原胚期 *GH*3 家族基因通过促进轭合态生长素的形成来降低内源生长素含量。

综上，生长素合成途径作用的相关基因均在胚胎发育原胚期和幼胚期上调表达，负责生长素代谢的基因在原胚期上调表达。合成与代谢的结果表明，IAA 在胚胎形成早期积累，而内源 IAA 的含量测定结果发现，IAA 含量从原胚期至柱状胚期呈现逐渐增加的变化趋势，柱状胚期达到峰值，与本书研究中分析的 IAA 出现聚集的时期一致。

生长素的合成位置多为植物的茎端分生组织、根端分生组织、发育的胚胎和幼叶等生长活跃的器官，然后被运输到其他组织器官中发挥作用。生长素通过极性运输形成浓度差异分布，进而调控植物的生长发育过程。在拟南芥中，PIN 蛋白家族是负责生长素极性运输的跨膜载体蛋白。PIN 蛋白介导的生长素极性分布是胚胎发生发育过程中正确的极性定位所必需的。PIN 蛋白家族包括 PIN1 ~ PIN8，每个 PIN 蛋白都具有特定的分工，介导不同组织器官中的生长素运输，*PIN*3 在心形胚时期的中柱原细胞中表达。拟南芥的研究表明，至少有 4 个 *PIN* 基因（分别为 *PIN*1，*PIN*3，*PIN*4，*PIN*7）在植物胚胎发育中表达。PIN7 蛋白开始表达并定位于基部细胞顶部的细胞质膜上，推测可将生长素运输到胚胎顶端的细胞中，在 32 细胞阶段，PIN7 定位于胚柄细胞基部的细胞膜上，并负责生长素向胚柄细胞运输，*pin*7 突变体在胚胎发育早期表现为生长素分布紊乱引起的细胞分裂缺陷。*PIN*1 的 mRNA 在特定子叶和球形胚阶段的原基聚集，PIN1 的极性定位对胚胎的子叶形成具有重要作用；根尖分生组织静止中心形成所需的生长素库的形成受 *PIN*4 调控，因此 *PIN*4 参与对胚根与根尖分生组织的发育模式的调控。*pin* 功能缺失突变体多为累加效应，多个 *PIN* 基因家族成员发生突变导致胚胎形态发育障碍更为严重。本书研究中鉴定了差异表达的 *PIN*7，原胚期开始表达，随后表达逐渐增加，发育至柱状胚期表达量最高，子叶胚前期的表达量降至最低，该研究结果与 Kleine - Vehn 等人的研究结果一致。而 *PIN*1 在发育全程中表达量均维持在较低的水平，具体来看，*PIN*1 在柱状胚期表达显著上调，鉴于上述拟南芥的研究结果，推测其可能为后面子叶的正确发育形成做准备。此外，本书的研究发现了其他 6 个生长素输出载体蛋白也在裂生多胚期和柱状胚期上调表达，说明这些蛋白参与了生长素的极性运输。

生长素信号转导途径的研究表明，生长素可以被受体蛋白 TIR1 家族感知(包括 TIR1、AFB1、AFB2、AFB3)。当生长素与 TIR1 结合后可稳定 TIR1 与 AUX/IAA 的相互作用，进而导致 AUX/IAA 的泛素化并导致进入 26S 蛋白酶体介导的降解代谢途径被降解，通过释放出 ARF 并与 DNA 结合来调节生长素相关基因表达。生长素原初响应基因 *AUX/IAA* 是介导生长素响应的重要基因家族，负责编码生长素响应基因的转录抑制蛋白，生长素通过调控 *AUX/IAA* 转录，抑制蛋白的降解途径，以实现对发育早期基因表达的调控。拟南芥突变体的研究表明，*tir*1 *afb*1 *afb*2 *afb*3 四突变体表现出明显的胚胎发育缺陷的表型，缺失根和胚轴，只有 1 个子叶。本书研究鉴定的 *AUX/IAA* 基因在子叶胚前期(相对于原胚期)上调表达，但与其他两个样本的表达差异不显著，AUX/IAA 转录因子也在后 3 个发育时期的样本中上调表达，说明植物体通过 AUX/IAA 蛋白的上调表达影响着胚胎发育中后期生长素的水平，进而实现对胚胎发育的调控。而本书研究中 TIR1/AFB 及 ARF 基本上都表现为在前 3 个时期的样本中上调表达，以利于 TIR1 在生长素信号转导中更好地发挥受体的作用，同时高浓度的内源 IAA 有利于与受体结合并释放出 ARF。生长素的信号转导通路见图 3－16。

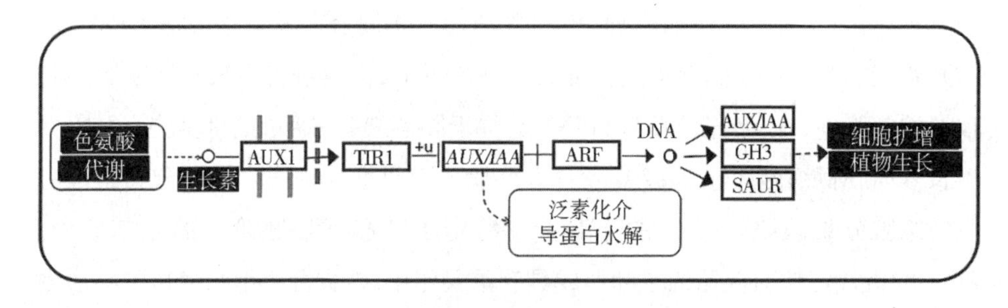

图 3－16　红松 IAA 的信号转导路径

结合上述 IAA 合成代谢、信号转导通路、生长素运输相关基因的表达趋势，得出红松幼胚形成期(S2 期和 S3 期)有利于自由态 IAA 含量的积累、运输和信号传递，而高水平的 IAA 促进原胚向早期胚胎转变及胚胎的模式构建；子叶胚前期通过相关基因的下调表达实现对自由态生长素积累和输送的负向调控，低水平的 IAA 有利于胚胎后期种子的进一步成熟，上述研究结果与内源生长素测定结果相一致,证实了IAA参与红松胚胎形态建成过程的调控。以上研究结果可为红松和其他针叶树体胚发生过程中胚性愈伤组织向幼胚转变过程、胚胎的进一步成熟培养、初期外源IAA添加的时期和浓度提供参考。

3.5.1.2 脱落酸相关基因的调控

ABA在胚胎发育过程中起到重要作用,内源ABA可促进胚胎正常发育成熟,并抑制其过早萌发,同时可促进储藏蛋白的相关基因表达。ABA的生物合成分为类胡萝卜途径(carotenoid pathway)和类萜途径(terpenoid pathway)两条合成途径,在高等植物中主要为类胡萝卜素的氧化分解生成ABA的间接途径。ABA生物合成的类萜途径中涉及调控酶基因分别为脱落醛氧化酶基因(*AAO*)、玉米黄质环氧化酶基因(*ZEP*)和9-顺式环氧类胡萝卜素双加氧酶基因(*NCED*)。多数研究表明,*NCED*是ABA生物合成过程的限速酶,*AAO*和*ZEP*也在调控ABA合成过程中发挥重要作用。在本书研究中鉴定的*NCED*基因在裂生多胚期的样本中表达量最高;鉴定的2个*AAO*基因在发育全程表达量偏低,表明AAO在ABA合成途径中的作用可能不显著;2个*ZEP*表达量变化不明显,1个*ZEP*在胚胎发育前3个时期上调表达,子叶胚前期表达微弱,说明NCED与ZEP共同参与ABA生物合成的调控,只不过二者在扮演角色上有所不同,其中NCED为主要的限速酶。牡丹种子和拟南芥种子发育的研究表明,*ZEP*1与*NCED*1均在种子发育早期和中期高表达,两个酶的编码基因与ABA聚集时期基本一致,与本书研究的结果基本一致。

此外,在本书研究中鉴定了参与ABA代谢途径调控的ABA-8′-羟化酶(*P*450基因家族)中的*CYP*707*A*基因家族。拟南芥突变体的研究表明,*CYP*707*A*1基因表达增强导致内源ABA的水平降低,进而促进种胚的继续发育;*CYP*707*A*2在种子成熟后的脱水阶段起到重要作用。拟南芥和聚合草的研究结果也得到了类似的结论。本书研究鉴定的表达量最高的C6751.2 CYP707A1在子叶胚前期和原胚期上调表达,鉴定的U28043 CYP707A2仅表现为在子叶胚前期上调表达,此结果与上述拟南芥研究结果基本一致,即*CYP*707*A*基因家族在种子发育过程中通过调控ABA的氧化失活影响着内源ABA含量,进而实现对种子发育过程的精准调控,图3-17为ABA生物合成代谢路径分析图。

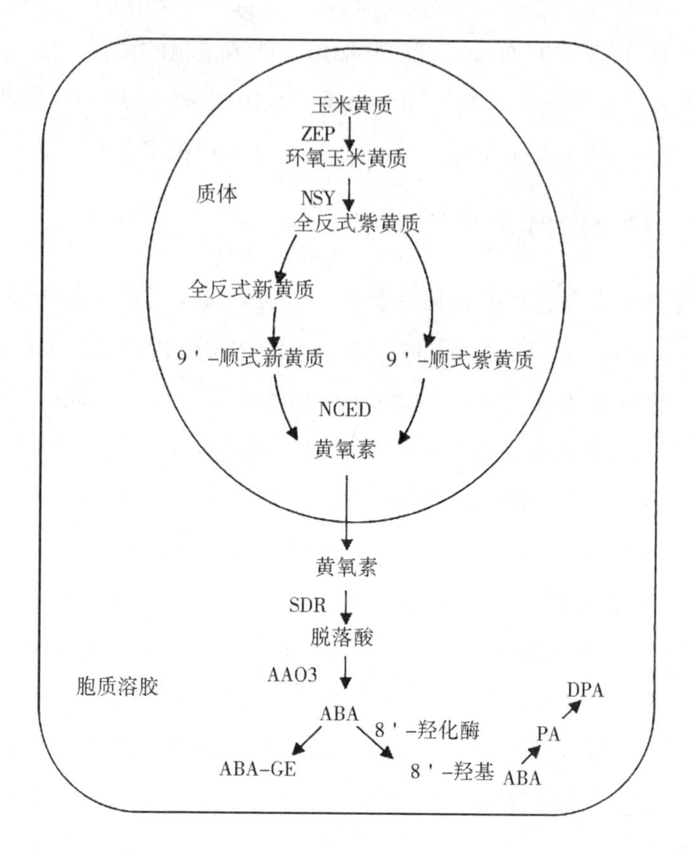

图3-17　红松ABA生物合成与代谢路径图

综合上述ABA合成与代谢相关基因的表达情况可以得出，在红松裂生多胚期和柱状胚期通过合成途径限速酶NCED编码的基因的上调表达促进ABA合成，同时调控参与分解代谢酶的基因（*CYP*707*A*家族基因）的下调表达进而使内源ABA含量增加；而原胚期和子叶胚前期ABA分解代谢占主要地位，合成速率降低，导致内源ABA含量降低，而上述研究得出的内源ABA变化趋势的推断通过内源ABA的测定结果得到了印证。

研究表明在ABA信号转导中*ABI*家族成员*ABI*1、*ABI*2起负调控作用，*ABI*3、*ABI*4和*ABI*5编码ABRE转录因子，*ABI*3、*ABI*4、*ABI*5在种子发育过程中功能冗余部分起正调控作用，拟南芥ABA不敏感突变体*abi*3的研究表明，*ABI*3基因在种子脱水、储藏物质积累和休眠抑制萌发过程中起重要作用。*ABI*4通过正调控种子中ABA的合成、负调控GA的合成，诱导种子的休眠。在本书研究中鉴定的3个转录因子ABI4均在子叶胚前期的样本中显著上调表达，根据上述中科院的研究结果推断，ABI4在红松胚胎发育后期表达上调以诱导种子休眠。

PYR/PYL/RCAR 蛋白家族作为 ABA 受体参与 ABA 的应答。其作用机制为在没有 ABA 存在时,PYR/PYL/RCAR 受体蛋白以二聚体形式存在,不能与蛋白磷酸酶 PP2C 作用使 PP2C 处于活化状态,抑制下游功能组分蛋白激酶 SnRK2 的活性,关闭 ABA 信号;在有 ABA 存在时,PYR/PYL/RCAR 能与 PP2C 特异性结合抑制其磷酸酶活性,并引起受体蛋白构象发生改变,同时解除对 SnRK2 的抑制而磷酸化下游的转录因子,进而启动相关基因表达。本书研究共鉴定了 6 个 PYR/PYL 家族蛋白,鉴定的脱落酸受体 PYR1 在前 3 个发育时期显著富集,而在 S4 中表达微弱;其余的均表现为在四个样本中低表达,上述研究结果证实了在红松胚胎发育过程 ABA 信号转导途径中 PYR/PYL 蛋白家族的存在,同时推测 ABA 受体 PYR1 在 ABA 信号转导过程中可能起到关键的正向调控作用。PP2C 和 SnRK2 在 ABA 信号通路上分别作为负调控因子和正调控因子实现调控功能。鉴定的 PP2C 在原胚期高表达,而 SnRK2 的表达变化趋势恰恰与 PP2C 相反,该研究结果进一步说明了蛋白磷酸酶 PP2C 和蛋白激酶 SnRK2 参与 ABA 信号转导过程。SnRK2 高表达促进 ABA 信号的转导,使得 ABA 在红松后期胚胎发育中发挥调控作用。图 3-18 为红松胚胎发育过程中的 ABA 信号转导示意图。

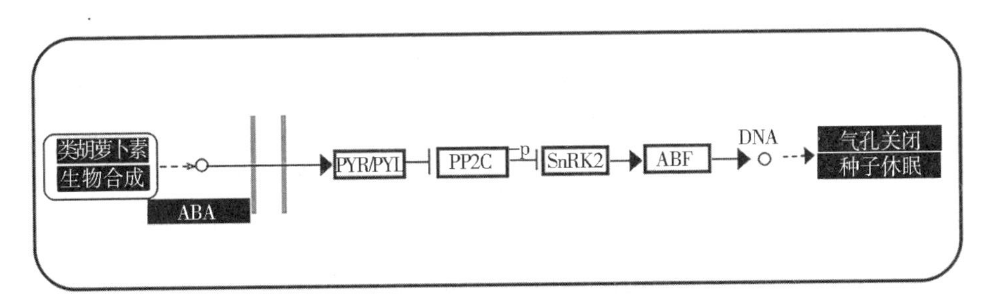

图 3-18　红松 ABA 的信号转导路径

结合上述 ABA 合成代谢与信号转导途径相关基因的鉴定结果,笔者得出红松胚胎发育早期(S2 期和 S3 期)有利于 ABA 的积累,高水平的 ABA 可以促进相关储存物质的积累,同时信号转导过程也呈现类似的变化趋势,上述研究结果与内源 ABA 测定结果变化趋势基本一致,说明 ABA 在促进幼胚的进一步成熟过程中利于储藏物质的积累和种子的休眠。

上述 IAA 和 ABA 相关的基因在红松合子胚发育不同阶段的差异表达研究可为红松体胚发生技术中 IAA 和 ABA 准确的添加时期及添加浓度提供参考,

如IAA在发育的前3个时期均上调表达提示,在胚性愈伤组织和体胚的成熟早期需要维持高水平的IAA浓度。对于大多数针叶树,体胚成熟培养需要降低外源IAA添加浓度或者撤除IAA,但由于物种的差异,红松体胚成熟可能仍然需要较高浓度的外源IAA;多数针叶树的体胚发生成熟培养初期通常需要增加外源ABA浓度,培养后期需要降低ABA浓度,结合本书研究中红松合子胚发育过程中内源ABA的变化趋势,推测出红松的成熟体胚培养阶段提高外源ABA添加量更有利于体胚的进一步成熟。

3.5.2 胚胎模式构建基因对红松种胚发育过程调控的解析

3.5.2.1 基顶轴建立与SAM形成基因的调控

植物胚胎发育是一个连续的形态建成过程,包括基顶轴的确立和相关胚胎元件的形成过程,基顶轴的确立包括极性形成(确立基顶轴方向)和基顶部的建立(形成胚基部和顶部),胚胎元件包括茎端分生组织(SAM)、子叶、胚轴、胚根和根端分生组织(RAM)。胚胎的极性建立对于胚胎的整个发育过程至关重要,有研究表明,生长素参与胚胎极性的形成与调控,参与生长素极性运输的*PIN*基因家族*PIN*1、*PIN*4和*PIN*7在早期胚胎中有规律地表达,通过影响生长素的定向转运调控着早期胚胎发生过程。胚胎基顶轴的建立可通过不依赖于生长素的信号调控,受*WOX*基因家族的特异性表达调控,该基因家族编码早期胚胎模式建成中的不依赖于生长素的转录因子。*WOX*基因在促进或维持胚胎发生能力上起着关键作用,促进拟南芥体细胞向胚性细胞转变。本书研究鉴定的*WOX*8在原胚期有微弱的表达,在随后发育的三个时期样本中表达量明显增加,尤其是在柱状胚期表达显著上调,根据上述文献推测可能主要是由于胚胎发育至柱状胚期开始启动干细胞的分化及茎端分生组织的分化,因此需要高水平的*WOX*基因来启动干细胞的形成。

大量研究表明,茎端分生组织中器官的启动与分生组织的维持是由*CLV*(*CLV*1、*CLV*2、*CLV*3)和*WUS*互作反馈调控环实现的,*WUS*基因具有促进干细胞形成、抑制干细胞分化并维持干细胞数量的作用,*CLV*基因促进器官发生。*CLV*基因家族中顶端分生组织干细胞标记基因*CLV*3的作用显著,*WUS*正调控*CLV*3的表达,*CLV*3反过来抑制*WUS*的表达。在本书研究中鉴定的*CLV*前体、受体

及 *CLV* 基因均在柱状胚期上调表达,而这一结果与拟南芥中 *CLV* 从心形胚阶段开始在 SAM 原基表达的研究结果基本一致,表明 *CLV* 在茎端分生组织器官的启动和维持中发挥着重要作用。

3.5.2.2 RAM 形成基因的调控

静止中心(QC)的细胞形成是被子植物和裸子植物根端分生组织确立的一个重要标志,*PLT* 基因被认为是通过生长素信号促进静止中心正确形成的。研究表明,该基因属于 AP2/EREBP 转录因子家族,*PLT*1、*PLT*2、*PLT*3 和 *PLT*4 在胚胎基部表达,促进根端干细胞的发育,其中两个或更多的缺失突变体中胚根原分裂出现异常,导致其不能向静止中心提供表达信号而引起静止中心发育缺陷,因此 *PLT* 基因是根分生组织发育的关键作用基因。本书研究鉴定的 *PLT* 基因均表现为随着胚胎的发育表达量逐渐增加,柱状胚期和子叶胚前期表达量较前两个时期显著上调,说明 *PLT* 基因在柱状胚期和子叶胚前期这两个根分生组织和静止中心快速发育的时期聚集。此外,相关研究表明 *SCR* 与 *PLT* 共同决定了发育成静止中心的细胞方向,在胚根及胚根原发育过程中发挥着至关重要的作用,静止中心是 *PLT* 和 *SCR* 集中表达的位置。整体来看,鉴定的 SCR 相关的基因、转录因子及蛋白均表现为在柱状胚期或者子叶胚前期上调表达或者在 4 个样本中表达变化不明显,根据文献分析,可能是由于红松胚胎发育至 S3 和 S4 期需要根分生组织启动发育及胚根端产生静止中心,因此 *PLT* 基因的表达在柱状胚期和子叶胚前期出现峰值,以便为根端分生组织更好的发育奠定基础。

3.5.2.3 胚柄形成基因的调控

近年来,遗传学结合分子生物学技术研究揭示了胚头与胚柄间的信号转导机制,并鉴定出胚柄形成相关的基因,结果表明胚柄是胚胎发育营养供给和生长因子的运输通道,胚柄通过生长素载体蛋白 PIN7 输送胚头发育需要的营养物质和生长因子。研究表明,胚柄发育的相关基因 *WOX*8 和 *WOX*9 分别在胚胎发育早期(合子分裂后的 16 细胞胚直至心形胚)的胚柄和在 4 细胞和 8 细胞胚后胚胎的下端表达。此外,对火炬松(*Pinus taeda*)的胚胎发育进行研究,发现了在胚柄中优势表达的胚柄专用的水通道蛋白的基因 *NIP*1 - 1,功能验证发现该基因具有水 - 甘油跨膜输送的蛋白通道,在胚胎发育营养转运和胚柄伸长过程中起重要作用,同时 *NIP*1 -1 基因在体细胞胚和合子胚发育的早期阶段伴随着胚柄出现表现出暂时性的表达,随胚的生长表达量剧烈减少,在胚发育完全成熟时,检测不到该基因的表达。本书研究鉴定的 2 个 *NIP*1 -1 基因表达量最高的时期分别为柱状胚期和裂生多胚期这两个胚柄旺盛生长的时期,分析主要是由于原胚期胚柄尚未分化,因此表达量非常低;子叶胚前期由于胚柄逐渐趋于退化,导致表达量再次降低,该研究结果与上述火炬松的研究结果基本一致,即 *NIP*1 -1 基因伴随着胚柄出现而出现暂时性的表达。

3.5.2.4 子叶形成基因的调控

*LEC*1 被认为是种子成熟和子叶特征形成必需的关键因子。研究表明,*LEC* 突变体存在于早期胚胎发育的胚柄缺陷中,子叶发育受到抑制导致根不能伸长,顶端分生组织处长出类似胚胎的结构等现象,同时胚胎不耐干燥,影响种子储藏蛋白的积累。本书研究中鉴定了 1 个 *LEC*1 基因,在胚胎发育 4 个时期均检测到有表达,柱状胚期表达显著上调,分析可能是由于裂生多胚期和柱状胚期胚柄的发育需要高水平的 *LEC*1,同时柱状胚期表达量达到峰值主要是为接下来子叶的发育做准备。

综上得出,参与胚胎模式构建的基因均在胚胎分生组织启动与维持,子叶、胚柄、胚根形成发育的关键时期有不同程度的上调表达,本书研究中鉴定的负责胚胎成熟过程中器官启动的相关基因,可为转基因技术中调控胚胎器官形成基因的选择提供参考,与此同时在红松体胚发生中原胚向体胚成熟转变过程中遇到的分生组织分化效率低的问题也有望通过转基因技术(本书研究中鉴定的基因)得以解决。

3.5.3 AS 和 PCD 相关的基因对红松种胚发育过程调控的解析

3.5.3.1 PCD 相关基因的调控

近年来,有关植物合子胚发育和体胚发生的相关研究表明,胚胎发生过程是一个经历诸多基因开启和关闭的过程,其间存在许多 PCD 现象。通过拟南芥和挪威云杉这两种模式植物的相关研究,初步揭示了植物胚胎发育调控的分子机制,尤其是在顶端的细胞增殖与末端的终止分化和 PCD 之间维持着平衡,其中 PCD 在植物的胚胎发生过程中的原胚与雌配子体的降解、胚柄与多余胚胎的消除及原形成层的形成这些重要事件中起着关键性作用。在植物中发生的 PCD 是由蛋白酶 metacaspase 来执行的，metacaspase 与植物胚胎形成过程中的 PCD 现象有着十分重要的关系。对挪威云杉的研究表明，胚柄的液泡细胞死亡的执行需要 type Ⅱ metacaspase（*mc*Ⅱ-*Pa*），该基因下调抑制挪威云杉胚胎形成时期胚柄细胞分化中 PCD 发生过程，证明 *Mc*Ⅱ-*Pa* 基因是挪威云杉正常的胚胎发育过程中所必需的。本书研究鉴定的 *Mc*Ⅱ-*Pa* 在柱状胚期和原胚期表达量最高；metacaspase 表现为在原胚期上调表达，VEIDase 在原胚期表达量最高，从上述研究结果来看，原胚的降解和柱状胚期胚柄的消除阶段 PCD 相关的因子整体上调表达，该研究结果与挪威云杉体胚发生研究中 PCD 在原胚向胚胎转变过程中出现的结果相一致，同时与欧洲赤松合子胚发育过程中 PCD 发生的高峰时期相一致。针叶树胚胎发育过程中除了胚柄发育过程中涉及 PCD 外，胚胎发育早期多余胚胎的消除也主要是通过 PCD 过程来实现的，一旦主胚被选中，次胚中的细胞即开始自噬性的毁灭程序，同时在靠近胚胎的雌配子体周围的组织也观察到类似胚柄消除的大量液泡吞噬和溶解细胞质及细胞器的 PCD 现象存在。本书研究中鉴定的 PCD 过程相关因子在柱状胚期上调表达，鉴于上述理论，推测红松胚胎发育过程中在柱状胚期可能存在着雌配子体自噬性 PCD 现象，以使靠近胚胎的雌配子体形成更大的溶蚀腔进而为胚胎的进一步生长发育提供充足的空间。

3.5.3.2 氧化胁迫相关基因的调控

在植物胚胎发育过程中，机体内形成的抗氧化系统对于胚胎的正常发育及胚后发育是必需的，其中涉及 SOD、POD、APX、CAT、GPX 等酶类的参与，因此植物胚胎发育过程伴随着大量抗氧化酶类基因的转录水平的变化。

研究表明，SOD 活性可促进细胞分化，作用机制为消除超氧自由基或增加 H_2O_2 的产量进而增加氧胁迫，再通过细胞信号传递系统影响细胞分化基因的表达，SOD 对胚性细胞的分化以及早期胚胎发育有促进作用。本书研究鉴定的 SOD 在柱状胚期表达量最高，说明 SOD 可能参与早期原胚细胞的快速分化与发育，随后的发育过程中细胞分化速度变慢，因此 SOD 表达量降低。此外所测定的红松胚胎发育过程中 SOD 酶活性的结果也表明 SOD 在柱状胚期出现峰值。杂种落叶松体胚研究也证明了 SOD 与胚性细胞的分化及体胚的发育呈正相关。

CAT 在清除超氧自由基及 H_2O_2 过程中可以减轻细胞中活性氧的毒害作用。本书研究中鉴定的 CAT 活性在原胚期表达量最低，随后在裂生多胚期和柱状胚期表达量显著增高，子叶胚前期再次降低，表明低水平的 H_2O_2 有利于原胚向早期胚胎的转变，而 CAT 的活性在胚胎形成后增加，主要是由于 CAT 活性上升有利于清除过多的 H_2O_2，类似的研究结果在杂种落叶松研究中也被证实。

APX 是氧化防御系统中最重要的酶类之一，调控细胞内 H_2O_2 的水平。APX 在巴西松原胚期、球形胚期、鱼雷形胚期高表达，在成熟阶段没有表达，说明在种胚发育的早期阶段发生高水平的氧化胁迫反应，随后高水平的 ROS 导致 APX 聚集参与抗氧化过程调控。本书研究中鉴定的 *APX* 在原胚期、裂生多胚期和柱状胚期表达量较高，在子叶胚前期表达量最低，该研究结果与上述巴西松的研究结果类似，证实了 APX 在种胚发育早期阶段的抗氧化过程中起到重要的调控作用。

本书研究鉴定的 *POD* 基因在原胚期表达量最高，随后下调表达，该研究结果与拟南芥体胚发生早期胚性细胞和球形胚的形成过程中 *POD* 高表达相一致。说明胚胎发育早期形态建成过程中需要活跃的物质和能量代谢的同时，需要 POD 来实施抗氧化作用，但对于 POD 的作用机制和分子机制仍然有待进一步揭示。

本书研究中鉴定的 GPX 蛋白在胚胎发育早期表达量最高。GPX 蛋白的变化表明，在红松早期的幼胚向成熟胚胎转变过程中物质代谢和呼吸作用尤其旺盛，产生大量的 ROS 清除程序诱导细胞内 *GPX* 的转录，GST 在植物处于逆境时催化某些内源性或外来有害物质的亲电子基团与还原型谷胱甘肽的巯基结合，进而解除毒性。研究中鉴定的 *GST* 基因在前 3 个发育时期高表达，该研究结果与龙眼体胚发生过程中 *GST* 的表达情况基本一致。根据 GST 作用机制结合 *GST* 转录水平的变化，推测在胚胎发育早期阶段需要高含量的还原型谷胱甘肽来清除细胞内大量的毒害代谢产物，随着储藏物质的积累胚胎进入成熟阶段，代谢活动减弱，降低 *GST* 基因的转录水平利于胚胎进入休眠期。此外，另一个氧化还原酶（C2877.4 Unknown）在原胚期显著上调表达，但具体的功能还有待进一步验证。上述研究结果中抗氧化相关酶类的转录水平的变化说明这些酶类在红松胚胎发育过程中维持活性氧的平衡方面发挥重要的作用,通过形成抗氧化防御体系参与胚胎发育过程的调控。

3.5.3.3 HSP 相关基因的调控

热激反应是生物体抵御各种压力胁迫、修复损害的主动反应,热激蛋白(HSP)是普遍存在于生物系统发育过程中的氨基酸序列与功能极为保守的一类分子伴侣。生物细胞通过合成 HSP 参与调控细胞的增殖与分化、生存与死亡等重要事件。HSP 根据相对分子质量大小、氨基酸序列的同源性及功能分为 HSP100、HSP90、HSP70、HSP60、HSP40、小分子 HSP。在白云杉体胚发生中鉴定并克隆了三个热激蛋白基因的 cDNA,ABA、聚乙二醇等因子能诱导该基因的表达。巴西松合子胚发育过程中的蛋白质组学研究也表明,在球形胚和胚胎发育晚期有 HSP 的大量聚集。本书研究鉴定的 10 个小分子 HSP 家族成员(15.7 kDa、16.9 kDa、17.0 kDa、17.3 kDa、17.8 kDa 和 18.1 kDa)大部分在胚胎发育的柱状胚期表达量最高,该研究结果说明这些小分子 HSP 可能参与了植物胚胎发育的 PCD 过程。

在落叶松体胚成熟阶段的两次 PCD 高峰时,HSP70 高表达,推测 HSP70 参与体胚发生中的 PCD 过程的调控,HSP70 通过介入细胞凋亡信号的转导通路调控细胞凋亡来保证体胚的正常发育,在水稻的研究中也证实了 HSP70 参与 PCD 过程的调控。本书研究中鉴定的 HSP70 和 HSP90 在原胚期和柱状胚期这两次红松胚胎发育过程中的 PCD 高峰期的表达显著上调,与上述落叶松胚胎发育过程中 HSP70 的表达变化趋势接近一致。

整体来看,在红松原胚期和柱状胚期鉴定到了数量相当可观的上调表达的 HSP 蛋白家族编码的基因,HSP 出现峰值的时期与针叶树胚胎发生过程中两次 PCD 峰值相吻合,结合红松胚胎发育过程中存在原胚向幼胚转变及胚柄、次胚的消除过程,笔者推测 HSP 蛋白家族在红松胚胎发育过程原胚的降解、胚柄和次胚的消除过程中发生的 PCD 现象中起到重要的调控作用。

3.5.4 储藏蛋白相关的基因对红松种胚发育过程调控的解析

植物胚胎发育过程中常伴随着一些储藏物质的积累,胚胎发育后期通常是以储存化合物积累和相关酶类的开始出现作为标志的。巴西松合子胚的研究表明,类豌豆球蛋白在其胚胎发育后期大量聚集。火炬松的体胚和合子胚发育的对比研究表明,类豌豆球蛋白和类豆球蛋白均在原胚期和球形胚期表达量最低,早期子叶胚中其转录水平开始显著增加直至晚期子叶胚。其他的相关研究也证实了这些储藏蛋白在针叶树的合子胚和体胚的发育晚期聚集。本书研究中鉴定的类豌豆球蛋白在子叶胚前期显著富集;类豆球蛋白与类球蛋白从裂生多胚期开始上调表达,柱状胚期或子叶胚前期表达出现峰值,上述研究结果证实了储藏蛋白在胚胎发育中后期大量积累是红松胚胎发育和成熟的重要过程,在胚胎萌发开始前通过水解释放为后续胚胎萌发提供生长发育的营养。LEA是胚胎发生后期大量表达的一类蛋白质,大量研究表明,编码这些蛋白质的基因在合子胚和体胚发育中受 ABA 和脱水信号诱导,伴随种子的成熟过程产生并在胚胎发育晚期的特定阶段表达,编码 LEA 的基因包括 *LEA*、*EMB* - 1、*ECP*31、*ECP*36、*ECP*40 等。在夏栎(*Quercus robur*)的研究中表明,*LEA* 基因在早期子叶胚中聚集,发育末期开始下降。在卵果松(*Pinus oocarpa*)、火炬松、杉木(*Cunninghamia lanceolata*)的体胚和合子胚发育的原胚期表达量最低,在球形胚期、子叶胚前期表达量有所增加,在子叶胚后期达到最高。本书研究中鉴定的 6 个 *LEA* 基因均在胚胎发育中后期表达上调,与上述研究结果基本一致。LEA 作用机制的研究表明,该蛋白作为脱水保护剂可以在干旱胁迫下保护某些生物大分子。除此之外,本书研究中还鉴定了脱水素蛋白编码的基因,其变化趋势与 *LEA* 类似。

Stasolla 和 Yeung 根据储藏蛋白在植物体胚发生中聚集这一特点提出可将其作为“正常的、高质量的”体胚判断的标准。鉴于类豆球蛋白、类豌豆球蛋白等储藏蛋白在胚胎发育晚期的高峰表达,可将其作为红松胚胎成熟的潜在蛋白标记物,利用这些蛋白标记物指导体胚发生技术并将其作为评价红松体胚质量的标准,有利于对体胚技术实现精准的质量调控并最大化地实现体胚植株的转化。

ABA 作用机制的研究表明,ABA 在促进种胚成熟期储藏蛋白的合成及在种子成熟后期促进种胚耐受干燥蛋白的合成过程中调控相关基因的表达。本书研究的内源 ABA 在裂生多胚期含量最高,其次为柱状胚期,说明内源 ABA 与储藏蛋白富集出现时期相一致,该结果也证实了 ABA 可以促进红松种胚成熟及储藏蛋白合成过程中相关基因的表达。

本书的研究通过高通量测序技术鉴定了红松胚胎发育关键期的基因差异表达情况，初步揭示了红松胚胎发育过程这一重要的生命现象演变的机制。红松胚胎分化和发育过程是基因时空选择表达的结果，与胚胎形态建成有着紧密的关系，发育全程由内源激素综合调控，尤其是内源 IAA 与 ABA 的调控占主导地位，高水平的 IAA 激活分生组织、器官的形成，以及与发育相关的基因的表达，进而保证红松胚胎发育模式构建按照时序性顺利完成，幼胚发育过程中高水平的 ABA 促进胚胎发育后期大量储藏蛋白的表达；原胚期和柱状胚期相关酶类的上调表达可消除多余器官、促进原胚的降解，并为主胚更好地发育奠定基础。针对鉴定出的差异表达基因，笔者构建了红松的基因信息数据库，为深入研究红松及其他针叶树胚胎发育的机制提供了重要线索。

3.6 本章小结

在本章中，笔者利用 Illumina 高通量测序平台对红松原胚期、裂生多胚期、柱状胚期、子叶胚前期的材料进行从头合成测序研究，分析红松胚胎发育过程中相关基因的时空表达情况，得出主要研究结果如下：

(1)代谢通路分析表明样本间差异表达基因主要分布在新陈代谢、次生代谢物的生物合成、植物病原互作、植物激素信号转导、蔗糖和淀粉代谢等路径，qRT - PCR 验证结果表明转录组数据具有较高的置信度。

(2)生长素生物合成代谢及信号转导涉及的 *YUC* 基因家族、TCP8 转录因子、*TIR*1/*AFB* 及 *ARF* 在柱状胚期上调表达，*GH*3 基因家族在发育全程下调表达，促进 IAA 合成并有利于信号的转导，进而促进胚胎模式构建相关基因的表达；裂生多胚期 ABA 合成代谢及信号转导相关基因 *NCED*、*ZEP*、*PYR*/*PYL*、*SnRK*2 上调表达，*CYP*707*A* 与 *PP*2*C* 下调表达，其促进 ABA 合成并有利于信号的转导，进而促进种胚的成熟，以及与储藏蛋白相关基因的表达。

(3)负责胚胎模式构建的基因 *WOX*8、*CLV*、*PLT*、*SCR*、*NIP*1 - 1、*PLT* 在胚胎分生组织启动与发育，子叶、胚柄、胚根等器官形成的关键时期(裂生多胚期、柱状胚期或子叶胚前期)上调表达。

(4)metacaspase、VEIDase、HSP、抗氧化相关酶类的编码基因呈现在原胚期和柱状胚期这两次细胞程序性死亡高峰期上调表达，有利于原胚的降解及胚

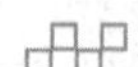

柄、多余胚胎的消除过程。

(5)裂生多胚期、柱状胚期的类豌豆球蛋白、类豆球蛋白、类球蛋白、LEA 等储藏蛋白上调表达,子叶胚前期下调表达,证实储藏蛋白的积累有利于红松胚胎发育进一步成熟和脱水作用的完成。

(6)原胚期促进细胞分裂、生长和细胞壁重塑的 *PCNA* 基因、壳多糖酶基因、*XTH*、*AGP* 显著上调表达,说明快速的细胞分裂和细胞壁重塑是原胚期的显著发育特征。

4 红松胚胎发育过程蛋白质组学与转录组学关联分析

4.1 试验材料

本试验所用材料为第3章转录组测序的同一批材料，样品采集处理及保存方法详见3.1，用于蛋白质组学分析的蛋白质样品设两个重复。

4.2 试验试剂

4.2.1 主要试剂

三氯乙酸(TCA)、丙酮、β－巯基乙醇、二硫苏糖醇(DTT)、尿素(urea)、硫脲(thiourea)、CHAPS{3－[3－(胆酰胺丙基)二甲氨基]丙磺酸内盐}、考马斯亮蓝G－250、BSA(牛血清白蛋白)、无水乙醇、磷酸、30%丙烯酰胺、0.8%甲叉双丙烯酰胺、Tris(三羟甲基氨基甲烷)、甘氨酸、考马斯亮蓝R－250、甲醇、冰醋酸、十二烷基硫酸钠(SDS)、过硫酸铵、低相对分子质量蛋白Marker(97 kDa, 66 kDa, 43 kDa, 31 kDa, 20 kDa, 14 kDa)、四乙基溴化铵(TEAB)、Bradford Protein Assay Kit、胰蛋白酶；乙腈(acetonitrile, ACN)、甲酸(formic acid, FA)；8－plex iTRAQ 标记试剂盒、溶液A(25 $mmol \cdot L^{-1}$ NaH_2PO_4, 25%乙腈, pH = 2.7)、溶液B(25 $mmol \cdot L^{-1}$ NaH_2PO_4, 1 $mol \cdot L^{-1}$ KCl, 25%乙腈, pH = 2.7)、溶液C(5%乙腈, 0.1%甲酸)、溶液D(95%乙腈, 1%甲酸)、去离子水、超纯水、蒸馏水等。

4.2.2 缓冲液和溶液的配制

(1)12.5% TCA－丙酮提取液:取 5 g TCA 用丙酮定容至 40 mL,加 28 μL β－巯基乙醇。丙酮沉淀液:80 mL 丙酮加 0.248 g DTT。

(2)蛋白裂解液:分别取 4.24 g 尿素、1.52 g 硫脲、0.4 g CHAPS、0.062 g DTT,最后加超纯水定容至 10 mL。

(3)考马斯亮蓝 G－250 溶液:称取 10 mg 考马斯亮蓝 G－250 溶于 5 mL 90% 乙醇中,加入 85% 磷酸 10 mL,用去离子水定容至 100 mL,贮于棕色瓶中备用。

(4)1 mg/mL 标准 BSA 溶液:称取 100 mg BSA,用蒸馏水定容至 100 mL。

(5)单体储存液:30% 丙烯酰胺(150 g 丙烯酰胺加蒸馏水定容至 500 mL),0.8% 甲叉双丙烯酰胺(丙烯酰胺 60 g,甲叉双丙烯酰胺 1.6 g,蒸馏水定容至 200 mL),上述两种溶液定容后分别用 0.45 μm 滤膜过滤。

(6)分离胶缓冲液:1.5 $mol \cdot L^{-1}$ Tris(pH = 5.8)。

(7)浓缩胶缓冲液:1.0 $mol \cdot L^{-1}$ Tris(pH = 5.8)。

(8)1 × SDS 电泳缓冲液:25 $mmol \cdot L^{-1}$ Tris,192 $mmol \cdot L^{-1}$ 甘氨酸,0.1% SDS。

(9)染色液:0.25% 考马斯亮蓝 R－250,45% 甲醇,45% 水,10% 乙酸。

(10)脱色液:45% 甲醇、45% 水、10% 乙酸。

(11)10% SDS:10 g SDS,用去离子水定容至 100 mL。

(12)10% 过硫酸铵:0.1 g 过硫酸铵,去离子水定容至 1 mL。

4.3 试验方法

4.3.1 总蛋白的提取

采用 TCA－丙酮法提取红松种子的总蛋白,具体操作步骤如下:

(1)取约 0.5 g 种子,放入经液氮预冷的研钵中,加入 10% 的 PVP 液氮中研磨。

(2)研磨后的粉末转移至 10 mL 的离心管中,加入 5 mL 预冷的 12.5% 的

TCA－丙酮提取液，翻转震荡，封口膜封口，－20 ℃沉淀 1 h（中间震荡翻转两次）。

（3）4 ℃，40 000 *g* 离心 15 min，去上清。

（4）将沉淀悬浮于 5 mL 冷丙酮沉淀液中，－20 ℃静置 2 h（间歇翻转震荡）。

（5）4 ℃，40 000 *g* 离心 15 min。

（6）重复步骤（4）和（5）3～4 次，直至有机相无色。

（7）弃掉上清，将沉淀自然干燥即为丙酮粉，转移至 2 mL 离心管中，－80 ℃保存。

（8）取出丙酮粉体温融化，每毫克丙酮粉加入 15 μL 蛋白裂解液进行溶解。

（9）4 ℃搅拌摇床摇匀 1 h，冰浴超声处理 15 min（重复两次），4 ℃，40 000 *g* 离心 20 min。

（10）取上清样品的蛋白提取液，将其分装，取部分蛋白提取液以 BSA 做标准曲线测定样品蛋白的浓度，电泳测定蛋白质量，其余－80 ℃冻存。

4.3.2 提取的总蛋白含量的检测

（1）蛋白标准液的制作：取 6 支试管编号后，分别加入 1 mg · mL^{-1}的 BSA 和蒸馏水（表 4－1），充分混匀，2～3 min 后上机测定（用酶标仪测量 595 nm 下的吸光度），以 BSA 蛋白含量为纵坐标，以 595 nm 波长下的吸光度值为横坐标制作标准曲线。

（2）样品中总蛋白含量的测定：吸取 5 μL 蛋白样品液加到具塞试管中，同时加入 5 μL 考马斯亮蓝 G－250 试剂，充分混匀，放置 2～3 min 后，以管 1 作为参照物在 595 nm 波长下比色，记录吸光度值，平行测定三次，依据标准曲线计算出样品浓度。

表 4－1 总蛋白标准曲线

	1	2	3	4	5	6
BSA 标准液/mL	0	0.2	0.4	0.6	0.8	1.0
蒸馏水/mL	1.0	0.8	0.6	0.4	0.2	0
考马斯亮蓝 G－250/mL			3.0			

4.3.3 蛋白质 SDS - PAGE

配制 12% 的 SDS - PAGE(十二烷基硫酸钠 - 聚丙烯酰胺凝胶电泳)。每个样品分别与 2 × loading buffer 混合,每个蛋白样品上样量为 30 μg,marker 上样量为 12 μg。电泳条件:浓缩胶 5%,80 V,30 min;分离胶,120 V,60 min。电泳结束后凝胶经染色液染色(30 ~ 40 min),脱色液脱色(2 ~ 3 h),直至背景清晰后观察有无蛋白条带,并用凝胶成像系统扫描电泳图谱。

4.3.4 蛋白酶解与 iTRAQ 标记

4.3.4.1 蛋白酶解

分别从每个样品中精确取出 100 μg 蛋白质,按照蛋白质∶酶 = 20∶1 的比例加入胰蛋白酶,37 ℃条件下酶解 4 h。然后按照上述比例再次加入胰蛋白酶,37 ℃继续酶解 8 h。

4.3.4.2 iTRAQ 标记

胰蛋白酶消化后,真空离心泵抽干肽段后用 0.5 $mol \cdot L^{-1}$ TEAB 复溶肽段,按照 iTRAQ Reagents - 8 plex 操作说明标记,每一组肽段分别被不同的 iTRAQ 标签标记后室温培育 2 h,将标记后的各组肽段混合均匀并真空干燥,用 SCX 色谱柱进行液相分离。

4.3.4.3 SCX 分离

采用 LC - 20AB 高效液相色谱仪对 4 个样品进行分离。将上述标记后的多肽混合液用 4 mL 溶液 A 复溶,上样至 SCX 色谱柱(4.6 nm × 250 mm),按照 1 $mL \cdot min^{-1}$ 速率进行梯度洗脱,先在 5% 溶液 B 中洗脱 7 min,随后经过 20 min 的直线梯度使溶液 B 由 5% 上升至 60%,最后在 2 min 内使溶液 B 的比例上升至 100% 并保持 1 min,然后将溶液 B 的浓度恢复到 5% 并维持 10 min。整个洗脱分离过程在 214 nm 波长下监测,根据峰型和时间筛选得到 20 组分,每个组分经过除盐柱除盐后真空冷冻干燥。

4.3.4.4 LC – ESI – MSMS 分析

用溶液 C 将上述冷冻抽干后的每个组分复溶至终浓度约为 0.5 $\mu g \cdot \mu L^{-1}$,20 000 g 离心 10 min,去除不溶物。采用 LC – 20AD 纳升液相色谱仪反向柱分离系统 NanoUPLC 对样品进行反向分离,进样量 5 μL。分离具体过程如下:以 8 $\mu L \cdot min^{-1}$ 流速进样 4 min;按照 300 $nL \cdot min^{-1}$ 流速进行梯度洗涤 40 min,采用溶液 D 先从 2% 逐渐上升到 35%;再从 35% 到 80% 线性洗涤 5 min;然后先用 80% 溶液 D 持续洗柱 4 min,再用溶液 C 持续洗柱 1 min。经液相分离的多肽采用 Triple TOF 5600 进行分析鉴定。质谱分析条件设定参数为离子源喷雾电压 2.5 kV,氮气压力为 30 psi(1 psi = 0.006 895 mPa),喷雾气压 15 psi,喷雾接口处温度为 150 ℃;采用反式模式扫描(分辨率≥30 000),时间设定为 5 s,样品重复鉴定 4 次。

4.3.5 生物信息学分析

4.3.5.1 原始数据处理

首先将质谱产生的原始数据经降噪、去同位素等步骤进行峰识别,转换成 .mgf 格式并获得峰图列表,建立参考蛋白序列数据库,进行肽段及蛋白质的鉴定,不同发育时期的样本组织中表达的蛋白质的鉴定与定量使用软件 Mascot 2.3.02对参考数据库进行搜索,本试验所用的数据库为第 3 章中自建的红松转录组数据库。

4.3.5.2 蛋白质鉴定信息统计

(1)蛋白质的定量及差异表达蛋白信息统计方法

将两次生物学重复共表达的蛋白质合并,根据蛋白质表达丰度差异倍数及 p 值筛选差异表达蛋白,将蛋白质表达丰度比大于 1.2 并且 p 值 < 0.05 的蛋白质确定为不同样品间的差异表达蛋白。

(2)差异表达蛋白的 GO 注释

类似转录组差异基因的 GO 注释,将鉴定出的所有差异表达蛋白进行 GO 注释,分别注释每个差异表达蛋白的分子功能、细胞组分,以及参与的生物

过程。

(3)差异表达蛋白的 COG 注释

将鉴定到的蛋白质和 COG 数据库进行比对,预测这些蛋白质可能的功能并对其做功能分类统计。

(4)KEGG Pathway 代谢通路注释

差异表达蛋白通路和富集分析按照 KEEG 进行,依据蛋白质表达量变化进行 Pathway 代谢通路的注释分析。

(5)差异表达蛋白的 GO 富集分析

把所有差异表达蛋白向 Gene Ontology 数据库的各个 term 映射,计算每个 term 的蛋白质数目,应用超几何检验,找出与所有蛋白质背景相比,差异表达蛋白中显著富集的 GO 条目。

(6)差异表达蛋白的 Pathway 显著性富集分析

Pathway 显著性富集分析方法同 GO 功能富集分析,以 KEGG Pathway 为单位,应用超几何检验,找出与所有鉴定到的蛋白质背景相比,在差异表达蛋白中显著性富集的 Pathway,确定差异表达蛋白参与的主要生化代谢途径和信号转导途径。

(7)多样品间表达模式聚类分析

利用多样品间表达模式聚类分析,观察不同蛋白质在不同样品间比较时的上调、下调情况(由软件 Cluster 3.0 完成)。使用欧几里得法度量计算点之间的距离和集群因子,欧氏距离较近说明两组数据性质较近,距离较远说明关联较远,对数据层次聚类分析后使用软件 TreeView 输出聚类结果。

4.3.5.3 蛋白质与转录组数据的关联分析

将上述蛋白质鉴定结果与转录组结果进行关联,当某一个蛋白质在转录组水平有表达量时被认为关联到。设置筛选条件:蛋白质差异表达的筛选条件为差异倍数 >1.2,p 值≤0.05;基因差异表达的筛选条件为差异倍数≥2,FDR≤0.001。

4.4 结果与分析

4.4.1 总蛋白质量结果分析

4.4.1.1 定量标准曲线

如图4－1所示，采用BSA制作的标准曲线回归方程为 $y = 2.4106x + 0.0103$，相关系数 $R^2 = 0.9956$，说明仪器性能稳定，标准蛋白质样品浓度梯度准确度高，该标准曲线可作为待测样品蛋白质浓度测定的参考。

4.4.1.2 提取样品蛋白质质量检测

分光光度计分析结果见表4－2，表明四个样品的蛋白质浓度均大于3 μg · μL^{-1}，总量均接近或大于100 μg。本书研究将提取的各个样品蛋白质采用SDS－PAGE法检测质量，从凝胶电泳图可看出（图4－2），蛋白质条带清晰，对照蛋白marker，四个样品蛋白质主要集中在14～97 kDa。定量检测信息和电泳胶图分析结果表明，提取的所有样品的蛋白质纯度和总量均满足蛋白质组分析的要求，可用于进一步的iTRAQ定量分析。

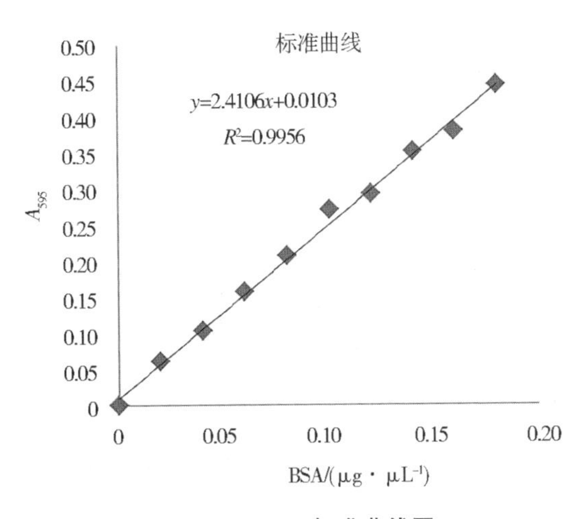

图4－1 BSA标准曲线图

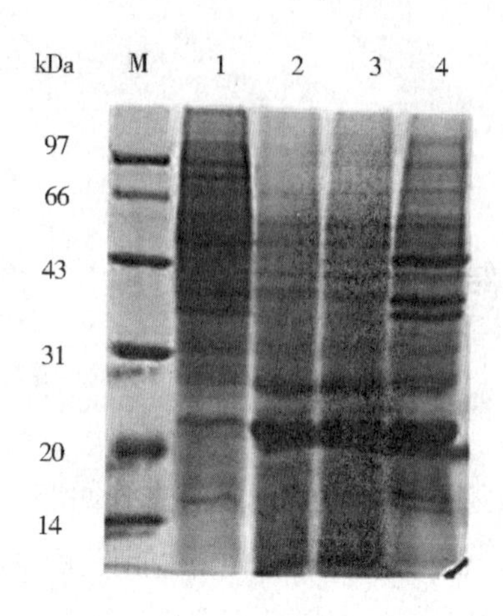

图 4-2　红松 4 个样品的 SDS-PAGE 电泳图

表 4-2　红松四个样品的蛋白质信息

样品名称	样品质量/g	样品浓度/(μg · μL^{-1})	体积/μL	蛋白质总量/μg
S1	1.3366	17.137	300	5141.1
S2	1.0187	3.009	300	902.5
S3	0.9543	3.496	300	1048.8
S4	0.9904	9.959	300	3983.4

4.4.2　蛋白质鉴定结果

4.4.2.1　蛋白鉴定质量评估——肽段匹配误差

采用 Triple TOF 5600 质谱仪进行检测分析,该仪器具高分辨率和高精确度的特点,目前广泛应用于小分子和大分子物质的分析,尤其适合样品高度复杂的蛋白质组学研究领域,其中肽段母离子质量的精确测定可以显著减小假阳性鉴定结果的出现概率。Triple TOF 5600 质谱仪的一级质谱和二级质谱质量精确度都小于 2 ppm(1 ppm = 10^{-6}),为避免鉴定结果的遗漏,基于数据库搜索策略的肽段匹配误差控制在 0.05 Da 以下。图 4-3 显示了所有匹配到肽段的相对分子质量的真实值与理论值之间的误差分布,误差集中在百万分之十以内,选取误差在控制范围内的匹配肽段进行进一步的分析。

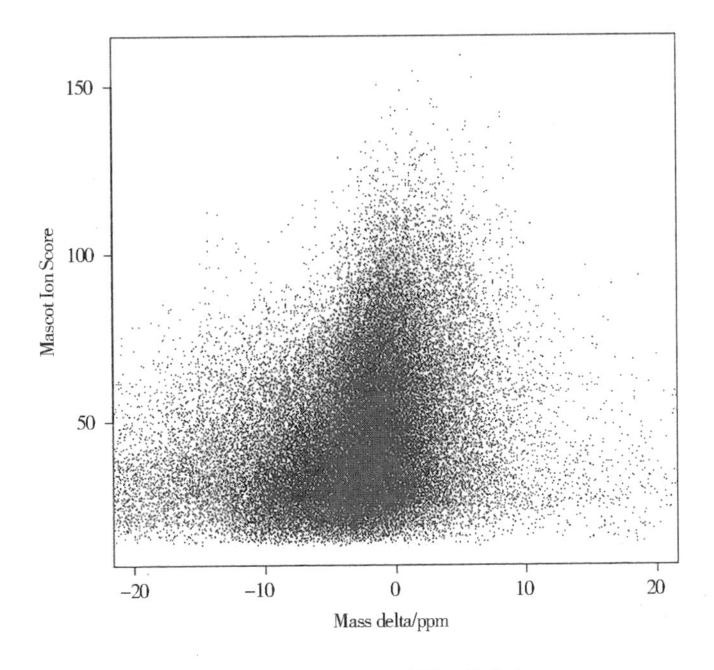

图4－3　谱图匹配质量误差分布

4.4.2.2　基本鉴定信息

为深入探究红松胚胎发育的分子机制，本书研究采用iTRAQ技术对鉴定的蛋白质进行定量蛋白质组学分析，在将两次生物学重复得到的质谱数据合并后，获得4个样品中的全蛋白质组。本书通过质谱分析共鉴定到二级谱图477 067张，采用Mascot软件进行分析后，匹配到的谱图数量是66 522张，特有肽段谱图数量为53 729张，鉴定到肽段的数量为23 479条，含21 133条特有的肽段序列，鉴定到的蛋白质总量为4 507个（表4－3）。

表4－3　红松蛋白质鉴定基本信息

项目	二级谱图/张	匹配到的谱图/张	特有肽段谱图/张	鉴定到的肽段/条	特有的肽段序列/条	鉴定到的蛋白质总量/个
数量	477067	66522	53729	23479	21133	4507

4.4.2.3　差异表达蛋白数量统计

将鉴定到的所有蛋白质依据其相对分子质量大小进行分类统计，结果表明，0～10 kDa之间的蛋白质有11个，占所有鉴定蛋白质的0.30%；10～20 kDa

之间的蛋白质有 196 个,占所有蛋白的 5.33%;20～30 kDa 之间有 443 个,占 12.04%;30～40 kDa 之间的蛋白质有 552 个,占 15.00%;40～50 kDa 之间的蛋白质有 547 个,占 14.86%;50～60 kDa 之间有 482 个,占 13.10%;60～70 kDa 之间有 395 个,占 10.73%;70～80 kDa 之间有 231 个,占 6.28%;80～90 kDa 之间有 196 个,占 5.33%;90～100 kDa 之间有 122 个,占 3.32%;大于 100 kDa 的蛋白质有 505 个,占所有鉴定蛋白质的 13.72%。

4.4.3 蛋白质注释

4.4.3.1 GO 分析

将鉴定到的蛋白质进行 GO 功能注释和分析,GO 分类饼图显示三个本体中所涉及各条目的分布情况,不同颜色标记为三个本体中涉及的各个条目,图 4-4 代表条目数量占总蛋白数量的百分比。

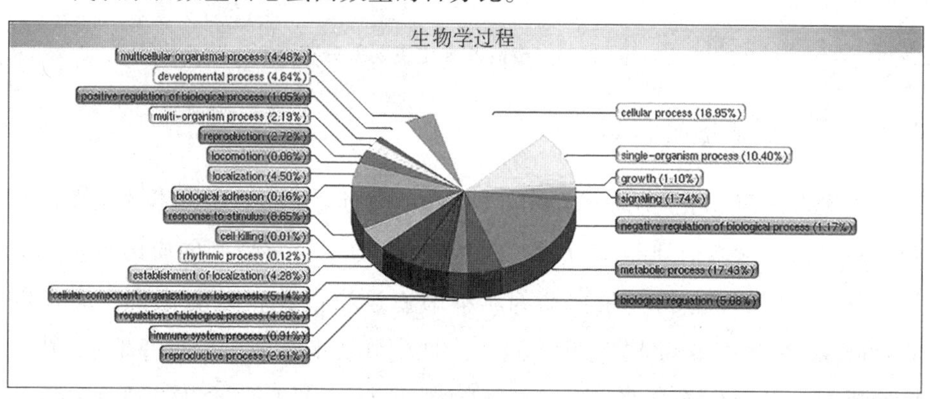

(a) 生物学过程

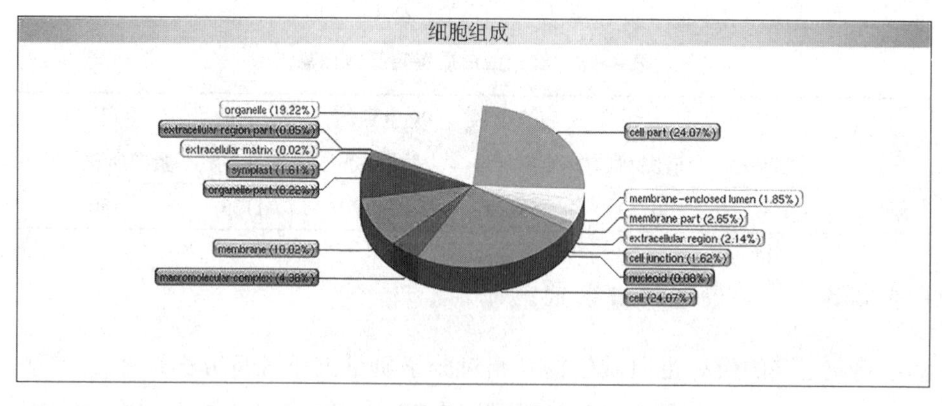

(b) 细 胞组成

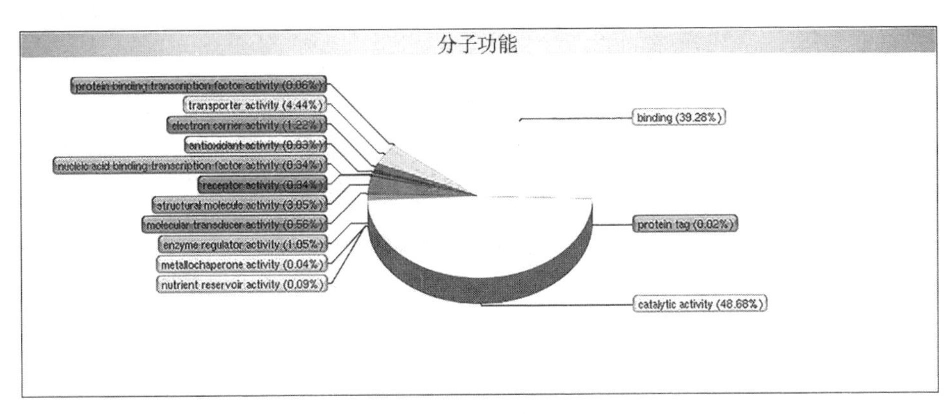

(c) 分子功能

图 4-4 红松蛋白质的 GO 分类图

结果表明,3 696 个被鉴定的蛋白质注释到 42 个 GO-term 上。其中生物学过程包括细胞过程、代谢过程、刺激的响应等 23 个小类;细胞组分分为细胞、细胞连接、细胞外基质等 14 个小类;分子功能分为抗氧化活性、催化活性、通道调控活性等 14 个小类。GO 分类中匹配较多的小类分别为细胞过程和代谢过程(生物学过程),细胞和细胞部分(细胞组分),催化活性和结合功能(分子功能)。该研究结果与转录组中基因的 GO 注释情况基本一致。

4.4.3.2 COG 分析

将分析鉴定的所有蛋白质与 COG 数据库进行比对,预测蛋白质的功能并对其功能进行分类统计。得到注释的 3 858 个蛋白质分别从属于 24 个 cluster,由图 4-5 可看出蛋白质数量最多的为一般功能预测,共 715 个蛋白质,占所有注释蛋白质的 18.53%;其次为翻译后修饰、蛋白质转换、伴随蛋白,共 435 个蛋白质,占 11.28%;随后是碳水化合物运输和代谢,共 319 个蛋白质,占 8.27%;能量产生与转换,共 290 个蛋白质,占 7.52%。此外,信号转导机制共 154 个蛋白质,占 3.99%,同时发现 79 个功能未知的蛋白质,这些未知的蛋白质有待于进一步开展研究来验证其功能。

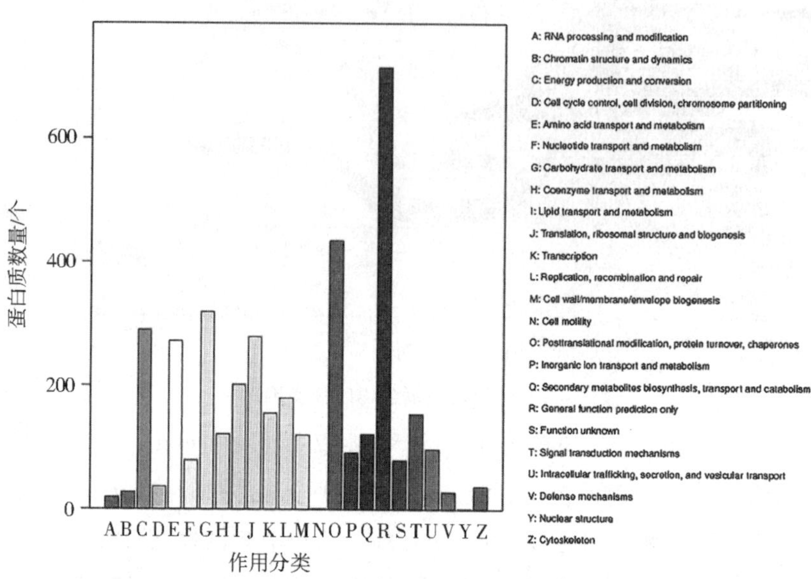

图 4-5　红松蛋白质序列的 COG 功能分类

4.4.3.3　样品间差异表达蛋白统计分析

应用软件对样品间差异表达蛋白进行统计，样品间两两比较，统计得到差异的蛋白数量，见图 4-6。

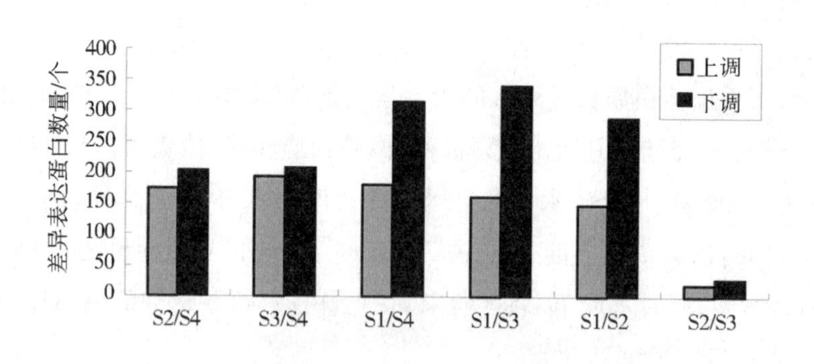

图 4-6　差异表达蛋白数量统计

S1/S2 的差异表达蛋白 439 个，其中 149 个上调、290 个下调；S1/S3 差异表达蛋白有 504 个，其中上调 162 个，下调 342 个；S1/S4 差异表达蛋白有 497 个，其中上调 181 个，下调 316 个；S2/S3 差异表达蛋白有 50 个，其中上调 19 个，下调 31 个；S2/S4 差异表达蛋白有 379 个，其中上调 174 个，下调 205 个；S3/S4 差异表达蛋白有402个,其中上调194个,下调208个。整体来看,趋于成熟的样本与早期样本间差异表达蛋白数量最多,在所有的样品对比组中,S3与S1间差异表达蛋白数量最多,S2与S3间差异表达蛋白数量最少,分析可能是由于样本S2和S3均属于胚胎发育不同阶段的形态建成期,因此差异表达基因数量较少;而S3与S1间差异较大主要是由于尚未开始原基等器官分化的原胚期与器官分化的柱状胚期在形态上差异大,所以在这两个样本中存在大量作用蛋白的差异表达,上述研究结果与转录组的结果基本一致。

4.4.3.4 样品间差异表达蛋白的代谢通路分析

差异表达蛋白的KEGG代谢通路分析可以确定这些差异表达蛋白参与分布的最主要生化代谢途径和信号转导途径。样本间所有差异表达蛋白的KEGG Pathway富集分析结果表明,差异表达蛋白分别被注释到36~125个代谢通路中。整体来看,新陈代谢和次生代谢物合成、内质网的蛋白质加工、核糖体、糖酵解/糖异生、RNA运输、淀粉和蔗糖代谢占有较高的比例,排在前几位,被注释到代谢通路中的unigenes分别为1 071个(33.71%)、137个(4.31%)、119个(3.75%)、118个(3.71%)、101个(3.18%)、101个(3.18%),此外,被注释到过氧化物酶代谢通路中的unigenes为67个(占2.11%),也占有较高的比例。上述研究结果与转录组数据基本上一致,表明这些代谢通路在红松种胚发育过程中发挥着重要作用。

4.4.4 胚胎发育过程差异表达蛋白的具体分析

在进行差异表达蛋白分析过程中,首先将两次生物学重复共表达的蛋白质合并,根据蛋白质表达丰度差异倍数及p值筛选差异表达蛋白,当蛋白质表达丰度比大于1.2并且p值小于0.05的蛋白质确定为不同样品间的差异表达蛋白。

4.4.4.1 激素相关的蛋白质

本书研究经过iTRAQ蛋白质组学测序数据分析发现,若干上调和下调表达的差异蛋白参与植物激素代谢和信号转导通路,其中主要涉及IAA和ABA生物合成和信号转导代谢通路。

YUC 基因家族即黄素单加氧酶是生长素不依赖色氨酸生物合成途径中重要的作用基因。*YUC* 影响着植物合子胚发育,同时负责调控胚胎后器官发育所需生长素的合成速率。拟南芥的研究表明,*YUC* 基因家族编码生长素生物合成的关键酶是拟南芥体胚诱导过程中所必需的。在本书研究中,通过 iTRAQ 分析鉴定的 YUC 家族成员 YUCCA1 与 YUCCA4 - like - 4 蛋白均在胚胎发育至子叶胚前期显著下调表达,而前三个发育时期差异不显著。此外,还鉴定了 1 个参与生长素自由态与轭合态转变的 GH3 家族 U12188 GH3.5 - 2 蛋白,该蛋白在子叶胚前期显著上调表达,该变化趋势与在转录组中鉴定的对应基因转录水平表达变化趋势完全相反,转录数据中原胚期表达显著上调,后三个发育期下调表达。在转录组数据中鉴定的生长素信号转导途径的受体蛋白 TIR1/AFB 家族成员,其对应的蛋白在四个样本中差异表达,其中 C2795.1 TIR1/AFB - 3 的表达在子叶胚前期显著上调,该研究结果与在四个时期的样本中其转录水平差异不显著的结果不一致,可能是转录后的蛋白表达受多因素影响,导致蛋白与转录表达的不一致;另外一个 TIR1/AFB 家族成员的 U7586 TIR1/AFB - 8 蛋白也被鉴定出来,但由于表达丰度低未能计算出具体的表达量。与此同时,鉴定的生长素结合蛋白 U16414 ABP1 在子叶胚前期上调表达,但其转录水平在原胚期上调表达,关联分析表明两者变化趋势相反,分析可能也是转录与蛋白表达的不同步或者不一致导致的。

本书研究中鉴定的 ABA 代谢路径和合成代谢路径的差异表达蛋白较少,仅鉴定了一个 ABA 合成途径的 ZEP 蛋白(U12208 ZEP),该蛋白在柱状胚期显著上调表达,而在其他三个时期下调表达,该蛋白在转录组数据的四个样本中表达差异不显著。

4.4.4.2 AS 和 PCD 相关的蛋白

近年来,有关植物合子胚发育和体胚发生的相关研究表明,胚胎发生过程是一个经历诸多基因开启和关闭的过程,其间存在许多 PCD 现象。液泡中 PCD 现象是终止分化和随后的胚柄消除所必需的,同时有助于胚胎极性的建立。在针叶树体胚研究中,发现终止分化的启动和胚柄中 PCD 现象伴随着胚胎发育早期基顶轴的形成而发生,同时 PCD 负责原胚的降解。研究表明,在植物中执行 PCD 作用的蛋白主要包括 mcⅡ - Pa、metacaspase、VEIDase、GST、1 - Cys prx、过氧化物酶等。其中McⅡ-Pa(U3303 mcⅡ gene)蛋白在柱状胚期上调表达,显著高于其他时期样本中的表达量,该研究结果与转录组数据中最高值出现在原胚期和柱状胚期的结果基本一致,两个数据虽稍有波动,但整体来看该基因均在红松胚胎发育中两次PCD高峰期的翻译及转录水平高表达,该结果也再次证实了McⅡ-Pa在红松胚胎发育的PCD过程中起着重要的调控作用。本书研究鉴定的APX蛋白(U13777 APX2-2)在原胚期显著高表达,但其对应的转录水平在四个样本中的表达变化差异不大。鉴定的GST蛋白(C2165.1 GSTU19)与基因均在裂生多胚期和柱状胚期的样本中高表达,关联性较好。鉴定的C111.1 PER17蛋白表达数据与转录组中数据变化趋势一致,均在原胚期显著上调表达。上述研究结果表明,红松胚胎发育过程与其他针叶树类似,PCD高峰主要发生在原胚期和柱状胚期。同时一个未鉴定功能的氧化还原酶的蛋白与其对应的基因转录数据均在原胚期上调表达。上述研究结果说明,原胚期通过抗氧化酶来共同调控PCD过程,抵制防御细胞受损。

HSP家族是普遍存在于生物胚胎发育过程中的氨基酸序列与功能极为保守的一类分子伴侣,在生物体抵御各种压力胁迫、修复损害的主动热激反应中发挥重要的作用。生物细胞通过合成HSP参与调控细胞的增殖与分化、生存与死亡等重要事件。本书研究鉴定的若干个HSP家族蛋白在红松胚胎不同发育时期的样本中差异表达。该研究结果与代谢通路分析匹配到的刺激的响应和胁迫应答途径的基因和蛋白均占有相当大的比重这一结果相一致。其中差异表达的HSP70蛋白(C4590.4 HSP70-3)与转录组中数据变化趋势完全一致,均在原胚期显著上调表达;此外鉴定的两个HSP90蛋白(C8067.1 HSP90-2和U3379 HSP83A-4)在原胚期显著上调,而对应基因的转录表达为在原胚期和柱状胚期显著上调表达,整体来看这两个HSP90蛋白均呈现在原胚期或柱状胚期这两个PCD高峰期显著上调;鉴定的另外一个HSP90蛋白(U14017 HSP90-1-2)的表达变化趋势与转录表达变化趋势不同,转录组在原胚期和柱状胚期样本中显著上调,而在蛋白组的结果中,四个样本表达持平。上述研究结果再次说明HSP70和HSP90主要在原胚期和柱状胚期这两个PCD高峰期富集,说明它们可能参与胚胎发育过程中PCD过程的调控。此外,本书研究中鉴定了若干个小分子HSP,这些小分子HSP表达变化趋势不一致,在原胚期、裂生多胚期或子叶胚前期均上调表达,而这些蛋白对应基因的转录水平表达变化趋势多为在柱状胚期上调表达。除此之外，鉴定了两个低表达丰度的小分子 HSP（U18600 HSP16.9A和 U56 HSP18.1），这两个小分子 HSP 对应的基因均在柱状胚期显著上调，一个未知功能的氧化胁迫酶的蛋白也被鉴定出来，该蛋白呈现与基因转录水平相同的变化趋势，均在原胚期显著上调表达。

4.4.4.3 相关的储藏蛋白

大量研究表明，储藏蛋白对胚胎发育的后期成熟阶段起着关键作用。在转录组中鉴定的类豌豆球蛋白、类豆球蛋白、类球蛋白、*LEA*、脱水素蛋白差异表达基因对应的蛋白也呈现与其基本一致的表达变化趋势。其中鉴定的差异表达的类豌豆球蛋白（U3128 vicilin - like storage protein）整体呈现与转录组数据一致的变化趋势，即该基因的蛋白与转录表达均从裂生多胚期及之后的发育期显著上调，在子叶胚前期表达量最高，显著高于其他时期的表达，上述研究结果再次证实了类豌豆球蛋白在红松胚胎发育中后期具有重要的调控作用。鉴定的四个类豆球蛋白和一个类球蛋白均在原胚期显著下调，子叶胚前期显著上调，但转录组数据中则在柱状胚期、裂生多胚期、子叶胚前期均有峰值出现，从上述结论推断出在红松胚胎发育过程中类豌豆球蛋白和类球蛋白可能出现滞后于转录的表达。鉴定的包括 ECP63 在内的 5 个 LEA 蛋白也呈现类似于转录组中基因表达的变化趋势，均从裂生多胚期开始富集，后三个发育时期显著上调表达，其中仅有一个 LEA 蛋白（C2478.1 late embryogenesis abundant protein - 2）与对应的基因呈现完全一致的变化趋势，即在子叶胚前期显著上调，且显著高于裂生多胚期和柱状胚期的表达，并均显著高于原胚期的表达，其他四个 LEA 蛋白与转录数据中表达变化趋势略有小幅的波动。上述研究结果说明了 LEA 是红松胚胎发育后期高丰度表达的蛋白，受 ABA 和脱水信号诱导并在胚胎发育晚期的特定阶段表达。此外，本书研究鉴定了两个脱水素蛋白，其中一个脱水素蛋白[C2135.7 dehydrin 7 (dhn7) gene - 2]在蛋白与转录中的表达变化趋势完全一致，即在后三个发育期显著上调，其中在裂生多胚期和柱状胚期表达量最高，并与子叶胚前期差异显著，另外一个脱水素蛋白（C2135.1 dehydrin 9）表达的峰值出现在柱状胚期，对应的基因转录表达的峰值出现在裂生多胚期和柱状胚期，但整体来看变化趋势基本一致。与此同时还鉴定了一个 ABA 胁迫成熟蛋白（U5123 abscisic stress - ripening protein），也呈现裂生多胚期和柱状胚期显著上调的变化趋势。

4.4.4.4 红松胚胎发育过程中其他差异表达的蛋白

除上述鉴定的差异表达的蛋白外，本书研究还鉴定了与细胞分裂、能量代谢、胚性能力相关的蛋白。在 DNA 复制和修复中起重要作用的 2 个增殖细胞核抗原蛋白(PCNA)均表现为在原胚期表达显著上调，与转录组数据表达变化趋势一致(下调表达时期有些差异)，上述结果再次证实了红松胚胎发育原胚期具有细胞快速分裂的特点。壳多糖酶作为一种分化因子参与植物早期胚胎发育过程的调控，本书研究中鉴定了 2 个壳多糖酶蛋白(C7627.1 CTL1 和 U15671 class Ⅳ chitinase A)，前者在四个不同时期的样本中蛋白表达差异不显著，该研究结果与转录组表达变化趋势不一致(基因在前三个时期上调表达)；后者在四个样本中表达丰度低，对应的转录组数据中呈现在胚胎发育的前三个时期上调表达，说明该蛋白与转录组水平表达变化趋势不一致，上述研究结果表明壳多糖酶基因在转录和蛋白水平表达不一致。鉴定的 XTH 蛋白(C3851.2 alpha - xylosidase)在四个样本中表达差异不显著，但其转录水平变化表现为在发育的前三个时期显著上调。AGP 被证实在胚胎发育过程的细胞分裂和生长、细胞壁的沉积中起重要作用，本书研究鉴定的 AGP 蛋白(C5269.1 AGP)与转录组中表达变化趋势一致，均呈现在原胚期上调表达。参与细胞壁形成和细胞分裂生长过程的基因均在原胚期上调表达的研究结果再次证实了红松胚胎发育过程的原胚期具有快速的细胞分裂和细胞壁重建的特点。

参与糖类代谢的 α - 葡糖苷酶的蛋白在原胚期显著富集，该研究结果与转录组数据中的表达趋势基本一致。此外，在转录组中鉴定的 *SERK* 基因在红松胚胎发育过程中全程均被检测到，四个时期样本中表达差异不显著，说明 *SERK* 基因在红松胚胎发育的全程均起着重要的作用，对应蛋白被鉴定到但低丰度表达。差异表达蛋白的聚类分析情况见图 4 - 7。

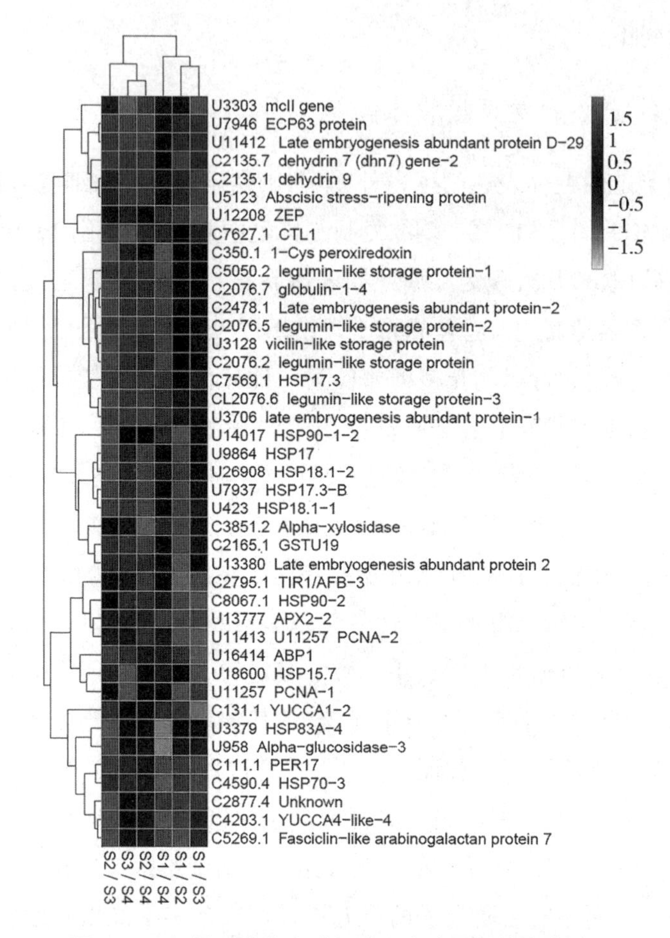

图 4－7　红松胚胎发育过程差异表达蛋白的聚类分析

4.4.5　差异表达蛋白和差异表达基因的关联性分析

4.4.5.1　蛋白质组与转录组关联的整体分析

真核生物中从基因组到 mRNA 是由转录因子调控的，而从 mRNA 到蛋白质的过程中虽然没有相似的调控，但也有诸多因素影响着翻译和翻译后的过程，要了解转录组和蛋白质组之间的相互调控作用，需要对 RNA 和蛋白质的表达进行同步监测。本书研究通过 mRNA 研究基因的表达谱，同时通过蛋白质组学研究蛋白质的表达谱，再将二者进行关联比较，分析基因在 mRNA 与蛋白质水平上的表达及差异，进而从转录水平和蛋白质水平动态监测相关基因的表达情况。当某一蛋白质被鉴定到且在转录水平也有表达信息时，二者被认为相关联。将红松胚胎发育过程中的蛋白质鉴定结果与转录组结果进行关联分析,关联结果如表4－4所示(在鉴定、定量和显著性差异三个范围能关联到的蛋白质和基因数量关系)。由表4－4可知,S1/S2中有213个蛋白质与转录组数据关联,S1/S3中有218个蛋白质与转录组数据关联,S1/S4中有295个蛋白质与转录组数据关联,S2/S3中有15个蛋白质与转录组数据关联,S2/S4中有154个蛋白质与转录组数据关联,S3/S4中有165个蛋白质与转录组数据关联。从上述分析结果来看,S1/S4中关联上的蛋白质和基因数量最多,而S2/S3中鉴定的差异表达蛋白中仅有15个蛋白质与转录组数据关联,是关联上的数量最少的。

表4－4　红松蛋白质组与转录组关联情况

组名称	蛋白质数量	基因数量	关联数量
S1/S2	439	18170	213
S1/S3	504	18041	218
S1/S4	497	28538	295
S2/S3	50	8747	15
S2/S4	379	20532	154
S3/S4	402	21450	165

在对蛋白质组水平和转录组水平得到的两组数据进行关联分析的基础上,计算Person相关系数,以差异蛋白表达量(以2为底)的对数值为横坐标、基因表达量(以2为底)的对数值为纵坐标,做出差表达异蛋白及与其转录组水平的关联分析图(图4－8)。整体来看,转录组与蛋白质组数据的相关性并不高,S2/S3相关系数最低,仅为0.039 8,其余各组相关系数介于0.30～0.35之间,分析除了由试验系统和数据类型不同导致的差异外,调控基因表达的层次很多,转录组水平的调控只是其中一个环节,转录后调控、翻译及翻译后调控对于最终蛋白质的表达均起到重要的作用,也包括RNA与蛋白质的降解,蛋白质的修饰、折叠等因素,因而导致mRNA表达丰度与蛋白表达水平不一致或表现为蛋白表达滞后的现象。

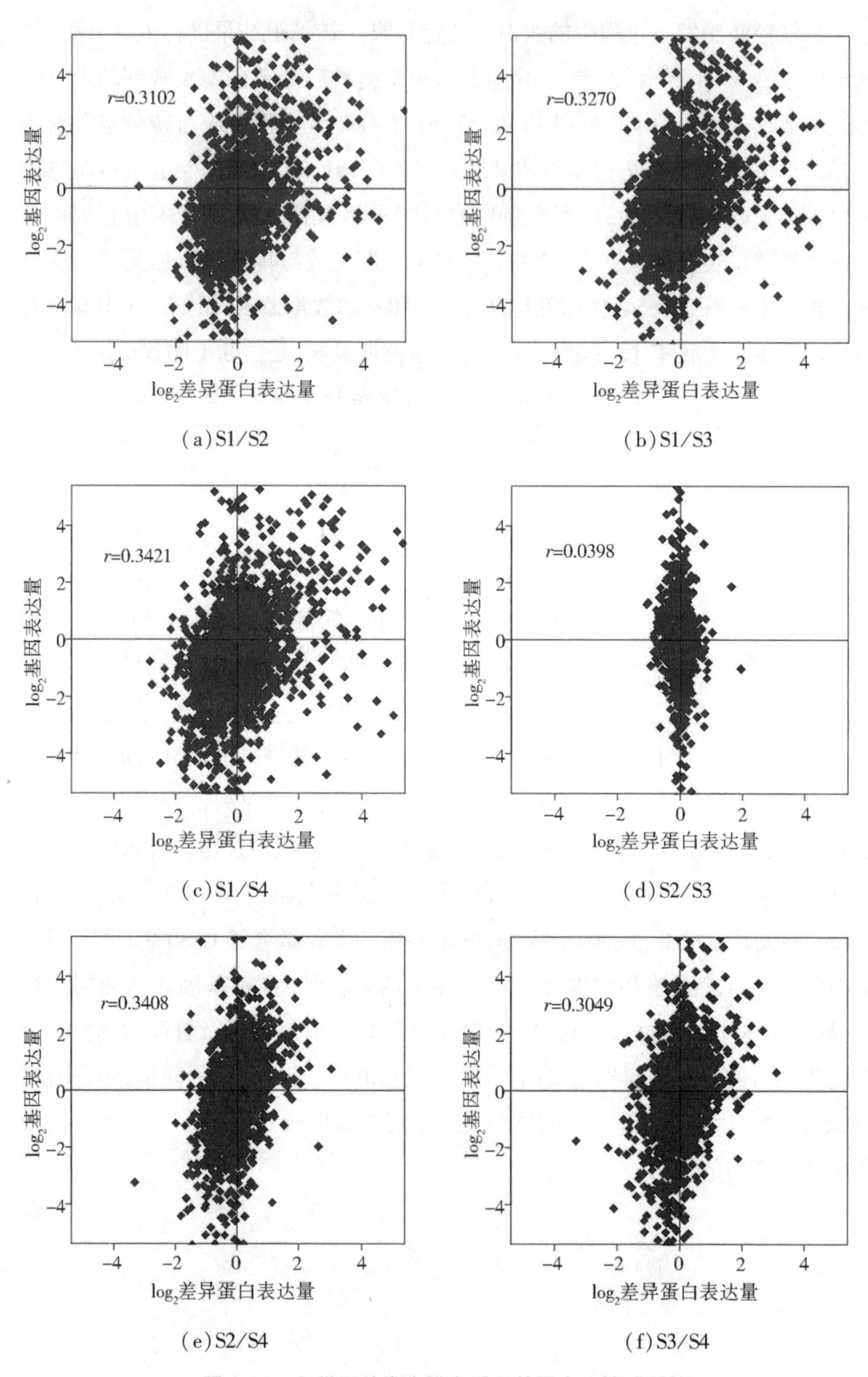

图 4-8 红松胚胎发育蛋白质和基因表达的关联性

对红松胚胎发育过程中差异表达基因进行筛选，筛选条件根据关联结果确定，设置蛋白差异表达倍数 >1.2，p 值≤0.05，基因差异表达倍数≥2，FDR≤0.001，筛选出功能已知并且与转录组关联，同时表达趋势相同的蛋白质。在 S1/S2 中共计 128 个，S1/S3 中共计 199 个，S1/S4 中共计 253 个，S2/S3 中共计 4 个，S2/S4 中共计 136 个，S3/S4 中共计 139 个。GO 功能分析表明，这些样品对比组中差异表达的蛋白参与的主要生物学途径基本一致，主要参与生物学过程中的新陈代谢过程、细胞过程、响应刺激、单个有机体的过程等生物途径，细胞组分中的细胞部分、细胞和细胞器的形成、膜等生物途径，分子功能中的催化活性、结合与转运活性、结构分子活性、抗氧化活性等生物途径。

4.4.5.2 差异表达蛋白及其与对应基因的关联的具体分析

蛋白质组与转录组数据的关联分析旨在揭示红松胚胎发育过程中转录层面的表达量信息与蛋白质层面的定量信息的潜在关联性，以求发现该生物学过程中基因和蛋白质相互调控表达的定量关系，寻找胚胎发育的生物学机制。

对红松胚胎发育过程差异表达基因（第 3 章转录组分析获得的数据）和差异表达蛋白进行筛选，筛选出在红松胚胎发育的四个样本中有功能注释且与转录组相关联，并且表达变化趋势相同的蛋白质。上述与转录组关联且变化趋势一致的蛋白质主要为激素合成代谢相关的蛋白质、参与胁迫应答和氧化反应的蛋白质及胚胎发育后期富集的储藏蛋白等几类。具体包括 IAA 合成途径的 YUC 及参与 ABA 合成途径的 ZEP；参与抗氧化和 PCD 过程的 metacaspase、过氧化物酶、GST 及大量的 HSP 蛋白家族；1 个未鉴定的氧化胁迫酶；在原胚期上调表达的阿拉伯半乳糖蛋白和参与碳和存储代谢的 α-葡糖苷酶，详见表 4-5。

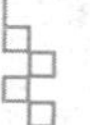

表 4－5　差异表达蛋白及其对应基因的关联分析

名称	差异表达蛋白变化倍数						基因变化倍数					
	S2/S1	S3/S2	S4/S3	S4/S1	S3/S1	S4/S2	S2/S1	S3/S2	S4/S3	S4/S1	S3/S1	S4/S2
C4203. 1 YUCCA4 – like – 4	0. 831	1. 0235	0. 906	0. 815	0. 8661	0. 9375	0. 641	1. 52	0. 279	0. 272	0. 975	0. 424
U3128 vicilin – like storage protein	3. 849	1. 130	1. 551	7. 13	4. 775	1. 841	2. 793	0. 976	2. 838	7. 732	2. 725	2. 768
C2076. 7 globulin – 1 – 4	4. 995	0. 914	1. 722	8. 079	4. 814	1. 621	7. 299	0. 815	0. 701	8. 336	5. 950	1. 142
U7946 ECP63 protein	7. 504	1. 013	0. 791	5. 669	8. 189	0. 779	1. 896	1. 195	0. 178	1. 614	4. 531	0. 426
U3706 late embryogenesis abundant protein – 1	7. 362	0. 917	1. 038	9. 229	5. 815	0. 871	1. 807	0. 907	0. 244	1. 600	6. 555	0. 886
C2478. 1 late embryogenesis abundant protein – 2	8. 251	0. 897	1. 905	13. 566	7. 291	1. 649	94. 285	0. 529	1. 235	246. 503	199. 594	2. 614
U13380 late embryogenesis abundant protein 2	11. 711	0. 850	0. 590	2. 537	4. 071	0. 518	4. 898	0. 831	0. 623	2. 537	4. 071	0. 518
U11412 late embryogenesis abundant protein D – 29	6. 922	1. 045	0. 725	4. 807	6. 984	0. 717	6. 379	0. 974	0. 820	5. 095	6. 213	0. 799
C2135. 7 dehydrin 7（dhn7）gene – 2	275. 035	0. 902	0. 379	82. 790	221. 524	0. 366	345. 446	0. 771	0. 305	162. 407	532. 929	0. 470
C2135. 1 dehydrin 9	6. 533	1. 257	0. 204	1. 648	8. 188	0. 260	497. 076	1. 507	0. 008	0. 642	6. 191	0. 013

续表

名称	差异表达蛋白变化倍数						基因变化倍数					
	S2/S1	S3/S2	S4/S3	S4/S1	S3/S1	S4/S2	S2/S1	S3/S2	S4/S3	S4/S1	S3/S1	S4/S2
Unigene5123 abscisic stress – ripening protein	6. 119	1. 141	0. 311	2. 023	7. 343	0. 362	4. 358	0. 776	0. 053	0. 712	3. 382	0. 163
C2165. 1 GSTU19	2. 017	0. 650	0. 615	0. 936	1. 344	0. 499	2. 214	1. 880	0. 016	0. 065	4. 162	0. 030
C2877. 4 unknown	0. 277	1. 770	0. 751	0. 3385	0. 3585	1. 173	0. 237	1. 664	0. 239	0. 094	0. 394	0. 397
C4590. 4 HSP70 – 3	0. 384	0. 858	0. 845	0. 291	0. 349	0. 771	0. 381	1. 432	0. 192	0. 105	0. 545	0. 275
U3379 HSP83A – 4	0. 723	1. 203	0. 718	0. 517	0. 743	0. 713	0. 276	2. 363	0. 470	0. 307	0. 453	1. 110
C8067. 1 HSP90 – 2	0. 605	0. 961	1. 299	0. 781	0. 572	1. 310	0. 478	1. 639	0. 628	0. 492	0. 784	1. 029
C5269. 1 fasciclin – like arabinogalactan protein 7	0. 563	1. 238	0. 873	0. 587	0. 687	0. 930	0. 227	2. 127	0. 494	0. 238	0. 482	1. 050
U958 alpha – glucosidase – 3	0. 779	0. 979	0. 822	0. 657	0. 779	0. 858	0. 413	1. 003	0. 834	0. 099	0. 415	0. 080

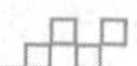

4.5 讨论

笔者通过转录组的从头测序发现了参与红松胚胎发育调控的关键基因,但转录组数据只能体现基因在转录水平的表达情况,由于基因发挥作用还受转录、转录后、翻译、翻译后等不同水平的调控,因此要全面探究红松胚胎发育的分子机制,包括分析关键基因的表达模式,同步开展转录组与蛋白质组的比较研究,实现两大组学技术的互补和整合,有助于更准确地揭示基因的作用机制。而近年来开发的 iTRAQ 定量蛋白质组学技术可实现在 1 次试验中完成 8 个样品的蛋白质组定量,该定量方法具有广谱性、高精度的特点,适合于样品高度复杂的蛋白质组学的研究,目前已越来越多应用到定量蛋白质组学领域。

为研究红松胚胎发育的分子机制,本书采用 iTRAQ 技术与转录组同步比较方法研究红松胚胎发育四个关键时期样本中蛋白质组表达差异情况。本书通过 Pathway 代谢通路分析确定差异表达蛋白主要参与新陈代谢途径、次生代谢物合成、内质网的蛋白质加工、淀粉和蔗糖代谢、氧化胁迫等几个代谢通路。差异表达蛋白的筛选结果表明,在红松胚胎发育过程中趋于成熟的样本与早期的样本间差异表达蛋白数量最多,而裂生多胚期与柱状胚期的差异表达基因数量最少。鉴定到参与 IAA 合成调控的 YUC 蛋白、ZEP 蛋白,上述激素相关的蛋白与其对应的转录水平的变化趋势一致;同时鉴定的参与氧化胁迫和 PCD 过程的 metacaspase、过氧化物酶、GST 及大量的 HSP 家族蛋白表达变化趋势与转录组水平基本一致,说明转录组与蛋白质组数据具有较高的一致性,同时也说明这些基因的表达可能同时受到转录和蛋白质水平的调控,上述研究结果也再次验证了红松胚胎发育早期存在 PCD 过程和抗氧化反应。其中关联上的差异表达蛋白占很大比例的为与储存物质的形成有关的蛋白质,说明储藏蛋白在胚胎发育中后期大量积累是红松胚胎发育和成熟的重要过程,这些储藏蛋白在胚胎萌发开始前水解释放为后续胚胎萌发提供生长发育所需的营养。与此同时,关联上的还有在原胚期上调表达的阿拉伯半乳糖蛋白和参与碳代谢的 α - 葡糖苷酶。上述分析中表达变化趋势相同的蛋白质和 mRNA 关联分析结果进一步说明了红松胚胎发育过程受激素、PCD 和抗氧化作用等多因素调控,在原胚期向幼胚转变关键时期,激素相关的作用因子、抗氧化作用的酶类、成熟过程胚胎晚期富集的蛋白质及其他蛋白质这些标记物的鉴定有助于更好地揭示红松胚胎发育的机制及为红松体胚发生过程的调控提供重要的参考数据。

在第3章的转录组测序数据中参与激素信号与转导过程、胚胎模式构建过程的一些基因在蛋白质组差异表达数据中未被鉴定出来，其中一些基因在转录水平差异表达但在蛋白水平未被鉴定或在蛋白水平低丰度表达，如参与IAA合成代谢相关的蛋白质C7105.1 ZEP3、C1234.1 ALDH2B7、U7586TIR1/AFB-8等均低丰度表达。上述结果表明这些基因可能主要受转录水平的调控；关联分析结果表明个别基因存在转录和翻译水平表达完全相反的现象，如*XTH*(C3851.2 Alpha-xylosidase)在转录水平的原胚期高表达，但原胚期其蛋白水平显著低于后三个发育时期的表达，分析可能是转录后的蛋白表达受多因素影响导致的；个别关联上的基因也有在蛋白水平发生有意义变化而在转录水平未表现有意义的表达变化，分析该蛋白的表达可能主要受翻译水平调控。上述关联结果表明两大组学的数据具有一定的关联性，但相关系数较低，分析原因可能主要是基因转录与蛋白表达速率的不一致导致蛋白表达出现滞后现象，其次在蛋白表达的过程中磷酸化、烷基化等翻译后的修饰导致蛋白表达受影响。此外，在关联分析时需要考虑转录组和蛋白质组数据在四个样本中每两个样本对比中的变化趋势的一致性，因此鉴定到的关联性强的变化趋势一致的差异表达蛋白较少。结合第3章与第4章研究结果，我们初步得出红松胚胎发育过程的机制为发育过程的关键时期（即处于幼胚形成初期的裂生多胚和柱状胚期）主要受植物激素（主要为IAA和ABA）协同作用引起胚胎早期分生组织、胚柄、子叶等相关胚胎模式构建基因的表达，进而促进胚胎发生过程关键时期形态上的转变，幼胚成熟期通过高水平ABA来诱导储藏蛋白的积累，进而利于种子的进一步成熟和脱水作用的完成；与此同时通过PCD过程来促进原胚的降解及胚柄、多余胚胎的消除，以利于主导胚胎在后期的进一步发育。

4.6 本章小结

本章对分别处于原胚期、裂生多胚期、柱状胚期、子叶胚前期的红松材料进行基于iTRAQ技术的蛋白质组学的相关研究，并将差异表达蛋白与转录组数据进行关联分析，得出主要研究结果如下：

(1)运用 iTRAQ 技术成功搭建了红松蛋白质组学的生物信息平台,研究结果表明,差异表达蛋白主要参与新陈代谢途径、次生代谢物合成、内质网的蛋白加工、淀粉和蔗糖代谢、氧化胁迫、激素信号转导等几个代谢通路。

(2)经两大组学的关联分析共鉴定出关联性强的差异表达蛋白 19 个。鉴定的差异表达蛋白主要涉及氧化胁迫反应的蛋白、胚胎发育晚期的储藏蛋白、激素代谢和信号转导途径的蛋白等几类。

(3)IAA 合成途径的 YUC 蛋白在原胚期上调表达,该研究结果与红松胚胎发育过程的内源 IAA 测定结果基本一致,证实红松幼胚形成及器官分化过程需要高浓度的 IAA。

(4)类豌豆球蛋白、类球蛋白、脱水素蛋白、ABA 胁迫成熟蛋白、LEA 在胚胎发育中后期上调表达,得出红松胚胎形态建成后的进一步成熟需要上述储藏蛋白的积累。

(5)PCD 和抗氧化途径的 metacaspase、过氧化物酶、GST、HSP 等蛋白均呈现在原胚期或柱状胚期两次 PCD 高峰期上调表达,以利于原胚的降解及胚柄、多余胚胎的消除。

(6)原胚期促进细胞分裂、生长和细胞壁重塑的 AGP 显著上调表达,说明快速的细胞分裂和细胞壁的重塑是原胚期胚胎发育的显著特征。

5 红松胚性愈伤组织诱导条件的筛选及内源激素含量的测定

5.1 试验材料与方法

5.1.1 试验材料

2019 年、2020 年连续两年于 7 月 5 日至 10 日分别从苇河镇和露水河镇两个红松种子园的 6 个无性系的固定植株上采集球果，编号为 W135、W154、W124、W057、W014 与 L22 - 2。从每个无性系固定植株采集 3 颗向阳球果，球果取下后用 75% 酒精喷洒表面消毒，随后用牛皮纸包裹，置于 4 ℃冰箱低温储藏直至接种。

5.1.2 试验方法

5.1.2.1 红松外植体的消毒处理

从采集球果[图 5 - 1(a)]中取出发育良好的饱满种子[图 5 - 1(b)]去除种皮后进行消毒处理。先在洗洁精中浸泡 30 min，自来水流水冲洗 6 ~ 8 h，将种子放于超净工作台中，用 75% 酒精浸泡 1 ~ 2 min，无菌水冲洗 3 ~ 5 次，再用 10% NaClO 溶液浸泡 15 min，无菌水冲洗 3 ~ 5 次后剥去种皮于 3% H_2O_2 溶液中消毒 8 min，无菌水冲洗 3 ~ 5 次，消毒后选取种仁并取出合子胚观察发育状态，将带有合子胚的种子作为外植体接种到添加不同激素的培养基中[图 5 - 1(c)]。

(a) (b) (c)

图 5－1　红松胚性愈伤组织诱导的外植体

注:(a)红松球果(bar＝4 cm);(b)球果内剥离出的种子(bar＝1 cm)

(c)接种于培养基上的外植体(bar＝2 cm)。

5.1.2.2　基因型与外源激素对红松愈伤组织诱导的影响

将上述6个无性系(W135、W154、W124、W057、W014、L22－2)合子胚发育时期一致的种子分别接种于添加不同浓度2,4－D或NAA与6－BA组合的DCR培养基上。培养基:蔗糖30 $g \cdot L^{-1}$,卡拉胶4.0 $g \cdot L^{-1}$,酸水解酪蛋白0.5 $g \cdot L^{-1}$,L－谷氨酰胺0.5 $g \cdot L^{-1}$(过滤灭菌添加)。分别记为处理DCR1、DCR2、DCR3、DCR4、DCR5、DCR6;即DCR1:1.5 $mg \cdot L^{-1}$ 6－BA ＋ 1 $mg \cdot L^{-1}$ NAA;DCR2:1.5 $mg \cdot L^{-1}$ 6－BA ＋ 2 $mg \cdot L^{-1}$ NAA;DCR3:1.5 $mg \cdot L^{-1}$ 6－BA ＋ 3 $mg \cdot L^{-1}$ NAA;DCR4:1.5 $mg \cdot L^{-1}$ 6－BA ＋ 4 $mg \cdot L^{-1}$ NAA;DCR5:1.5 $mg \cdot L^{-1}$ 6－BA ＋ 5 $mg \cdot L^{-1}$ NAA;DCR6:5 $mg \cdot L^{-1}$ 6－BA＋10 $mg \cdot L^{-1}$ 2,4－D ＋ 5 $mg \cdot L^{-1}$ KT。

每个处理共接30粒种子,每个处理3次重复,于黑暗环境下24±2 ℃中培养。

5.1.2.3　红松愈伤组织诱导过程的形态学观察

外植体接种后每2～3 d观察愈伤组织形态变化,于体视解剖镜与显微镜下观察胚性愈伤组织与非胚性愈伤组织诱导过程中外植体与愈伤组织的外部形态变化。

5.1.2.4　红松愈伤组织诱导过程内源激素含量的测定

选取0 d、10 d、15 d、20 d诱导出的胚性愈伤组织(L22－2)与非胚性愈伤组

织(W154)的外植体(含诱导的愈伤组织)材料,液氮速冻后于 -80 ℃保存用于激素含量的测定。分别测定生长素(IAA)、赤霉素(GA_3)、脱落酸(ABA)和玉米素核苷(ZR)、油菜素内酯(BL)、茉莉酸甲酯(MJ)含量。样品测定采用酶联免疫吸附技术(ELISA),试剂盒由中国农业大学作物化学控制研究中心提供,每种激素测定用0.5 g外植体材料,重复3次。

5.1.3 数据统计分析

试验数据采用 Microsoft Office Excel 2021 和 IBM SPSS Statistics 21 分析软件进行方差分析作图,利用邓肯多重范围检验进行显著性检验。于20 d诱导结束后统计诱导出胚性愈伤组织的数量,计算胚性愈伤组织诱导率,筛选出最佳无性系与激素处理组合。

胚性愈伤组织诱导率(%)=产生的愈伤组织的胚数/接种外植体数×100%

5.2 结果与分析

5.2.1 基因型与外源激素对红松愈伤组织诱导的影响

对红松几个无性系进行连续两年的诱导试验,发现愈伤组织的诱导数据呈现出良好的重复性,与其他针叶树类似,基因型对红松胚性愈伤组织诱导起到关键性作用,且对胚性的有无具有决定性作用。处于相同发育时期的同一基因型中,无论采用哪一种激素处理组合,诱导 EC 和 NEC 的效果均相同。W135、W124、W057、W014、W154 只诱导出 NEC,L22 -2 只诱导出 EC。L22 -2 在2019 年的诱导率为 18.45%~27.61%,2020 年诱导率为 21.09%~26.66%,整体来看,EC 诱导率相对比较低,但重复性较好。诱导出 NEC 的无性系中,W014 诱导率最高,W135 诱导率最低。不同激素的处理对胚性愈伤组织的诱导率均有显著性差异($p<0.05$),在 6 个不同激素处理组合中,EC 的最高诱导率均在DCR3 和 DCR4 中出现,如图 5 -2 所示。

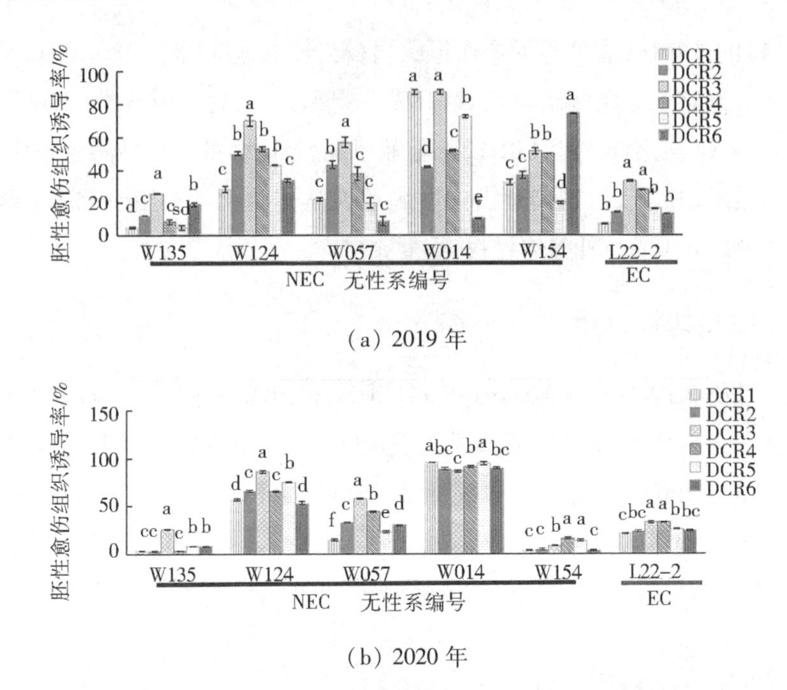

(a) 2019 年

(b) 2020 年

图 5-2 不同激素处理下不同无性系红松的胚性愈伤组织诱导率

5.2.2 红松不同类型愈伤组织诱导过程的形态学观察

根据愈伤组织形态学差异,将诱导出的愈伤组织分为 3 种不同类型。其中Ⅰ型愈伤组织由无性系 W135、W124 与 W057 诱导而来。接种后 10 d 发现有少量白色透明愈伤组织沿珠孔四周长出[图 5-3(a)];15 d 时愈伤组织体积增大,质地松软[图 5-3(b)];20 d 时愈伤组织体积较 10 d 时增大 1~2 倍,质地蓬松有黏性,颜色变为半透明黄色,这种类型的愈伤组织极易出现褐化,需要在 15 d 以内进行继代[图 5-3(c)],组织切片观察发现Ⅰ型愈伤组织的细胞多呈现不规则形状,细胞表面覆盖网状 ECM 层,细胞不具极性,也没有 PEM 结构[图 5-3(d)和(e)]。

Ⅱ型愈伤组织由无性系 L22-2 诱导而来。接种 10 d 时珠孔处形成少量白色半透明的黏性愈伤组织,质地疏松湿润[图 5-3(f)];15 d 时外植体出现膨胀、扭曲变形,愈伤组织生长迅速,体积为 10 d 时的 2~3 倍,与外植体连接疏松并且极易脱离[图 5-3(g)];20 d 时愈伤组织生长缓慢且颜色变为略带黄色的白色,这种类型的愈伤组织最佳继代时期为 15~20 d[图 5-3(h)]。此外,Ⅱ型愈伤组织由小的椭圆形或长圆形紧密排列的细胞组成,细胞具有 PEM 结构,其中大部分细胞(白色箭头)被 ECM 覆盖[图 5-3(i)和(j)]。

Ⅲ型愈伤组织由无性系 W154、W014 诱导而来。接种 10 d 时外植体珠孔处产生质地紧实致密的白色不透明愈伤组织[图 5-3(k)];15 d 时愈伤组织膨大,质地紧密光滑呈颗粒状,无黏性,生长速度较慢[图 5-3(l)];20 d 时略微松散,呈明显颗粒状,与外植体连接紧密,且生长速度缓慢,外植体颜色质地几乎与接种时无明显变化[图 5-3(m)]。与Ⅰ型愈伤组织类似,这种类型的愈伤组织细胞多呈现不规则形状,细胞不具极性,也没有 PEM 结构,但存在 ECM 结构[图 5-3(n)和(o)]。

综上所述,初步鉴定Ⅱ型愈伤组织为 EC,Ⅰ型和Ⅲ型愈伤组织为 NEC,体胚成熟试验也发现只有Ⅱ型愈伤组织能有效分化出体胚,而Ⅰ型和Ⅲ型愈伤组织不具成胚潜力,Ⅰ型愈伤组织尽管能继代增殖,但是后期不能分化,Ⅲ型愈伤组织不能很好地实现增殖和分化,最终褐化死亡。

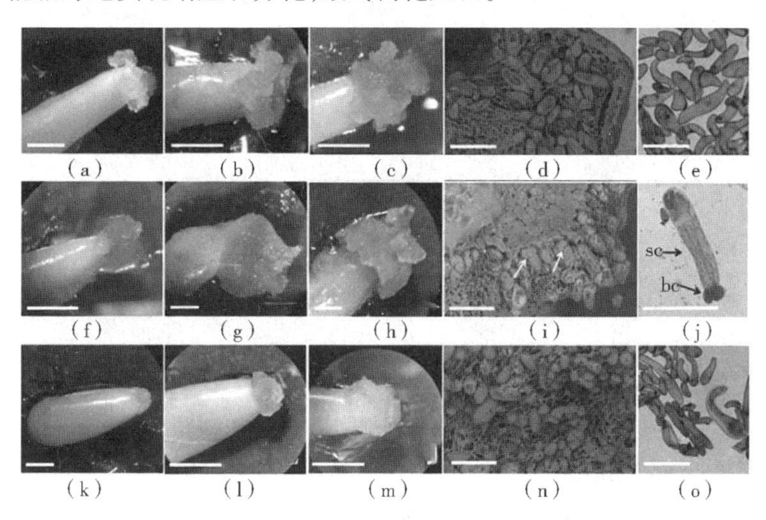

图 5-3　红松不同类型愈伤组织诱导过程形态学观察

注:(a)~(c)分别为接种 10 d,15 d,20 d 的 W135 外植体(bar=1 cm);(d)和(e)分别为Ⅰ型愈伤组织环境扫描电镜图与切片图(bar=500 μm);(f)~(h)分别为接种 10 d,15 d,20 d 的 L22-2 外植体(bar=1 cm);(i)和(j)分别为Ⅱ型愈伤组织环境扫描电镜图与切片图(bar=500 μm);(k)~(m)分别为接种 10 d,15 d,20 d 的 W154 外植体(bar=1 cm);(n)和(o)分别为Ⅲ型愈伤组织环境扫描电镜图与切片图(bar=500 μm)。

5.2.3　红松 EC 与 NEC 细胞的超微结构观察

三种类型的愈伤组织细胞超微结构差异明显,Ⅰ型愈伤组织的细胞由不规则、体积大且空泡化的细胞组成,在细胞壁外观察到 ECM 层[图 5 -4(a)和(b)]。根据细胞超微结构的差异,可将这种类型的愈伤组织细胞分为三种类型:第一种类型的细胞空泡化严重,在液泡内可见淀粉颗粒,缺少细胞质和细胞器[图 5 -4(c)];第二种类型的细胞空泡化更为明显,几乎占据整个细胞空间,细胞质被其挤压成一薄层,紧贴细胞壁,内含积累物质,除在少数细胞中发现早期发育的叶绿体和细胞核外,鲜有其他细胞器[图 5 -4(d)和(e)];第三种类型的细胞数量较少,大液泡几乎占据细胞一半的空间,细胞内含有大量的淀粉粒、脂质体、蛋白质体和早期发育的叶绿体[图 5 -4(f)]。

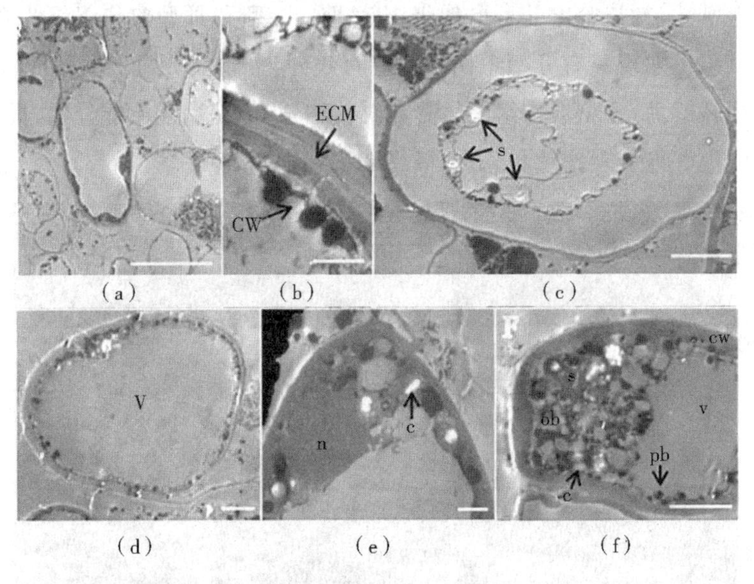

图 5 -4 Ⅰ型愈伤组织细胞超微结构(W135)

注:(a) Ⅰ型愈伤组织的细胞多呈不规则形,bar = 50 μm; (b)细胞壁外 ECM 层,bar = 2 μm; (c)高度空泡化的第二种类型细胞,bar = 10 μm; (d)和(e)缺少细胞器的第二种类型的细胞,偶可见叶绿体和细胞核,bar = 10 μm; (f)富含积累物质的第三种类型细胞,bar = 10 μm; cw 细胞壁, s 淀粉, v 液泡,n 细胞核,c 叶绿体, ob 脂质体, pb 蛋白质体。

Ⅱ型愈伤组织的细胞多呈球形,细胞壁薄,细胞质致密,液泡小,内质网分散,线粒体较多且具有凸起的嵴,细胞内只有 1 个大而凸出的细胞核,核膜呈波浪状,大体积的淀粉粒聚集在细胞核周围,细胞内淀粉粒数量与Ⅰ型愈伤组织细胞无显著差异,但与Ⅰ型愈伤组织细胞相比,Ⅱ型愈伤组织细胞中淀粉粒形状更加完整,且体积更大,约为Ⅰ型愈伤组织细胞中淀粉粒体积的 2 ~ 3 倍,但细胞内没有观察到脂质体,与Ⅰ型愈伤组织细胞相比,Ⅱ型愈伤组织细胞具有更多的蛋白质体[图5-5(a),(b),(c)]。此外,少数细胞中观察到处于早期发育阶段的叶绿体[图5-5(d)],细胞壁外也可以看到ECM结构[图5-5(e)]。Ⅱ型愈伤组织细胞的代谢活跃,淀粉的积累为胚胎发生和分化提供能量,线粒体、小液泡,以及种类、数量众多的核糖体、内质网,以及大体积的细胞核和核仁,都为胚性细胞的进一步分化和发育奠定物质基础。

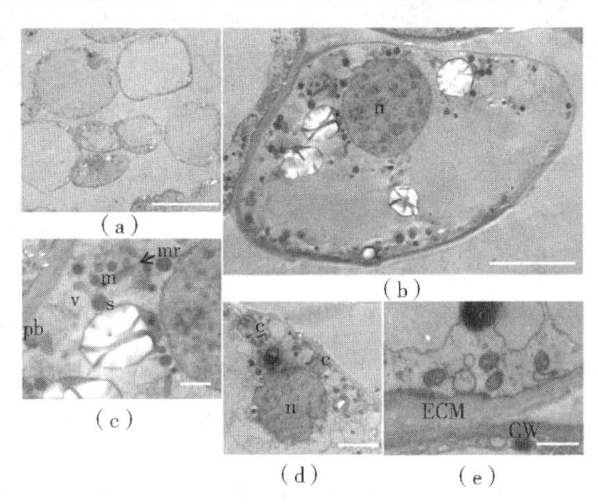

图5-5 Ⅱ型愈伤组织细胞超微结构(L22-2)

注:Ⅱ型愈伤组织的细胞多呈球形,bar=50 μm;(b)细胞具有明显的细胞核和较薄的细胞壁,bar=10 μm;(c)细胞内富含细胞器和淀粉粒,bar=5 μm;(d)细胞内含叶绿体,bar=5 μm;(e)细胞壁外ECM层,bar=2 μm;n 细胞核, v 液泡, cw 细胞壁, m 线粒体, er 内质网, pb 蛋白质体, s 淀粉, c 叶绿体。

Ⅲ型愈伤组织的细胞多呈不规则状,液泡几乎占据整个细胞质空间,细胞结构不完整,细胞内未观察到重要的细胞器及其他积累物质[图5-6(a)和(b)],在细胞膜的附近形成许多小囊泡[图5-6(c)],质膜出现破裂[图5-6(d)],内膜系统紊乱,浓缩的细胞质分散在细胞膜内侧,细胞质内出现许多不同大小的球状物,推测可能是细胞的液泡化过程导致细胞器逐渐解体,此外,在细胞壁外也可以观察到ECM层的结构,但数量较少[图5-6(e)],上述观察结果说明这种类型细胞可能发生了细胞程序性死亡。

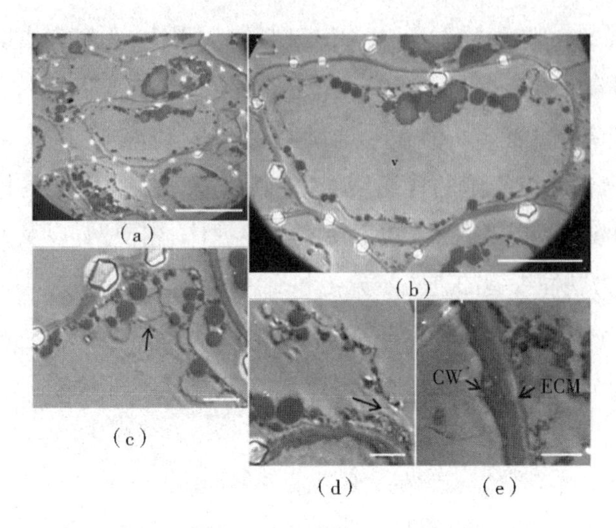

图 5-6　Ⅲ型愈伤组织细胞超微结构(W154)

注:(a)Ⅲ型愈伤组织的细胞多呈不规则形, bar = 50 μm; (b)细胞呈高度空泡化, bar = 10 μm; (c)细胞膜内囊泡结构(黑色箭头), bar = 5 μm; (d)质膜破裂(黑色箭头), bar = 5 μm; (e)细胞壁外 ECM 层, bar = 2 μm。

5.2.4　红松 EC 与 NEC 诱导过程内源激素含量的变化

选取 0 d、10 d、15 d 诱导出的 EC(L22)与 NEC(W154、135)外植体进行激素含量的测定,结果表明不同基因型对内源激素的影响较大(图 5-7)。IAA 含量全程维持在较高的水平(鲜重, >20 $ng \cdot g^{-1}$),产生 EC 的 L22-2 中 IAA 含量在 0~15 d 时始终维持在较高的水平;产生 NEC 的 W154 和 W135 中 IAA 含量均在 15 d 达到最高值,0~10 d 变化不大,且含量较低。相对于 IAA,ZR 含量整体较低,三个无性系之间变化趋势不一致,L22-2 中 ZR 含量在 0~10 d 差异不显著,随后含量显著增加,15 d 出现峰值;W154 呈现"先升后降"的变化趋势;W135 诱导全程 ZR 含量变化不明显。ABA 含量在 EC 与 NEC 诱导过程中整体较高,在 L22-2 中先降后升,0 d 含量最高(147.38 $ng \cdot g^{-1}$);在 W154 中 ABA 含量呈现逐渐降低的变化趋势;在 W135 中 ABA 含量在诱导初期变化不大(0~10 d),10~15 d 骤降。MJ 含量变化趋势在三个无性系中差异较大,L22-2中 0~15 d 含量较高,但差异不显著,0 d 含量约为另外两个无性系的 8 倍;在 W154 中 MJ 含量呈现"先升后降"的变化趋势;在 W135 中 MJ 含量在 0~10 d 变化不大,随后增加。GA_3 与 BR 类似,在三个无性系中含量整体较低,且变化趋势较为接近。由此可见,IAA 在胚性愈伤组织诱导过程中起到关键性作用,在红松 EC 诱导初期,尽管产生 EC 的外植体中内源 IAA 含量明显高于 NEC 的外植体,但培养基中仍需要添加高浓度的生长素(3 ~5 mg · L^{-1} NAA)来保证 EC 的成功诱导,此外,根据研究结果,MJ 也可能在红松 EC 诱导过程中存在重要作用,后期需要进一步验证。

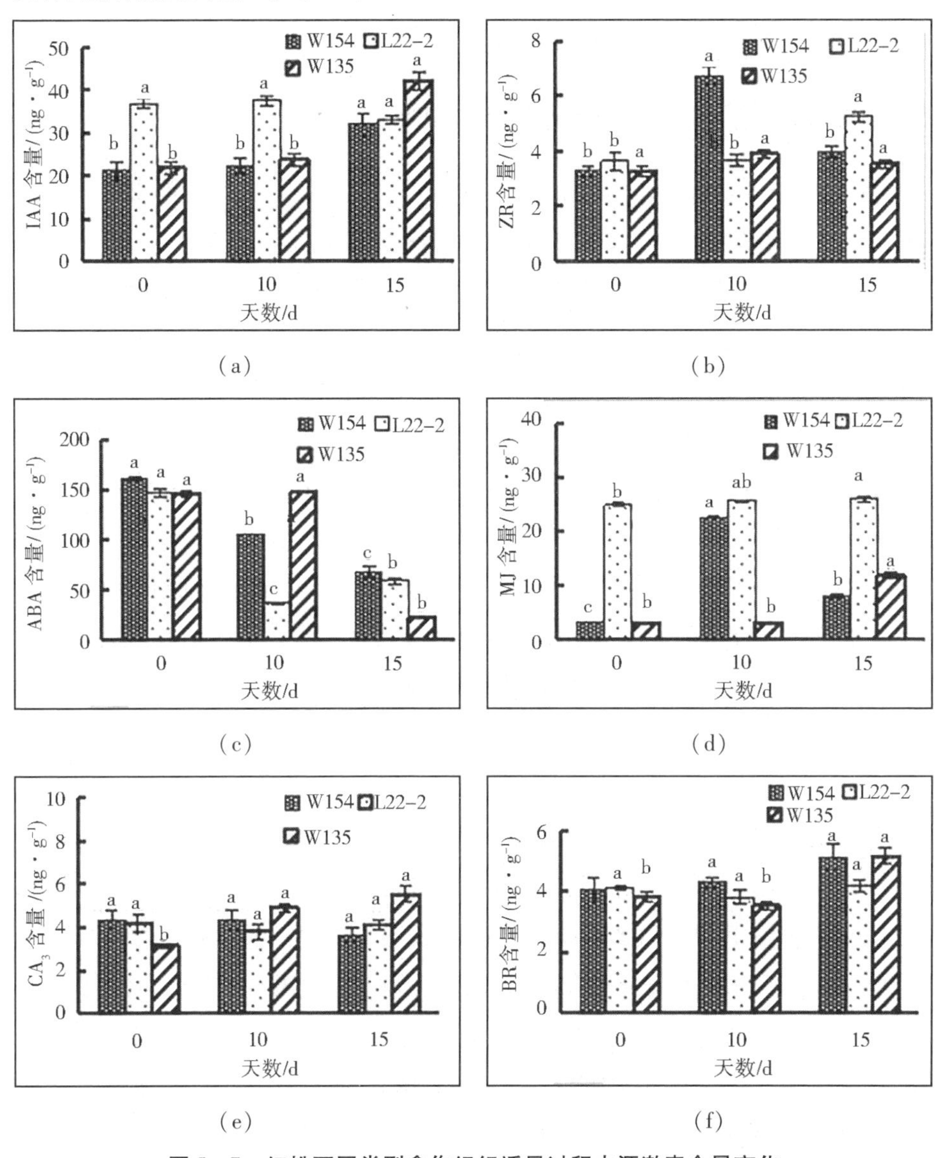

图 5 -7　红松不同类型愈伤组织诱导过程内源激素含量变化

综上所述,得出基因型对能否成功诱导出红松 EC 具有决定性作用,在供试的基因型中,只有 L22 - 2 可以成功诱导出 EC,不同基因型(处于相同发育时期的)在诱导愈伤组织过程中共产生组织细胞形态结构差异明显的三种类型的愈伤组织,此外,还证实了高水平的 IAA 有利于红松 EC 的诱导。

5.3 讨论

5.3.1 基因型与植物生长调节剂对红松 EC 诱导的影响

基因型作为外植体诱导愈伤能力的内部因素,是外植体能否成功诱导出 EC 的前提。马尾松(*Pinus massoniana*)研究中对相同时期采集的 10 个无性系进行 EC 诱导,发现不同基因型的 EC 诱导率差异显著,诱导率最高为 17.5%,最低为0。同样,湿地松(*Pinus elliottii*)、杉木(*Cunninghamia lanceolata*)、南洋杉(*Araucaria angustifolia*)的体胚发生研究中也发现了基因型的不同对 EC 与 NEC 诱导率的显著影响。本书的研究发现不同红松无性系在诱导 EC 与 NEC 的能力上表现出绝对性,两年的数据都表明,在不同激素处理下,6 个无性系中,只有 1 个无性系可以诱导出 EC,而另外 5 个无性系只能诱导出 NEC,但是 5 个无性系产生的 NEC 又可分为两种类型;EC 与 NEC 外部形态与组织细胞学结构差异明显,后期继代保持与体胚成熟能力也存在显著性差异。上述研究说明基因型决定了是否可以诱导出 EC,决定着诱导 EC 的能力,进而决定着 EC 最终能否成功诱导出体细胞胚胎。

研究表明,外源植物生长素的添加会显著促进愈伤组织的发生,但高浓度的植物生长激素不利于 EC 的形成。本书研究中,当 6 - BA 浓度为 1.5 $mg \cdot L^{-1}$时,红松 EC 的诱导率随着 NAA 浓度的逐渐升高呈现出先升后降的趋势,NAA 浓度为 3 $mg \cdot L^{-1}$或 4 $mg \cdot L^{-1}$时 EC 诱导率最高,NAA 浓度为 5 $mg \cdot L^{-1}$时诱导率开始下降,说明适当浓度的 NAA 有利于红松 EC 的发生,而过高浓度的 NAA 则不利于红松 EC 的诱导。2,4 - D 被认为可调节植物内源激素的代谢,促进体细胞转变为胚性细胞,同样是 EC 诱导的重要影响因素。为了印证这一点,本书也设计了添加 2,4 - D 的 DCR6 处理组合(5 $mg \cdot L^{-1}$ 6 - BA + 10 $mg \cdot L^{-1}$ 2,4 - D + 5 $mg \cdot L^{-1}$ KT),但结果只有 2019 年的无性系 W135、2020 年的无性系 W135 与 W057 会在 DCR6 处理出现诱导率小幅回升的状况,说明高浓度的2,4-D也有利于红松EC的诱导,但影响并不明显。

组织细胞学超微结构研究表明,从形态特征来看,EC与NEC差异较大,EC通常呈乳白色或透明状,显微观察其由成簇或成团致密的细胞质组成,细胞多呈等径圆形,体积小且核大,内含丰富淀粉粒,细胞分裂能力强,具成胚潜力;NEC结构疏松,细胞体积大,形状不规则,细胞壁厚,多呈液泡化,无细胞器,细胞间隙大,无淀粉粒的积累,不具备胚胎发生潜力。淀粉粒积累是胚性细胞分化和发育的另一个标志特征。与上述研究结果类似,与NEC相比,EC呈现白色透明状,细胞富含各种细胞器,细胞形状规则,核大,淀粉粒多;NEC中缺乏细胞器,空泡化明显,这被认为是细胞低代谢活性的典型标志。一直以来空泡化是植物细胞PCD的早期标志,本书研究中Ⅰ型愈伤组织细胞较Ⅲ型愈伤组织细胞含有更多的细胞器与积累物质,推测其可能处于PCD的更早期阶段。目前在针叶树中有关PCD的研究甚少,PCD与基因型有无关联,PCD与愈伤组织的胚性获得与保持有无因果关系等这些问题,仍有待进一步展开研究。此外,一般认为EC表面形成细胞外基质(extracellular matrix, ECM)层,ECM的网状结构在胚性细胞间起桥梁作用,因此作为EC的早期标志性结构。但本书研究中发现ECM在EC与NEC中均出现,这可能也是物种差异导致的。

5.3.2 红松EC与NEC诱导过程内源激素含量的变化

植物激素是调控植物体细胞转化成胚性细胞的关键因素,决定着EC诱导的数量和质量。其中生长素在调控植物体胚发生过程中扮演着重要的角色,是大多数植物体胚发生的关键启动因子之一,内源生长素含量的上升或维持在较高的水平是胚性细胞出现的标志,IAA的免疫定位研究表明,生长素信号与云杉胚胎发生潜力密切相关。与上述研究结果类似,本书研究中不同基因型对内源激素的影响,IAA含量全程维持在较高的水平($>20\ ng \cdot g^{-1}$),并且产生EC的L22-2中IAA含量在0~15 d时始终维持在较高水平;然而产生NEC的W154和W135中IAA含量均在15 d达到最高值,0~10 d变化不大,且含量较低。上述结果说明IAA在红松EC诱导过程中起到关键性的作用。ABA含量在EC与NEC诱导过程中整体较高,在产生EC的无性系中先降后升,0 d时含量最高,说明在EC诱导过程中需要低水平的ABA,因此诱导初期急剧降低,愈伤组织形成后ABA含量又稍有增加。在针叶树体胚发生过程中,ABA主要用作促进体胚的成熟并抑制畸形胚发生，低水平 ABA 更有利于 EC 的形成，这与本书的研究结果类似。对于 MJ 含量变化趋势，其在三个无性系中差异较大，其中 L22 - 2 中 0 ~ 15 d MJ 含量始终维持在较高的水平，因此推测 MJ 可能在红松 EC 诱导过程中具有重要作用。与此类似，圣栎（*Quercus ilex*）体胚发生的研究表明，外源添加 MJ 对 EC 形成有一定促进作用。相对于 IAA 含量，ZR、GA_3 与 BR 含量整体较低，推测其作用可能不明显。

由此可见，IAA 在红松 EC 诱导过程中起到关键性作用。在红松 EC 诱导初期，尽管产生 EC 的外植体中内源 IAA 含量明显高于 NEC 的外植体中内源 IAA 的含量，但培养基中仍需要添加高浓度的生长素（3 ~ 4 $mg \cdot L^{-1}$ NAA）来保证 EC 的成功诱导，此外，根据研究结果，MJ 也可能在红松 EC 诱导过程中存在重要作用，但需要后期进一步通过试验验证。

整体来看，本书研究结果表明 EC 的形成与外植体基因型有关，诱导前期需要高浓度的内源 IAA，此外，分子水平对 EC 与 NEC 形成的影响依旧不明确，有待进一步研究比较。

5.4 本章小结

本书在探索影响红松 EC 诱导的主要因素基础上，对不同类型的愈伤组织进行了组织细胞学分析，同时探讨了 EC 与 NEC 诱导过程中其外植体内源激素的变化，主要得出以下结论：

（1）红松基因型对能否成功诱导出 EC 具有决定性作用，在供试的基因型中，只有 L22 - 2 可以诱导出 EC。三种类型愈伤组织的外部形态与超微结构差异明显。

（2）整体来看，红松 EC 诱导的最佳激素处理为 DCR + 1.5 $mg \cdot L^{-1}$ 6 - BA + 3 或 4 $mg \cdot L^{-1}$ NAA。

（3）红松 EC 诱导过程中 IAA 与 MJ 作用显著。

6 红松 *YUC* 基因的克隆与表达模式分析

6.1 试验材料与方法

6.1.1 植物材料与试验样品的获得

于7月10日取红松种子园两个无性系W154(产生NEC的无性系)、L22-2(产生EC的无性系),将处于原胚期的未成熟种胚接种诱导愈伤组织。培养基:DCR+酸水解酪蛋白0.5 g·L^{-1}+蔗糖30 g·L^{-1}+L-谷氨酰胺0.5 g·L^{-1}+卡拉胶4 g·L^{-1}+NAA 3 mg·L^{-1}+6-BA 1.5 mg·L^{-1}。培养条件:黑暗条件,培养温度为23±2 ℃,分别以无性系W154、L22-2诱导培养0 d、10 d、15 d的外植体为材料,分别记为W1、W2、W3,L1、L2、L3,液氮速冻后-80 ℃保存备用。

6.1.2 菌株与载体

pEASY-T1载体,以大肠杆菌感受态细胞为载体。

6.1.3 主要试剂

反转录试剂盒AT311、pEASY-Basic Seamless Cloning and Assembly Kit、pEASY-T1 Cloning Kit、TransStart Top Green qPCR SuperMix、IPTG、X-gal等;快速琼脂糖凝胶DNA回收试剂盒CW2302M;DEPC、西班牙琼脂糖、氯化钠、Tris、6×DNA loading buffer等;2×Taq Master Mix;TRIzol、质粒小提试剂盒

DP103 - 02;*Ahd* Ⅰ;TaKaRa LA Taq(RR02MA);D2000 DNA Marker、氯霉素、酵母提取物 - 酵母粉(D4)、胰蛋白胨(D4)等;DNA 连接酶、Super GelBlue 10000 × in water(S2019)。

6.1.4 溶液配制

TAE 溶液:60.5 g Tris - base、4.65 g EDTA、14.3 mL 乙酸,溶解后用无菌水定容至 250 mL。

DEPC 水溶液:在 800 mL 无菌水中加入 800 μL DEPC,充分混匀,配制成 0.1% 的浓度,121 ℃高压灭菌 20 min 后备用。

LB 培养基:1 g 胰蛋白胨、0.5 g 酵母提取物、1 g 氯化钠配制成 100 mL 液体培养基(加 1.5 g 琼脂糖配制成固体培养基),121 ℃高压灭菌 20 min 后备用。

硫酸卡那霉素:取 50 mg 硫酸卡那霉素于 1.5 mL 无菌 EP 管中,加入 1 mL 无菌水,充分混匀。

75% 酒精:取 0.1% DEPC 水 10 mL,加入 30 mL 的无水乙醇中混匀。

30% 甘油:取 15 mL 甘油,加入 35 mL 的无菌水混匀,121 ℃高压灭菌 20 min后备用。

6.1.5 试验仪器

T100 型 PCR 仪、实时荧光定量 PCR 仪、SCILOGEX CF1624R 型离心机、DYY - 6C 型电泳仪、LDZX 型立式高压蒸汽灭菌锅。

6.1.6 红松总 RNA 的提取

采用植物总 RNA 提取试剂盒提取植株总 RNA,具体操作步骤如下:

(1)取约 0.1 g 样品,放入经液氮预冷的研钵中,用预冷的研杵碾碎后,转移至 1.5 mL 离心管中,迅速加入 1 mL 预冷 TRNzol - A^+ 提取液,漩涡振荡器混匀后 4 ℃静置 5 min。

(2)匀浆液中加 0.2 mL 氯仿,剧烈振荡 15 s 后室温静置 3 min。4 ℃ 12 000 *g* 离心 15 min,取上清液。

(3)将上清液转移至新的离心管中,加等体积的异丙醇,倒转 3 ~ 5 次混匀后室温静置 20 min,4 ℃ 12 000 *g* 离心 10 min,弃上清液。

(4)向沉淀中加入75%乙醇(体积分数,下同)洗涤沉淀2次,4 ℃ 7 500 *g* 离心5 min,倒出液体,残液短暂离心后用枪头吸出并室温放置晾干。

(5)加20 μL无RNase水,微量移液器反复吹打沉淀,充分溶解RNA,-80 ℃保存待用。

取1 μL RNA进行琼脂糖凝胶电泳检测,如条带清晰,RNA质量良好,则继续进行下面的试验。

6.1.7 cDNA第一链的合成

根据TransScript One - Step gDNA Removal and cDNA Synthesis Super Mix试剂盒操作说明,在PCR仪上进行反转录,合成cDNA第一条链。反转录体系见表6-1。

表6-1 cDNA反转录体系

成分	体积
总RNA	3.5 μL
Anchored Oligo(dT)$_{18}$ Primer(0.5 μg/μL)	0.5 μL
2×TS Reaction Mix	5.0 μL
TransScript RT/RI Enzyme Mix	0.5 μL
gDNA Remover	0.5 μL
RNase - free Water	至10.0μL

合成混合体系后,65 ℃孵育5 min后冰浴2 min。

放入PCR仪中进行反应,体系为:

65 ℃	5 min
42 ℃	30 min
85 ℃	5 s
10 ℃	∞

6.1.8 红松*YUC*基因的克隆

6.1.8.1 目的基因*YUC4*、*YUC6*的PCR扩增

以红松cDNA为模板,利用*YUC4*、*YUC6*的特异性引物进行扩增,*YUC4*的

上游引物为 5′TCGAATAGTTCACCAATGCCAAAC3′,下游引物为 5′TGATGCATTCTTGAGGGACTGAAAT3′;*YUC6* 的上游引物为 5′ATGGATTGTTTCTCAGAGCAAAGCG3′,下游引物为 5′ATTCGCAGCAGCAGGAGTGCTTGCC3′,扩增得到基因的全长序列,反应体系如表 6-2 所示。

表 6-2 基因克隆反应体系

成分	体积
LA	0.1 μL
10 × buffer	1.0 μL
2.5 mol · L^{-1} dNTP	1.6 μL
模板	1.0 μL
上游引物	1.0 μL
下游引物	1.0 μL
ddH_2O	至 10.0 μL

PCR 程序:

温度	时间	
94℃	1 min	
94 ℃	30 s	32 个循环
54 ℃	30 s	32 个循环
72 ℃	2 min	32 个循环
72 ℃	5 min	
10 ℃	∞	

6.1.8.2 目的片段的胶回收

将 PCR 扩增产物进行 1% 琼脂糖凝胶电泳检测,当目的条带与基因大小一致时,使用快速琼脂糖凝胶 DNA 回收试剂盒进行胶回收,步骤如下:

(1)将单一目的 DNA 条带从琼脂糖凝胶中切下,放入干净的 1.5 mL 离心管中,称量凝胶质量。

(2)向胶块中加入 1 倍体积 buffer PG。

(3)50 ℃水浴温育,每隔 2~3 min 温和地上下颠倒离心管,至溶胶液为黄色,以确保胶块充分溶解。

注:胶块完全溶解后最好将胶溶液温度降至室温再上柱,吸附柱在较高温时结合 DNA 的能力较弱。

(4)向已装入收集管中的吸附柱(Spin Columns DM)中加入 200 μL buffer PS,12 000 *g* 离心 1 min,倒掉收集管中的废液,将吸附柱重新放回收集管中。

(5)将步骤(3)所得溶液加入吸附柱中,室温放置 2 min,12 000 *g* 离心 1 min,倒掉收集管中的废液,将吸附柱放回收集管中。注意:吸附柱容积为 750 μL,若样品体积大于 750 μL 可分批加入。

(6)向吸附柱中加入 450 μL buffer PW,12 000 *g* 离心 1 min,倒掉收集管中的废液,将吸附柱放回收集管中。

(7)重复步骤(6)。

(8)13 000 *g* 离心 1 min,倒掉收集管中的废液。

(9)将吸附柱放到一个新的 1.5 mL 离心管(自备)中,向吸附膜中间位置悬空滴加 30 μL 无菌水,室温放置 2 min。12 000 *g* 离心 1min,收集 DNA 溶液。-20 ℃保存 DNA。

6.1.8.3 基因片段与 pEASY-T1 载体的连接

先将 pEASY-T1 载体与胶回收产物进行连接,连接体系如表 6-3 所示,加成混合体系后,轻轻混匀,室温(20~37 ℃)反应 5 min,反应结束后,将离心管置于冰上。

表 6-3 连接反应体系

成分	体积
pEASY-T1 载体	1 μL
胶回收产物	2 μL

6.1.8.4 重组质粒转化大肠杆菌与检测

(1)加入 50 μL 的大肠杆菌感受态细胞中,冰浴 30 min,热激 30 s,冰浴 2 min。

(2)加入 250 μL 平衡至室温的 LB 培养基,200 $r \cdot min^{-1}$,37 ℃培养 1 h。

(3)取 8 μL 500 $mmol \cdot L^{-1}$ IPTG 和 40 μL 20 $mg \cdot mL^{-1}$ X-gal 混合,均匀地涂在准备好的平板上。

(4)37 ℃培养箱中过夜(为得到较多克隆,1 500 *g* 离心 1 min,弃掉部分上清液,保留 100 ~ 150 μL,轻弹悬浮菌体,取全部菌液涂板)。

(5)挑选菌斑进行 PCR 阳性检测,如检测为阳性,进行过夜摇菌 16 h。

反应体系见表 6 - 4。

表 6 - 4 检测阳性克隆反应体系

成分	体积
2 × Taq Master Mix	5.0 μL
上游引物	0.4 μL
下游引物	0.4 μL
模板 DNA	1.0 μL
ddH_2O	至 10.0 μL

PCR 程序:

95 ℃	10 min	
95 ℃	15 s	35 个循环
60 ℃	15 s	
72 ℃	1 min	
72 ℃	5 min	

6.1.8.5 重组质粒的提取与测序

采用 TIANprep Rapid Mini Plasmid Kit 质粒小提试剂盒(离心柱型)进行实验。操作步骤如下:

(1)柱平衡步骤:向吸附柱 CP3 中(吸附柱放入收集管中)加入 500 μL 的平衡液 BL,12 000 r · min^{-1}离心 1 min,倒掉收集管中的废液,将吸附柱重新放回收集管中。

(2)取 1 ~5 mL 过夜培养的菌液,加入离心管中,使用常规台式离心机,12 000 r · min^{-1}离心 1 min,尽量吸除上清液。

(3)向留有菌体沉淀的离心管中加入 250 μL 溶液 P1,使用微量移液器或漩涡振荡器彻底悬浮细菌沉淀。

(4)向离心管中加入 250 μL 溶液 P2,温和地上下翻转 6 ~8 次使菌体充分裂解。

(5)向离心管中加入350 μL溶液P3,立即温和地上下翻转6~8次,充分混匀,此时将出现白色絮状沉淀,12 000 r·min^{-1}离心10 min。

(6)将上一步收集的上清液用微量移液器转移到吸附柱CP3中,注意尽量不要吸出沉淀。12 000 r·min^{-1}离心30~60 s,倒掉收集管中的废液,将吸附柱CP3放入收集管中。

(7)向吸附柱CP3中加入600 μL漂洗液PW(请先检查是否已加入无水乙醇),12 000 r·min^{-1}离心30~60 s,倒掉收集管中的废液,将吸附柱CP3放入收集管中。

(8)重复操作步骤(7)。

(9)将吸附柱CP3放入收集管中,12 000 r·min^{-1}离心2 min,目的是将吸附柱中残余的漂洗液去除。

(10)将吸附柱CP3置于一个干净的离心管中,向吸附膜的中间部位滴加50~100 μL洗脱缓冲液EB,室温放置2 min,12 000 r·min^{-1}离心2 min,将质粒溶液收集到离心管中。

取1 μL质粒溶液作为PCR反应的模板,加入反应试剂进行PCR检测(反应体系和反应程序同上),对反应产物进行1%琼脂糖凝胶电泳检测。根据结果,将扩增片段与目的片段的长度进行对比。当目的条带与基因大小一致时,取20 μL质粒溶液测序。

6.1.9 红松*YUC*基因的生物信息学分析

根据本试验研究得到的*YUC*4、*YUC*6基因序列和查找转录组信息得到的*YUC*10基因,利用DNAMAN推导出其氨基酸序列后,使用NCBI进行BLAST比对,包括功能基因序列的匹配度、同源性分析等;利用NCBI数据库检测cDNA的开放阅读框;利用NCBI的Conserved Domains对氨基酸的保守型进行预测;利用DNAMAN进行多序列比对,MEGA10.0软件进行进化树的构建;利用Expasy在线分析网站对YUC4、YUC6蛋白的相对分子质量、蛋白质分子式、原子总数、理论上等电点、不稳定系数、脂肪系数、亲水性系数等相关理化性质进行分析;利用TMpred在线分析网站进行蛋白质跨膜结构分析;利用SOPMA在线分析软件进行YUC4、YUC6蛋白二级结构预测;利用SWISS-MODEL在线软件进行蛋白质三级结构预测;利用InterPro进行蛋白质亲疏水性分析;利用Cell-PLoc 2.0

进行亚细胞定位分析；利用 SignalP－5.0 进行信号肽预测分析。

6.1.10　红松 *YUC* 基因的表达模式分析

6.1.10.1　RNA 的提取与 cDNA 的合成

RNA 的提取步骤与 cDNA 的合成方法同前，在反应体系中扩增时间缩短为 15 min。

6.1.10.2　实时荧光定量 PCR 分析

(1)基因序列的查找与引物的设计

通过红松转录组数据获得基因序列及克隆拼接序列，以 tubulin(TUB)为内参基因，*YUC*1、*YUC*6、*YUC*10 等为参考基因序列，运用 Primer Premier 5.0 进行实时荧光定量 PCR 特异性引物的设计，将设计好的引物送至公司进行引物合成，见表 6－5。

表 6－5　特异性引物设计

引物名称	引物序列(5′→3′)	引物长度
YUC1－F	TGAGGCGAATCGAGGAGAAG	98 bp
YUC1－R	GTATGGGCAATCCGTAGAGC	
YUC6－F	CAGTGTTGGACGTTGGGACG	90 bp
YUC6－R	TTGCTCCGCCAGAAGTAAGG	
YUC10－F	GTGATTGAGAAGGAGGACTGC	123 bp
YUC10－R	GGGATAAGACTCTGGGAAAGG	
TUB－F	GTGCCGTCTTTTCCAGATTCC	136 bp
TUB－R	GCCTCCACGCTGTGTATGATTC	

(2)实时荧光定量 PCR 引物检测

以红松 L22－2(0 d、10 d、15 d)和 W154(0 d、10 d、15 d)的 cDNA 为模板，对 *YUC* 基因家族和内参基因进行 PCR 扩增，体系为 LA 0.1 μL、10 × buffer 1.0 μL、2.5 mol · L^{-1} dNTP 1.6 μL、模板 1.0 μL、上下游引物(10 μmol · L^{-1})各 1.0 μL、dd H_2O 4.2 μL。

扩增程序：

94 ℃　　　　2 min

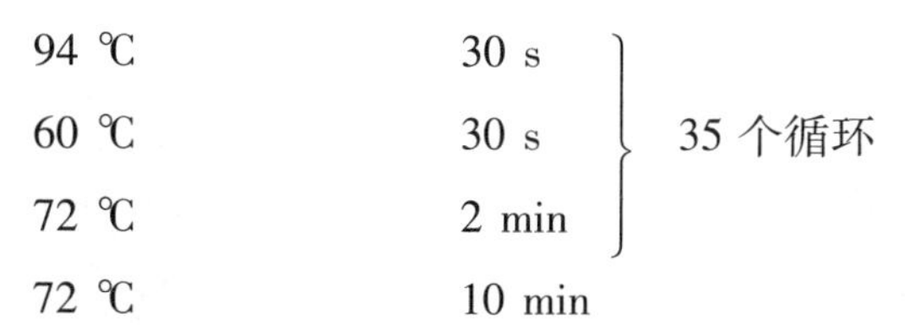

94 ℃ 30 s
60 ℃ 30 s
72 ℃ 2 min
35 个循环
72 ℃ 10 min

PCR 扩增产物在2%琼脂糖凝胶中电泳，电泳结果在紫外灯下用C150凝胶成像系统进行扫描成像，实时荧光定量 PCR 反应体系见表6－6。

表6－6　实时荧光定量 PCR 反应体系

成分	体积
TransStart Top Green qPCR SuperMix	10.0 μL
F	0.4 μL
R	0.4 μL
水	8.2 μL
cDNA	1.0 μL
总计	20.0 μL

PCR 反应条件：

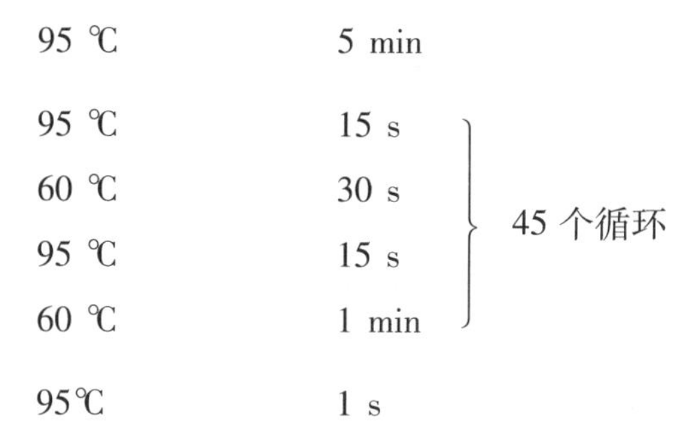

95 ℃ 5 min
95 ℃ 15 s
60 ℃ 30 s
95 ℃ 15 s
60 ℃ 1 min
45 个循环
95℃ 1 s

6.2　结果与分析

6.2.1　红松 *YUC*4、*YUC*6 基因的克隆

对提取的 RNA 进行1%琼脂糖凝胶电泳，结果见图6－1，18S rRNA 和 28S rRNA 条带清晰可见，且 28S rRNA 比 18S rRNA 亮，证明提取的 RNA 质量良好，可以用于后续试验。

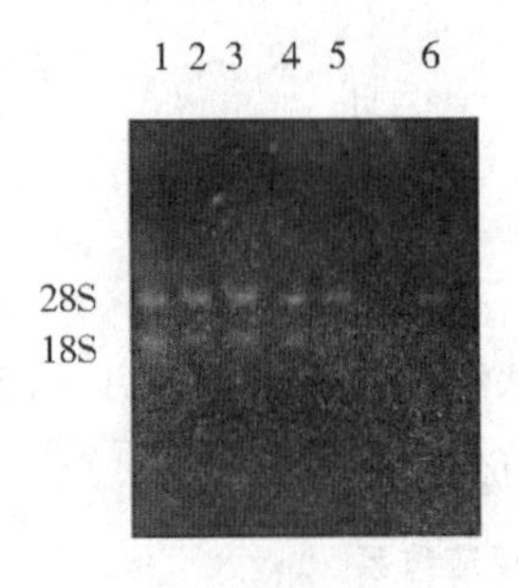

图 6-1 RNA 的提取

注:1—L1; 2—L2;3—L3;
4—W1;5—W2; 6—W3。

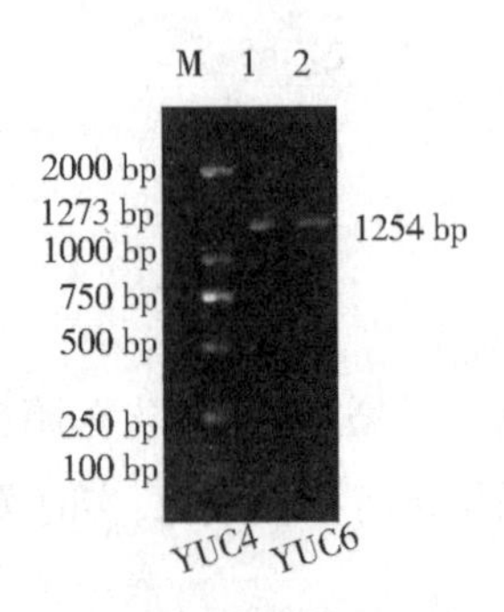

图 6-2 *YUC4*、*YUC6* 基因克隆

注:1—*YUC4*;2—*YUC6*;M:DS2000 Marker。

以反转录的 cDNA 为模板,通过 *YUC* 基因家族的特异性引物对红松中的 *YUC* 基因进行 PCR 扩增,1% 琼脂糖凝胶电泳检测条带,如图 6-2 所示,发现和目的片段条带大小基本一致,条带清晰且无明显拖尾,将转录组分析数据和克隆成功的红松 *YUC* 基因分别命名为 *YUC1*、*YUC6*、*YUC10*。利用 TRIzol 试剂提取上述红松种子的 RNA,在琼脂糖凝胶电泳检测 RNA 质量基础上,使用 DS-11/DS-11+超微量紫外-可见分光光度计测量 RNA 的浓度,见表 6-7,整体来看,几个组织样本的 RNA 浓度差异较大,但质量均能满足后续定量要求。

表 6-7 RNA 浓度

样品	浓度/($ng \cdot mL^{-1}$)
L1	1600.710
L2	67.800
L3	232.996
W1	1408.014
W2	172.642
W3	72.844

6.2.2 红松 *YUC* 基因的生物信息学分析

6.2.2.1 红松 YUC1、YUC6、YUC10 蛋白理化性质分析

红松 YUC1 的蛋白分子式为 $C_{2244}H_{3542}N_{626}O_{656}S_{14}$,克隆基因全长为 1 386 bp (ORF 长为 1 359 bp),如图 6-3 所示,共编码 453 个氨基酸,原子总数为 7 082

个，蛋白质分子量为50.24 kDa，理论上等电点为8.15，推测其为碱性蛋白。红松 YUC1 蛋白精氨酸与赖氨酸（Arg + Lys）带的正电荷残基总数为 56 个，天冬氨酸与谷氨酸（Asp + Glu）带的负电荷残基总数为 54 个，其中亮氨酸（Leu）有 41 个，数目最多且占比为9.1%。此蛋白的不稳定系数为38.85，脂肪系数为88.41，亲水性系数为 -0.226。

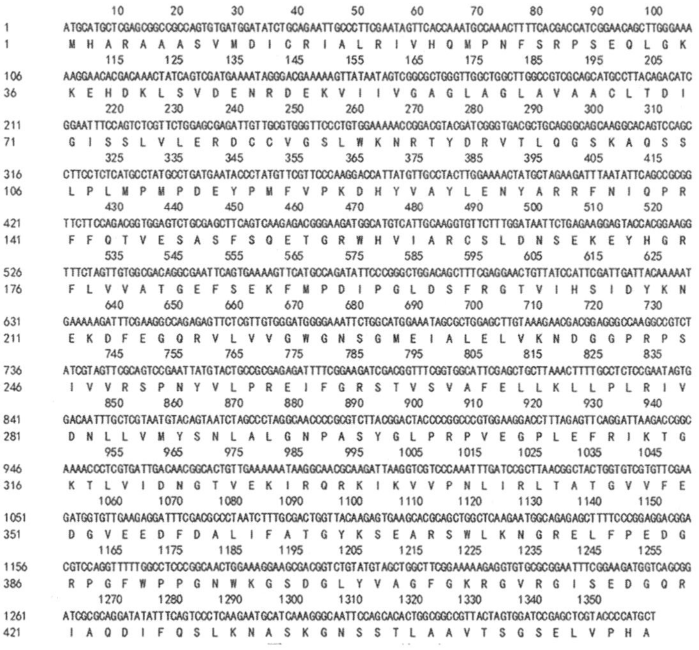

```
             10        20        30        40        50        60        70        80        90        100
1     ATGCATGCTCGAGCGGCCGCCAGTGTGATGGATATCTGCAGAATTGCCCTTCGAATAGTTCACCAAATGCCAAACTTTTCACGACCATCGGAACAGCTTGGGAAA
1      M  H  A  R  A  A  A  S  V  M  D  I  C  R  I  A  L  R  I  V  H  Q  M  P  N  F  S  R  P  S  E  Q  L  G  K
             115       125       135       145       155       165       175       185       195       205
106   AAGGAACACGACAAACTATCAGTCGATGAAAATAGGGACGAAAAAGTTATAATAGTCGGCGCTGGGTTGGCTGGCTTGGCCGTCGCAGCATGCCTTACAGACATC
36     K  E  H  D  K  L  S  V  D  E  N  R  D  E  K  V  I  I  V  G  A  G  L  A  G  L  A  V  A  A  C  L  T  D  I
             220       230       240       250       260       270       280       290       300       310
211   GGAATTTCCAGTCTCGTTCTGGAGCGAGATTGTTGCGTGGGTTCCCTGTGGAAAAACCGGACGTACGATCGGGTGACGCTGCAGGGCAGCAAGGCACAGTCCAGC
71     G  I  S  S  L  V  L  E  R  D  C  C  V  G  S  L  W  K  N  R  T  Y  D  R  V  T  L  Q  G  S  K  A  Q  S  S
             325       335       345       355       365       375       385       395       405       415
316   CTTCCTCTCATGCCTATGCCTGATGAATACCCTATGTTCGTTCCCAAGGACCATTATGTTGCCTACTTGGAAAACTATGCTAGAAGATTTAATATTCAGCCGCGG
106    L  P  L  M  P  M  P  D  E  Y  P  M  F  V  P  K  D  H  Y  V  A  Y  L  E  N  Y  A  R  R  F  N  I  Q  P  R
             430       440       450       460       470       480       490       500       510       520
421   TTCTTCCAGACGGTGGAGTCTGCGAGCTTCAGTCAAGAGACGGGAAGATGGCATGTCATTGCAAGGTGTTCTTTGGATAATTCTGAGAAGGAGTACCACGGAAGG
141    F  F  Q  T  V  E  S  A  S  F  S  Q  E  T  G  R  W  H  V  I  A  R  C  S  L  D  N  S  E  K  E  Y  H  G  R
             535       545       555       565       575       585       595       605       615       625
526   TTTCTAGTTGTGGCGACAGGCGAATTCAGTGAAAAGTTCATGCCAGATATTCCCGGGCTGGACAGCTTTCGAGGAACTGTTATCCATTCGATTGATTACAAAAAT
176    F  L  V  V  A  T  G  E  F  S  E  K  F  M  P  D  I  P  G  L  D  S  F  R  G  T  V  I  H  S  I  D  Y  K  N
             640       650       660       670       680       690       700       710       720       730
631   GAAAAAGATTTCGAAGGCCAGAGAGTTCTCGTTGTGGGATGGGGAAATTCTGGCATGGAAATAGCGCTGGAGCTTGTAAAGAACGACGGAGGGCCAAGGCCGTCT
211    E  K  D  F  E  G  Q  R  V  L  V  V  G  W  G  N  S  G  M  E  I  A  L  E  L  V  K  N  D  G  G  P  R  P  S
             745       755       765       775       785       795       805       815       825       835
736   ATCGTAGTTCGCAGTCCGAATTATGTACTGCCGCGAGAGATTTTCGGAAGATCGACGGTTTCGGTGGCATTCGAGCTGCTTAAACTTTTGCCTCTCCGAATAGTG
246    I  V  V  R  S  P  N  Y  V  L  P  R  E  I  F  G  R  S  T  V  S  V  A  F  E  L  L  K  L  L  P  L  R  I  V
             850       860       870       880       890       900       910       920       930       940
841   GACAATTTGCTCGTAATGTACAGTAATCTAGCCCTAGGCAACCCCGCGTCTTACGGACTACCCCGGCCCGTGGAAGGACCTTTAGAGTTCAGGATTAAGACCGGC
281    D  N  L  L  V  M  Y  S  N  L  A  L  G  N  P  A  S  Y  G  L  P  R  P  V  E  G  P  L  E  F  R  I  K  T  G
             955       965       975       985       995       1005      1015      1025      1035      1045
946   AAAACCCTCGTGATTGACAACGGCACTGTTGAAAAAATAAGGCAACGCAAGATTAAGGTCGTCCCAAATTTGATCCGCTTAACGGCTACTGGTGTCGTGTTCGAA
316    K  T  L  V  I  D  N  G  T  V  E  K  I  R  Q  R  K  I  K  V  V  P  N  L  I  R  L  T  A  T  G  V  V  F  E
             1060      1070      1080      1090      1100      1110      1120      1130      1140      1150
1051  GATGGTGTTGAAGAGGATTTCGACGCCCTAATCTTTGCGACTGGTTACAAGAGTGAAGCACGCAGCTGGCTCAAGAATGGCAGAGAGCTTTTCCCGGAGGACGGA
351    D  G  V  E  E  D  F  D  A  L  I  F  A  T  G  Y  K  S  E  A  R  S  W  L  K  N  G  R  E  L  F  P  E  D  G
             1165      1175      1185      1195      1205      1215      1225      1235      1245      1255
1156  CGTCCAGGTTTTTGGCCTCCCGGCAACTGGAAAGGAAGCGACGGTCTGTATGTAGCTGGCTTCGGAAAAAGAGGTGTGCGCGGAATTTCGGAAGATGGTCAGCGG
386    R  P  G  F  W  P  P  G  N  W  K  G  S  D  G  L  Y  V  A  G  F  G  K  R  G  V  R  G  I  S  E  D  G  Q  R
             1270      1280      1290      1300      1310      1320      1330      1340      1350
1261  ATCGCGCAGGATATATTTCAGTCCCTCAAGAATGCATCAAAGGGCAATTCCAGCACACTGGCGGCCGTTACTAGTGGATCCGAGCTCGTACCCCATGCT
421    I  A  Q  D  I  F  Q  S  L  K  N  A  S  K  G  N  S  S  T  L  A  A  V  T  S  G  S  E  L  V  P  H  A
```

图6-3 红松 *YUC*1 基因序列

红松 YUC6 蛋白分子式为 $C_{2205}H_{3464}N_{632}O_{611}S_{26}$，克隆基因全长为 1 398 bp（ORF 长为 1 308 bp），如图 6-4 所示，共编码 436 个氨基酸，原子总数为 6 938 个，蛋白质分子量为 49.44 kDa，理论上等电点为 9.32，推测其为碱性蛋白。YUC6 蛋白精氨酸与赖氨酸（Arg + Lys）带的正电荷残基总数为 60 个，天冬氨酸与谷氨酸（Asp + Glu）带的负电荷残基总数为 44 个，其中亮氨酸（Leu）有 45 个，数目最多且占比为 10.3%。该蛋白的不稳定系数为 45.36，脂肪系数为 81.22，亲水性系数为 -0.330。

```
1       M H A R A A A S V M D I C R I A L M D C F S E Q S G K E A Q D R Y L R
          115       125       135       145       155       165       175       185       195       205
106     TGGTCAGGCGAGTGTCTGGATGGCCCTATAATAGTCGGGGCAGGGCCTTCAGGGCTCGCCACAGCAGCCTGCTTGCACCAGAAAGGAGTCCCGAGCTTGCTACTA
36      W S G E C L D G P I I V G A G P S G L A T A A C L H Q K G V P S L L L
          220       230       240       250       260       270       280       290       300       310
211     GAGAAATTGGATTGTATAGCTTCGTTGTGGCAGAGGAGAGCTTATGACAGATTGAAGCTTCATCTCCCAAACAGTTCTGCGAGCTACCATTGATGCCTTTCCCC
71      E K L D C I A S L W Q R R A Y D R L K L H L P K Q F C E L P L M P F P
          325       335       345       355       365       375       385       395       405       415
316     GAACATTTCCCCACATATCCTGACAAGCAGCAGTTTGCTGATTACTTGGAGTCCTATGCCCAGCGCTTCAATATCCATCCGCGATTCAATGTATGCGTTGAATCT
106     E H F P T Y P D K Q Q F A D Y L E S Y A Q R F N I H P R F N V C V E S
          430       440       450       460       470       480       490       500       510       520
421     GCTTCCTATGACACTAACTGTGGTGTCTGGAGAGTAAGAACTAGGAGTCAGGAAGAGGGAATGCCGGATAATACTAGGGAGAAGGAATACTGTTCTCGGTGGCTC
141     A S Y D T N C G V W R V R T R S Q E E G M P D N T R E K E Y C S R W L
          535       545       555       565       575       585       595       605       615       625
526     ATTGTGGCTACTGGGGAAAATGCAGAGGCAATATATCCGCACTTCCCTGGGATAGAAAATTTCCAGAAACCCATTATTCATGCTAGTGCCTACAAAAGCGGTGTA
176     I V A T G E N A E A I Y P H F P G I E N F Q K P I I H A S A Y K S G V
          640       650       660       670       680       690       700       710       720       730
631     CAATATAAAGGCCAGAATGTGCTCATCGTGGGTTGTGGGAATTCCGGCATGGAGATGTCACTGGATCTCTCCGATCACAATGCCAATGCTTTCATTGTTGCCCGC
211     Q Y K G Q N V L I V G C G N S G M E M S L D L S D H N A N A F I V A R
          745       755       765       775       785       795       805       815       825       835
736     AACAATGTGCATCTTTTGCCAAGAGAAATGCTTGGGATGTCAACTTTCGGATTAGGCATGTTGTTATCAAAGTGGCTACCGCTATGGTTAGTGGATCGGCTATTG
246     N N V H L L P R E M L G M S T F G L G M L L S K W L P L W L V D R L L
          850       860       870       880       890       900       910       920       930       940
841     TTGTTGGTGGCGTATTTCATGCTTGGTAATACCAGTCGTTATGGGCTTCGAAGGCCTGAAATGGGGCCACTGGAGCTCAAGAATAAGTTCGGCAAAACACCAGTG
281     L L V A Y F M L G N T S R Y G L R R P E M G P L E L K N K F G K T P V
          955       965       975       985       995       1005      1015      1025      1035      1045
946     TTGGACGTTGGGACGCTAGCCAGAATAAGAGAAGGCAAGATCAAGGTAGTTCCGGGAATAGAAAGCCTTACTTCTGGCGGAGCAAGATTCGTAGATGGGAAAGAA
316     L D V G T L A R I R E G K I K V V P G I E S L T S G G A R F V D G K E
          1060      1070      1080      1090      1100      1110      1120      1130      1140      1150
1051    AAAGAGTTTGATGCCATGATTCTCAGAAGCAACAGGTTACAGGAGCAATGTCCCCTTGTGGCTCAAGGAACGACAGTTCTTTGCAGAAGATGGATTCCCCAGAAG
351     K E F D A M I L R S N R L Q E Q C P L V A Q G T T V L C R R W I P Q K
          1165      1175      1185      1195      1205      1215      1225      1235      1245      1255
1156    GCCTTTCCCCAACGGATGGAAGGGAGAAAATGGTTTGTACGCGGTGAGATTTACAAGAAAAGGATTGTTGGGGGCTTCGCAGGACGCTACACGAATCGCGCAAGA
386     A F P Q R M E G R K W F V R G E I Y K K R I V G G F A G R Y T N R A R
          1270      1280      1290      1300      1310
1261    TATCGCCATGAGTTGGAAGGCCGAGGCGGTTTCCAAAAGGGCAAGCACTAA
421     Y R H E L E G R G G F Q K G K H *
```

图 6-4 红松 *YUC6* 基因序列

红松 YUC10 蛋白分子式为 $C_{2195}H_{3443}N_{587}O_{635}S_{19}$，由转录组测序得到基因全长为 1 684 bp（ORF 长为 1 311 bp），如图 6-5 所示，共编码 437 个氨基酸，原子总数为 6 879 个，蛋白质的分子量为 48.83 kDa，理论上等电点为 8.72，推测其为碱性蛋白。红松 YUC10 蛋白精氨酸与赖氨酸（Arg + Lys）带的正电荷残基总数为 54 个，天冬氨酸与谷氨酸（Asp + Glu）带的负电荷残基总数为 47 个，其中亮氨酸（Leu）有 39 个，数目最多且占比为 8.9%。该蛋白的不稳定系数为 39.09，脂肪系数为 86.96，亲水性系数为 -0.206。

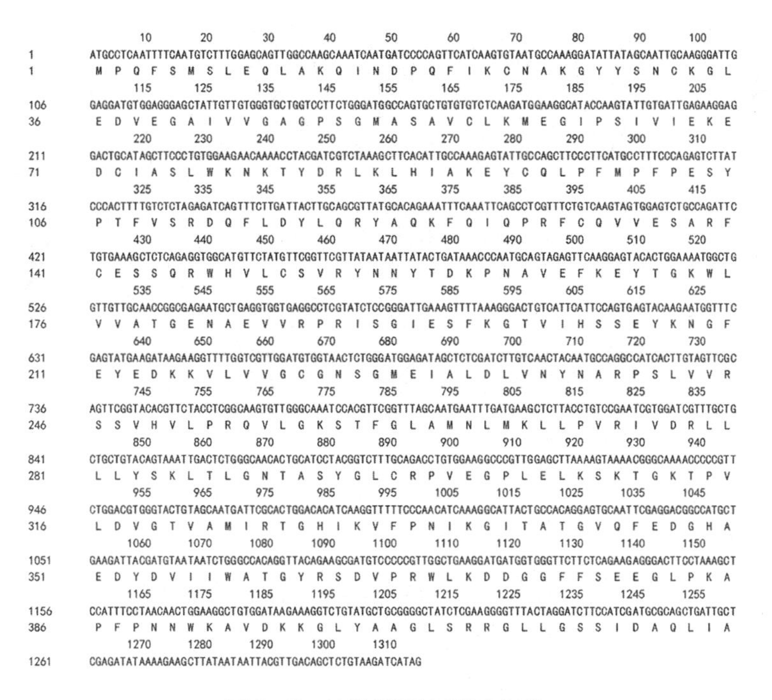

图 6－5　红松 *YUC*10 基因序列

6.2.2.2　进化树的构建

红松 YUC1、YUC6、YUC10 序列与拟南芥（*Arabidopsis thaliana*）、水稻（*Oryza sativa*）、大豆（*Glycine soja*）、江南卷柏（*Selaginella moellendorffii*）、棉花（*Gossypium raimondii*）、樟树（*Amborella trichopoda*）、油棕（*Elaeis guineensis*）、银白杨（*Populus alba*）等进行同源序列比对，发现氨基酸序列相当保守且同源性达到 51.45%，如图 6－6 所示。

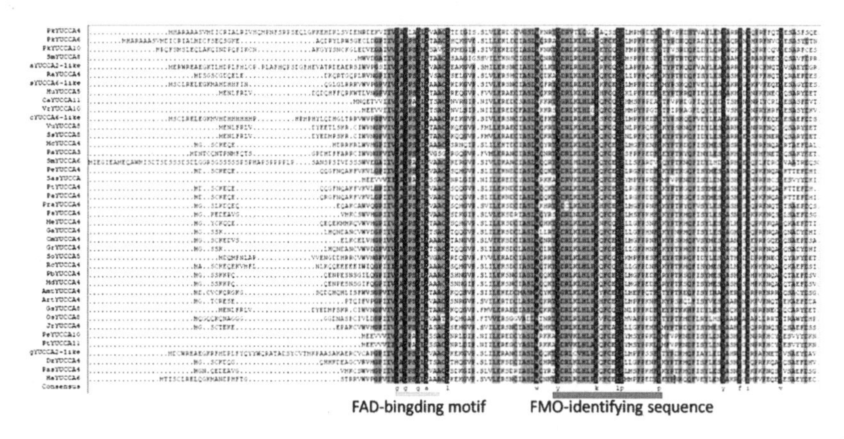

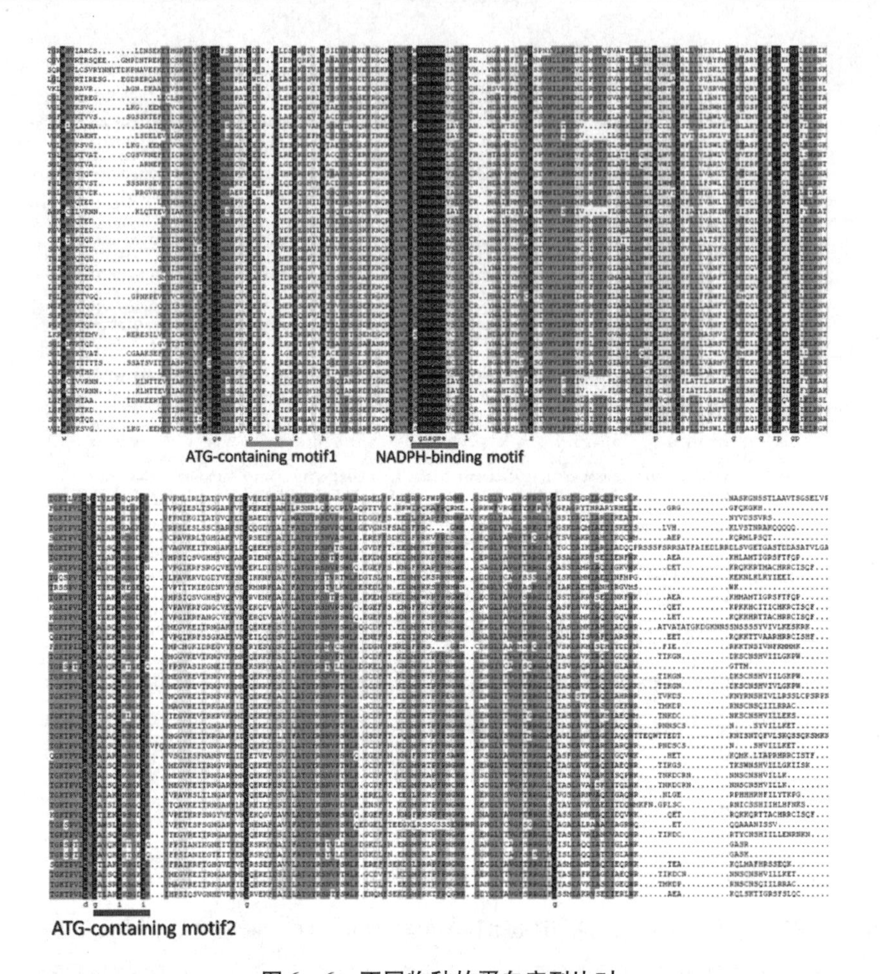

图6-6 不同物种的蛋白序列比对

进化树分析结果表明，红松 YUC6、PUC10 与银白杨的亲缘关系最近，红松 YUC1 与油棕的亲缘关系最近，除此之外，亲缘关系较近的物种还包括银白杨、油棕、野芭蕉（*Musa acuminata*）等（图6-7）。

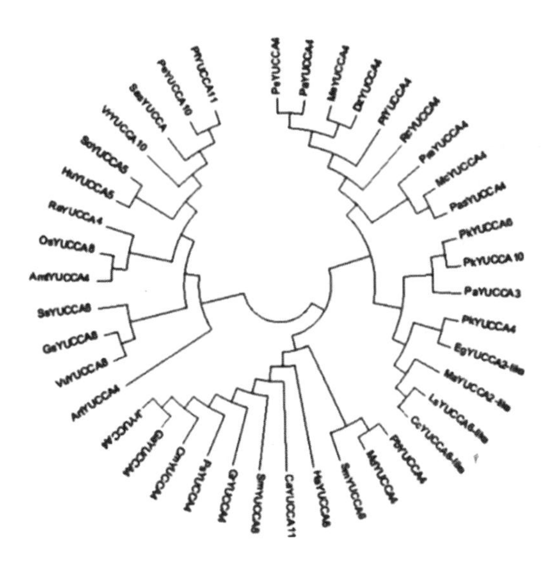

图6-7 进化树分析图

注:拟南芥(sp|Q9LFM5.1|YUCCA4,*Arabidopsis thaliana*)、江南卷柏(XP_002963791.1 YUCCA8、XP_002966982.2 YUCCA6,*Selaginella moellendorffi*)、野芭蕉(XP_009416414.1 YUCCA2-like,*Musa acuminata*)、玫瑰木(XP_030534110.1 YUCCA4,*Rhodamnia argentea*)、莴苣(XP_023756681.1 YUCCA6-like,*Lactuca sativa*)、哥伦比亚锦葵(XP_021280376.1 YUCCA5,*Herrania umbratica*)、咖啡(XP_027093798.1YUCCA11,*Coffea arabica*)、葡萄(XP_034674235.1 YUCCA10,*Vitis riparia*)、刺菜蓟(XP_024994649.1 YUCCA6-like,*Cynara cardunculus*)、豇豆(XP_027938016.1 YUCCA8,*Vigna unguiculata*)、密花豆(TKY52797.1YUCCA8 *Spatholobus suberectus*)、苦瓜(XP_022131439.1 YUCCA4,*Momordica charantia*)、银白杨(XP_034926569.1 YUCCA3、XP_034916544.1YUCCA4,*Populus alba*)、胡杨(XP_011019745.1 YUCCA4,*Populus euphratica*)、簸箕柳(KAG5245998.1YUCCA,*Salix suchowensis*)、毛果杨(XP_002309594.1 YUCCA4,*Populus trichocarpa*)、白牧豆树(XP_028779284.1 YUCCA4,*Prosopis alba*)、罂粟(XP_026383130.1YUCCA4,*Papaver somniferum*)、木薯(XP_021602280.1 YUCCA4,*Manihot esculenta*)、水稻(B8ANW0.1 YUCCA8,*Oryza sativa*)、亚洲棉(XP_017622513.1 YUCCA4,*Gossypium arboreum*)、樟树(RWR77462.1 YUCCA4,*Cinnamomum micranthum*)、雷蒙德氏棉(XP_012465972.1 YUCCA4,*Gossypium raimondii*)、菠菜(XP_021847853.1 YUCCA5,*Spinacia oleracea*)、蓖麻(XP_002515593.1 YUCCA4,*Ricinus communis*)、白梨(XP_009377493.1YUCCA4,*Pyrus bretschneideri*)、苹果(XP_008394023.2YUCCA4,*Malus domestica*)、无油樟(XP_020519841.1YUCCA4,*Amborella trichopoda*)、大豆(KHN48962.1YUCCA8 *Glycine soja*)。

6.2.2.3 蛋白保守结构域预测

鉴定的3个蛋白均具有CzcO保守结构域特定位点及特定FMO蛋白结构域(图6-8,图6-9),含有黄素单加氧酶共有的还原型辅酶Ⅱ的结合位点——NADPH结合位点和FAD结合位点。本书研究中红松YUC中的FAD结合位点序列为GGPG,NADPH结合位点序列为VVGCGNSG,FMO蛋白结构域的特定序列为SLYKLH,据此推测红松*YUC*1、*YUC*6、*YUC*10基因具有生长素合成的调控功能。

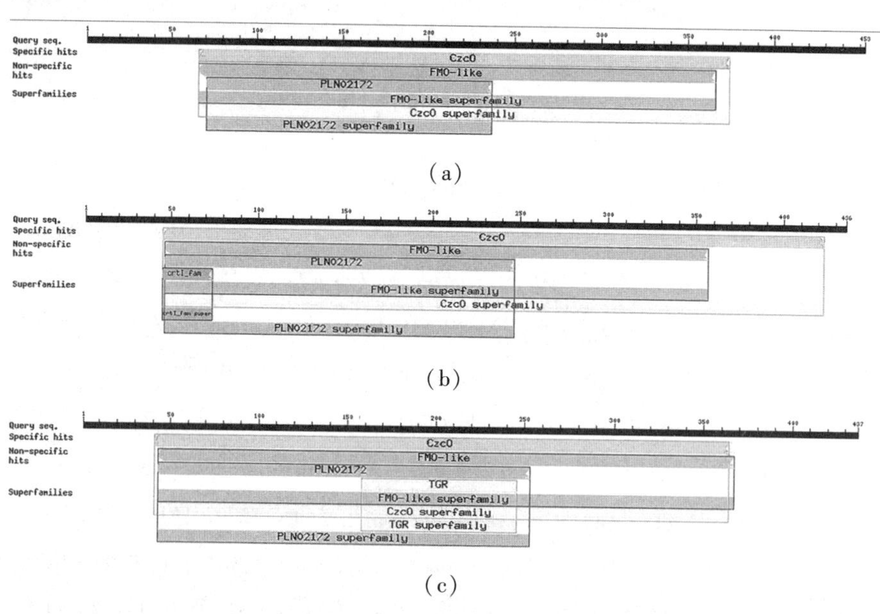

图6-8 蛋白保守结构域预测

注:(a)红松YUC1蛋白;(b)红松YUC6蛋白;(c)红松YUC10蛋白。

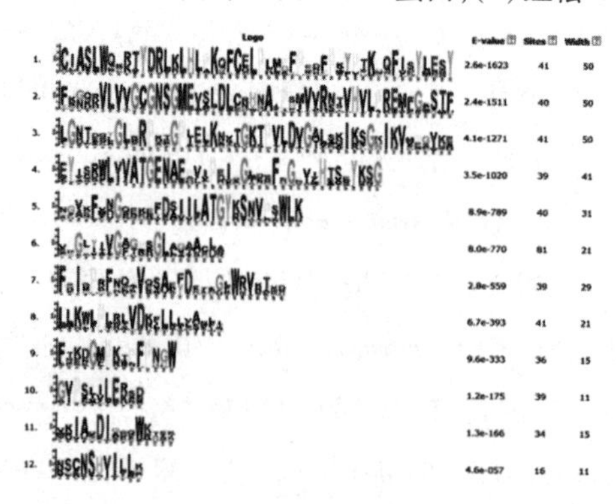

图6-9 保守结构域示意图及详细信息图

6.2.2.4 蛋白跨膜结构分析

红松 YUC1 的 N 末端有 2 个跨膜螺旋,位置分别是 40 ~ 60、255 ~ 276,长度分别为 21、22 个氨基酸,模型的分值是 2 190。红松 YUC6 蛋白 N 末端有 1 个跨膜螺旋,位置分别是 51 ~ 68,长度为 18 个氨基酸,模型的分值是 1 596。红松 YUC10 蛋白 N 末端有 1 个跨膜螺旋,位置分别是 41 ~ 57,长度为 17 个氨基酸,模型的分值是 1 041,如图 6 - 10 所示。

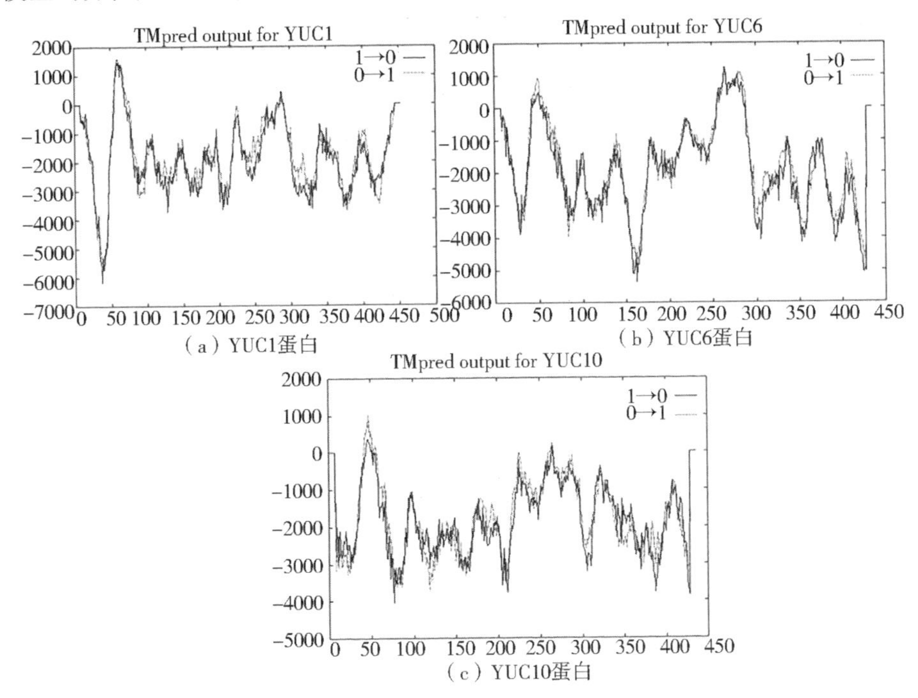

图 6 - 10　蛋白跨膜结构域分析

6.2.2.5 蛋白亲疏水性分析

红松 YUC1 中第 55 位疏水性最强,分值为 2.667,第 173 位亲水性最强,分值为 - 2.733,所以 YUC1 蛋白为亲水性蛋白。红松 YUC6 中第 283 位疏水性最强,分值为 2.733,第 166 位亲水性最强,分值为 - 2.889,所以 YUC6 蛋白为亲水性蛋白。红松 YUC10 中第 42 位疏水性最强,分值为 1.822,第 158 位亲水性最强,分值为 - 2.644,所以 YUC10 蛋白为亲水性蛋白,如图 6 - 11 所示。

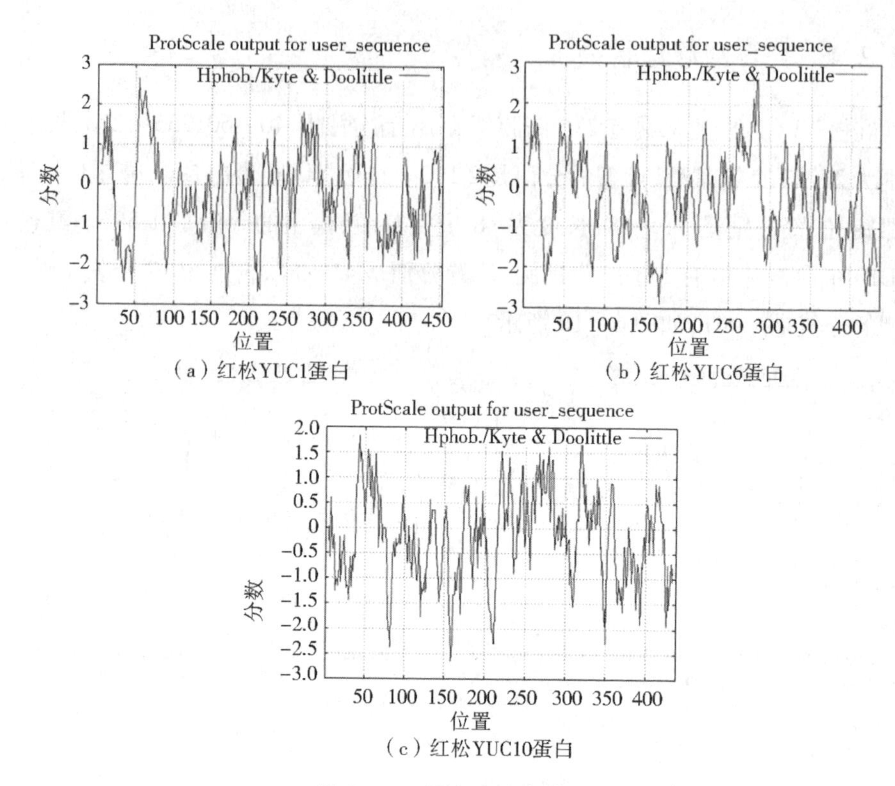

（a）红松YUC1蛋白　（b）红松YUC6蛋白

（c）红松YUC10蛋白

图6-11　蛋白亲疏水性分析

6.2.2.6　蛋白质二级结构与三级结构预测

红松YUC1蛋白含有α-螺旋144个，占比为31.79%；含有β-转角41个，占比为9.05%；含有无规则卷曲191个，占比为42.16%；含有延伸链77个，占比为17.00%。红松YUC6蛋白含有α-螺旋152个，占比为34.86%；含有β-转角29个，占比为6.65%；含有无规则卷曲182个，占比为41.74%；含有延伸链73个，占比为16.74%。红松YUC10蛋白含有α-螺旋161个，占比为36.84%；含有β-转角28个，占比为6.41%；含有无规则卷曲182个，占比为41.65%；含有延伸链66个，占比为15.10%，如图6-12所示。蛋白质三级结构分析预测结果如图6-13所示。

```
10        20        30        40        50        60        70
MMARAAASVMDICRIALMDCFSEQSGKEAQDRYLRWSGECLDGPIIVGAGPSGLATAACLHQKGVPSLLL
hhhhhhhhhhhhhhhhhhhhhhccccccccccchhecccccccccccceeeeeccchhhhhhhhhhttcceeee
EKLDCIASLMQRRAYDRLKLHLPKQFCELPLMPFPEHFPTYPDKQQFADYLESYAQRFNIHPRFNVCVES
eccccchhhhhhhhhhhhheeccccccccccccccccccccccchhhhhhhhhhhhhhhhtcccccchhhhh
ASYDTNCGWRVRTRSQEEGMPDNTREKEYCSRWLIVATGENAEAIYPHFPGIENFQKPIIHASAYKSGV
hccctttcceeeeeecccccccccchhhhhhhheeeeeccccccccccccccccccccceeehcccctttc
QYKGQNVLIVGCGNSGMEMSLDLSDHNANAFIVARNNVHLLPREMLGMSTFGLGMLLSKWLPLWLVDRLL
ccttceeeeeeccccchheehhhhhttcceeeeecccceeccccccccchhhhhhhhhhccchhhhhhhh
LLVAYFMLGNTSRYGLRRPEMGPLELKNKFGKTPVLDVGTLARIREGKIKVVPGIESLTSGGARFVDGKE
hhhhhhhhtcccccetcccccccceeeeccttccceeeethhhhhcttceeecchhhhcctttceeeettcc
KEFDAMILRSNRLQEQCPLVAQGTTVLCRRWIPQKAFPQRMEGRKWFVRGEIYKKRIVGGFAGRYTNRAR
cchheeeeettcccccchhhhtthheecttcccccccccccccccceeeeeeeccccceehhhhhhhhhhhh
YRHELEGRGGFQKGKH
hhhhhhhhhhhhhhhh
```


(a) 红松YUC1蛋白

```
10        20        30        40        50        60        70
MMARAAASVMDICRIALRIVHQMPNFSRPSEQLGKKEHDKLSVDENRDEKVIIVGAGLAGLAVAACLTDI
hhhhhhhhhhhhhhhhhhhhhhccccccccchhcccccccceeeecttttceeeeeettchhhhhhhhhhcct
GISSLVLERDCCVGSLWKNRTYDRVTLQGSKAQSSLPLMPMPDEYPMFVPKDHYVAYLENYARRFNIQPR
tcceeeeccccchhhhhhhhcchhhheehccccccccccccccccccccccchhhhhhhhhhhhhhttcccc
FFQTVESASFSQETGRWMVIARCSLDNSEKEYMGRFLVVATGEFSEKFMPDIPGLDSFRGTVIHSIDYKN
ccchhhhhcccttcceeeeeeccccccccchhhhheeeeeccccccccccccccccccttceeehcccc
EKDFEQQRVLVVGNGNSGMEIALELVKNDGGPRPSIVVRSPMYVLPREIFGRSTVSVAFELLKLLPLRIV
cccccttceeeeeecccccchhhhhhhhhttttcceeeeecccceecchhhccccchhhhhhhhhhcchhhh
DNLLVMYSNLALGNPASYGLPRPVEGPLEFRIKTGKTLVIDNGTVEKIRQRKIKVVPNLIRLTATGVVFE
hhhhhhhhhhhhtcccccttcccccccceeeeccttccceeeecceehhhcttceeeccthhhhcttceeee
DGVEEDFDALIFATGYKSEARSWLKNGRELFPEDGRPGFWPPGNAKGSDGLYVAGFGKRGVRGISEDGQR
ttccchhheeeeettccccchhhhhhttceeeccttttccccccccccccccceeeeecccccchhhhhhhh
IAQDIFQSLKNASKGNSSTLAAVTSGSELVPHA
hhhhhhhhhhhcccccceeeeehttcccccc
```

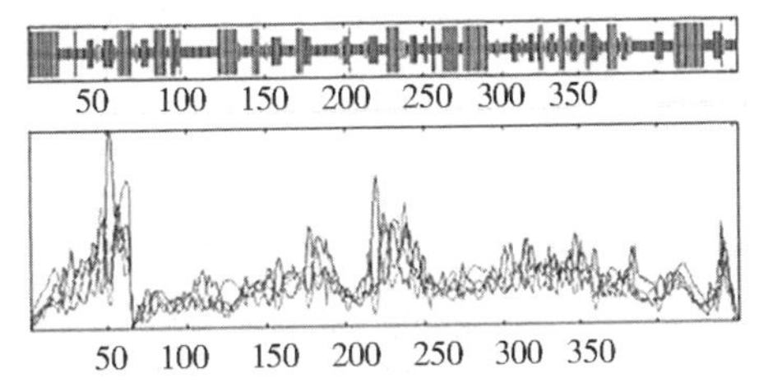

(b) 红松YUC6蛋白

```
10        20        30        40        50        60        70
MPQFSMSLEQLAKQINDPQFIKCNAKGYYSNCKGLEDVEGAIVVGAGPSGMASAVCLKMEGIPSIVIEKE
chhhhhhhhhhhhhccccccccchhhhhhhhhhhhcccceeeeeeccchhhhhhhhhhhttcceeeehcc
DCIASLWKNKTYDRLKLHIAKEYCQLPFMPFPESYPTFVSRDQFLDYLQRYAQKFQIQPRFCQVVESARF
hhhhhhhhhhhhhhhheehccccccccccccccccccccchhhhhhhhhhhhhhhttcccccchhhhhhhc
CESSQRWHVLCSVRYNNYTDKPNAVEFKEYTGKWLVVATGENAEVVRPRISGIESFKGTVIHSSEYKNGF
ctttceeeeeeccccccccccccchhhhhhhheeeeeccccccccccccccccccccceeehcccccc
EYEDKKVLVVGCGNSGMEIALDLVNYNARPSLVVRSSVHVLPRQVLGKSTFGLAMNLMKLLPVRIVDRLL
ccttceeeeeecccccchhhhhhhhttccceeeecccceeccccccccchhhhhhhhhhcchhhhhhhh
LLYSKLTLGNTASYGLCRPVEGPLELKSKTGKTPVLDVGTVAMIRTGHIKVFPNIKGITATGVQFEDGHA
hhhhhhhtccchttcccccccceeeeccttccceeeecchhhhcttceeeccccccccttceeeettcc
EDYDVIIDATGYRSDVPRWLKDDGGFFSEEGLPKAPFPNNWKAVDKKGLYAAGLSRRGLLGSSIDAQLIA
cchheeeeettcccchhhhhtchhhhhhtccccccccccccccteeeeeeecccccccehhhhhhhhhh
RDIKEAYNNYVDSSVRS
hhhhhhhhhhhhhhhhh
```


(c) 红松YUC10蛋白

图 6-12　蛋白质二级结构预测

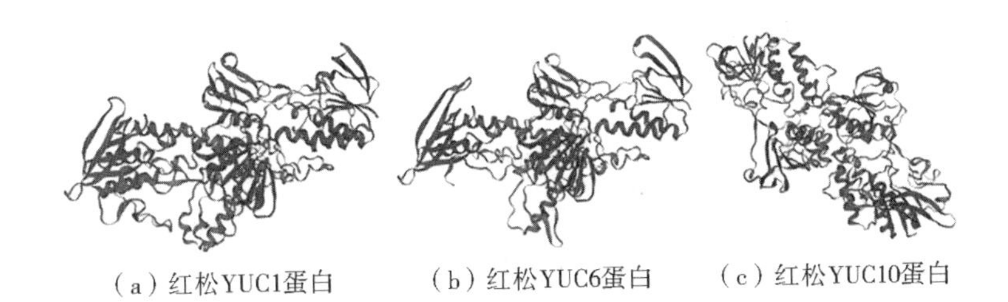

(a) 红松YUC1蛋白　(b) 红松YUC6蛋白　(c) 红松YUC10蛋白

图 6-13　蛋白质三级结构预测

6.2.2.7　亚细胞定位预测

推测红松 YUC4 定位在叶绿体中，YUC6 定位在叶绿体和线粒体中，YUC10 定位在细胞质中，如图 6-14 所示。

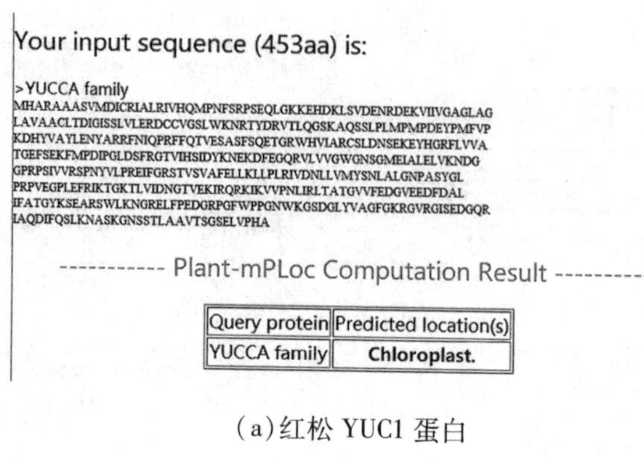

(a)红松 YUC1 蛋白

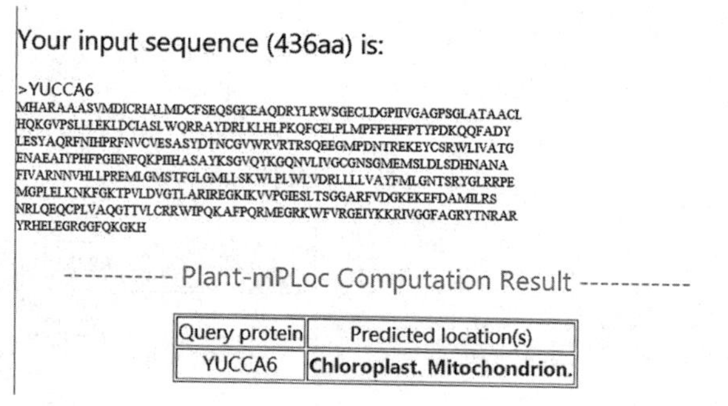

(b)红松 YUC6 蛋白

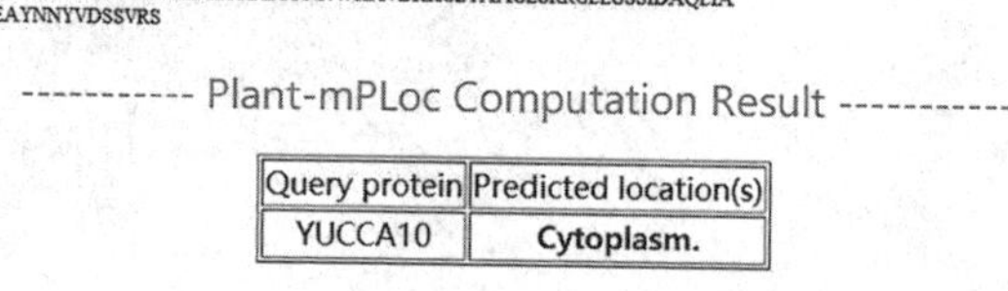

(c)红松 YUC10 蛋白

图 6-14　蛋白质亚细胞定位分析

6.2.3　红松 *YUC* 基因的实时荧光定量 PCR 分析

取红松 W154、L22-2 诱导培养 0 d、10 d、15 d 的外植体为材料进行基因的表达模式分析。结果表明，3 个 *YUC* 基因在 2 个无性系中变化趋势差异较大。在产生 EC 的 L22-2 中随着培养时间的推进，基因 *YUC*1 表达呈现下调变化趋势，0 d 时的相对表达量是 10 d 和 15 d 的将近 1 000 倍，而在产生 NEC 的 W154

中则先降后升，相对表达量差异显著。红松 *YUC6* 在 2 个类型中表达趋势类似，0 d 时高表达，10 d 和 15 d 低表达。红松 *YUC10* 在 W154 的 10 d 和 15 d 相对表达量较低，峰值出现在 0 d；而在 L22 - 2 中 0 ~ 15 d 内均维持在较高的水平，如图 6 - 15 所示。

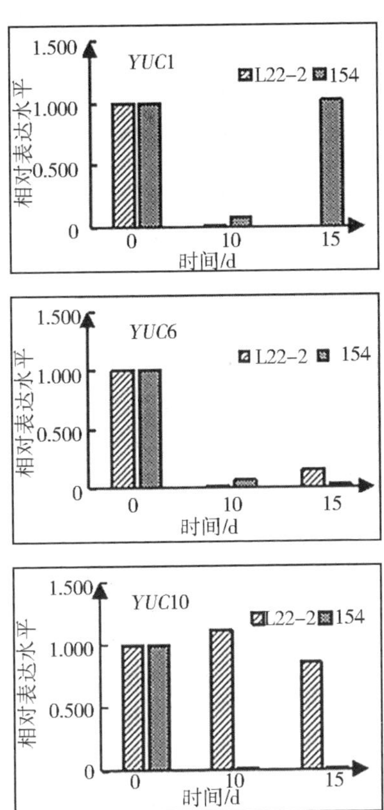

图 6 - 15　红松 EC 与 NEC 诱导过程中 *YUC* 表达模式分析

由于 YUC 是植物生长素生物合成途径中的关键酶，综合生物信息学、定量数据与生长素含量分析的结果，红松 *YUC10* 在两个分别产生 EC 与 NEC 的类型中时空表达模式显著不同，红松 *YUC10* 在 EC 产生过程中始终维持在较高的水平，而在 NEC 类型中则下调表达，据此推测相比于其他两个基因，红松 *YUC10* 可能在生长素调控红松 EC 的诱导过程中具有重要作用，而红松 *YUC1*、红松 *YUC6* 基因的表达趋势与生长素试验结果不符，尽管也具有 FAD 结合结构域特征，推测可能其在红松 EC 诱导过程中作用不明显。对于 *YUC10* 在红松 EC 诱导过程中的作用还有待于进一步开展基因转化试验的验证，后续的功能验证部分试验目前正在进行中。

6.3 讨论

6.3.1 红松 *YUC* 基因及其编码蛋白的特征分析

本书研究鉴定的红松生长素基因 *YUC*4 全长为 1 273 bp,*YUC*6 基因全长为 1 254 bp,生物学信息分析发现 YUC4、YUC6、YUC10 均为碱性蛋白、亲水性蛋白且不含信号肽,而 YUC4、YUC10 蛋白为稳定蛋白,YUC6 为不稳定蛋白,YUC4、YUC6、YUC10 蛋白均具有跨膜结构,无规则卷曲在 YUC4、YUC6 蛋白中所占比例较大,预测 YUC4 亚细胞定位在叶绿体中,YUC6 定位在叶绿体和线粒体中,而 YUC10 定位在细胞质中。与红松的 *YUC* 基因类似,菘蓝中的 YUC 蛋白为稳定蛋白、碱性蛋白和亲水性蛋白,且没有信号肽的出现。烟草中发现的 YUC 蛋白也为碱性蛋白,在梨中发现的 YUC 蛋白多为碱性蛋白、稳定蛋白。

利用 DNAMAN 对测序成功的 YUC4、YUC6、YUC10 蛋白序列与木本模式植物和近缘物种的 YUC 进行同源序列比对,发现这些蛋白的氨基酸序列相当保守且同源性达到 51.45%。红松 YUC4 与木本植物油棕的亲缘关系最近,YUC6、YUC10 与木本植物银白杨的亲缘关系最近,与草本植物遗传距离较远。由于针叶树的 *YUC* 基因国内外研究较少,缺少针叶树 *YUC* 基因序列,因此在进行序列比对时亲缘关系最近的为银白杨、油棕等木本植物。

研究结果发现,YUC 蛋白家族的结构域保守程度较高,在对 YUC1 进行保守结构域预测时发现其不具有 YUC 蛋白家族的保守结构域;对 YUC4、YUC6、YUC10 蛋白进行结构域预测时发现,YUC4、YUC6、YUC10 蛋白均具有 CzcO 保守结构特定位点,属于 FMO 蛋白超家族,具有 FMO 蛋白超家族的特征,除此之外还具有 FAD 结合基序保守结构域、ATG 包含基序保守结构域和 NADPH 结合基序保守结构域等。保守结构域预测结果表明,这些保守结构位点是 YUC 特有的,在西瓜、白菜、番茄、烟草等研究中也发现 YUC 蛋白家族的保守结构域,即具有 FAD 结合基序结构域特征。由此推测红松 YUC4、YUC6、YUC10 蛋白可能在生长素合成途径中具有作用,*YUC* 是依赖色氨酸生长素合成途径中的关键基因,证明 *YUC* 基因家族在生长素的生物合成以及红松胚性愈伤组织诱导过程中的重要作用。

6.3.2 红松 *YUC* 基因在 EC 与 NEC 产生过程的差异表达分析

实时荧光定量 PCR 分析结果表明，*YUC*1、*YUC*6、*YUC*10 基因在分别产生 EC 与 NEC 的材料中时空差异表达显著。根据基因表达情况推测 *YUC*6 可能在红松 EC 诱导过程中作用不明显。YUC 是植物生长素生物合成途径中的关键酶。为更好分析红松 *YUC* 基因的作用，本书研究在实时荧光定量 PCR 结果分析的基础上，结合生长素含量测定分析结果及试验中胚性愈伤组织的诱导需要添加高浓度的外源生长素（3 ~4 mg · L^{-1} NAA）处理条件，生物信息学分析结果表明 YUC10 具有典型的保守结构域、跨膜结构等特点，定量数据表明 *YUC*10 在两个分别产生 EC 与 NEC 的类型中时空表达模式显著不同，*YUC*10 在 EC 的产生过程中始终维持在较高的表达水平，而在 NEC 的产生过程中则下调表达，据此推测 *YUC*10 更可能在生长素调控红松胚性愈伤组织的诱导中发挥重要作用，而 *YUC*1 基因表达趋势与生长素试验结果不符，尽管其也具有 FAD 结合结构域特征，推测可能其在红松 EC 诱导过程中作用不明显。但对于 *YUC*10 在红松 EC 诱导过程中的这一作用还有待于进一步开展基因转化试验方面的验证。近年来对于 *YUC* 基因家族的研究主要集中在被子植物营养器官与生殖器官发育等方面，体胚发生过程的研究及针叶树的相关研究还很少。番茄 6 个 *YUC* 家族基因（*FZY*1 ~ *FZY*6）在根、子叶下胚轴、叶、种子、花和果的不同发育时期的表达模式研究结果表明，上述 6 个 *FZY* 基因在不同组织的不同发育时期的相对表达量均不相同。百合的研究也表明，*YUC*2、*YUC*4、*YUC*5、*YUC*6、*YUC*9、*YUC*10 等 6 个 *YUC* 家族基因在不同组织不同发育时期的时空表达模式也存在显著差异。

通过生物学信息分析与实时荧光定量 PCR 的定量数据推断出 *YUC* 基因作为植物最重要的生长素的限速酶编码基因，可能在生长素的合成与植物发育的调控方面具有强大的功能。本书研究可为生长素调控红松 EC 诱导过程的分子机制提供参考，为红松体胚发生 EC 诱导率低这一瓶颈问题的解决提供线索。

6.4 本章小结

本书研究通过转录组数据及基因克隆技术共得到 3 个 *YUC* 家族基因

*YUC*1、*YUC*6、*YUC*10,并利用实时荧光定量 PCR 对生长素处理下胚性愈伤与非胚性愈伤组织产生过程中两种不同类型种子中上述基因进行表达模式分析,主要得出以下结论:

(1)采用基因克隆技术得到的 *YUC*1、*YUC*6 的全长分别为 1 386 bp、1 398 bp,开放阅读框分别位于 1 359 bp、1 308 bp,分别编码 453 个与 436 个氨基酸。YUC1、YUC6、YUC10 蛋白均具有 YUC 家族的保守结构域和保守基本序列,而 YUC1 蛋白不具有该蛋白家族的保守结构域。YUC 蛋白结构域相对保守。

(2)YUC1、YUC6、YUC10 蛋白均为碱性蛋白且均为亲水性蛋白,YUC1 蛋白具有两个跨膜结构,YUC6、YUC10 蛋白具有一个跨膜结构,YUC1、YUC6、YUC10 均无信号肽。氨基酸序列比对同源性为 51.45%,具有四个家族的保守结构域。

(3)实时荧光定量 PCR 分析结果表明,生长素基因 *YUC*10 可能在生长素调控红松胚性愈伤组织的诱导过程中起到了非常重要的作用。

7 红松 *SERK* 基因的克隆与表达模式分析

7.1 试验材料与方法

7.1.1 试验材料的制备

将初代培养诱导的红松 EC(L22 -2)继代培养在愈伤组织增殖培养基中,增殖的培养基配方为:DCR + 0.25 mg·L^{-1} 6 - BA + 1 mg·L^{-1} NAA + 30 g·L^{-1}蔗糖 + 500 mg·L^{-1}酸水解酪蛋白 + 500 mg·L^{-1}谷氨酰胺 + 4 g·L^{-1}卡拉胶。培养温度为 25 ±2 ℃,黑暗条件下培养。在长期继代培养过程中根据愈伤组织的颜色、质地、形态、分散程度等外部形态特征将其进行分类:保持 2 个月的白色愈伤组织(C1)、保持 6 个月的白色愈伤组织(C2)、黄绿色愈伤组织(C3)、水渍状愈伤组织(C4)、纤维化愈伤组织(C5)、褐化愈伤组织(C6)、球形胚愈伤组织(C7),取上述几种类型组织培养材料,液氮速冻后存于 -80 ℃超低温冰箱中,用于提取 RNA。

7.1.2 红松不同类型愈伤组织形态学观察

取上述 7 种类型的愈伤组织,置于体式解剖镜(XSP -3CA)下观察并拍照,每 3 ~5 d 观察 1 次。同时取上述红松不同类型愈伤组织置于 Phenom Pro 型台式扫描电子显微镜下,观察并拍照,样品台温度调节范围 -25 ~50 ℃。最大样品尺寸为直径 25 mm,高 5 cm,最大降温速率为 20 ℃/min。

7.1.3 红松 *SERK* 基因的克隆与表达模式分析

7.1.3.1 红松愈伤组织总 RNA 的提取

采用植物总 RNA 提取试剂盒提取植株总 RNA,具体操作步骤如下:

(1)取约 0.1 g 样品,放入经液氮预冷的研钵中,用预冷的研杵碾碎后,转移至 1.5 mL 离心管中,迅速加入 1 mL 预冷 TRNzol - A^+ 提取液,漩涡振荡器混匀后 4 ℃静置 5 min。

(2)匀浆液中加 0.2 mL 氯仿,剧烈振荡 15 s 后室温静置 3 min。4 ℃ 12 000 *g* 离心 15 min,取上清液。

(3)将上清液转移至新的离心管中,加等体积的异丙醇,倒转 3 ~5 次混匀后室温静置 20 min,4 ℃ 12 000 *g* 离心 10 min,弃上清液。

(4)向沉淀中加入 75% 乙醇(体积分数,下同)洗涤沉淀 2 次,4 ℃ 7 500 *g* 离心 5 min,倒出液体,残液短暂离心后用枪头吸出并室温放置晾干。

(5)加 20 μL 无 RNase 水,微量移液器反复吹打沉淀,充分溶解 RNA, -80 ℃保存待用。

取 1 μL RNA 进行琼脂糖凝胶电泳检测,如条带清晰,RNA 质量良好,则继续进行下面的试验。

7.1.3.2 cDNA 第一链的合成

根据 TransScript One - Step gDNA Removal and cDNA Synthesis Super Mix 试剂盒操作说明,在 PCR 仪上进行反转录,合成 cDNA 第一条链。反应体系如表 7 -1所示。

表 7 -1 cDNA 反转录体系

成分	体积
总 RNA	3.5 μL
Anchored Oligo(dT)$_{18}$ Primer(0.5 μg/μL)	0.5 μL
2 × TS Reaction Mix	5.0 μL
TransScript RT/RI Enzyme Mix	0.5 μL

续表

成分	体积
gDNA Remover	0.5 μL
RNase - free Water	至 10.0 μL

反转录步骤：将 RNA 模板与 0.5 μL Anchored Oligo (dT)$_{18}$ Primer (0.5 μg/μL)混匀后放入 PCR 仪中，65 ℃孵育 5 min 使 RNA 单链完全打开，然后冰浴 2 min。再加入 5.0 μL 2 × TS Reaction Mix、0.5 μL TransScript RT/RI Enzyme Mix、0.5 μL gDNA Remover，混合后放入 PCR 仪中进行反应，产物用于 PCR，42 ℃反转录 30 min，85 ℃ 5 s 使 TransScript RT/RI Enzyme Mix 和 gDNA Remover 失活。

7.1.3.3 红松 *SERK* 基因家族的克隆

(1) 目的基因 *SERK* 的 PCR 扩增

选择红松转录组测序的 *SERK* 基因家族序列，采用 Primer Premier 5.0 设计引物。上下游引物序列见表 7 - 2。

表 7 - 2 红松 *SERK* 基因家族上下游引物序列

引物名称	引物序列(5′→3′)	产物长度/bp
SERK2 - F	ATGGCGATGGAGAAGCAGGGGGTAA	1 874
SERK2 - R	GATAATTCAACTGGATGAACATTAG	
SERK4 - F	ATTGTCATGCCTGATCAAGTGAATT	1 378
SERK4 - R	AAGAAGGATTCAGGTATGGAAACAA	

以产物为模板，利用 *SERK* 的特异性引物，扩增得到基因的全长序列，反应体系见表 7 - 3。

表 7 - 3 基因克隆反应体系

成分	体积
LA	0.1 μL
10 × buffer	1.0 μL
2.5 mol · L^{-1} dNTP	1.6 μL
模板	1.0 μL
上游引物	1.0 μL

续表

成分	体积
下游引物	1.0 μL
ddH_2O	至 10.0 μL

PCR 反应体系：

温度	时间	
94 ℃	1 min	
94 ℃	30 s	32 个循环
54 ℃	30 s	
72 ℃	2 min	
72 ℃	5 min	
10 ℃	∞	

(2)目的片段的胶回收

将 PCR 扩增产物进行 1% 琼脂糖凝胶电泳检测，当目的条带与基因大小一致时，使用快速琼脂糖凝胶 DNA 回收试剂盒进行胶回收，步骤如下：

①将单一目的 DNA 条带从琼脂糖凝胶中切下，放入干净的 1.5 mL 离心管中，称量凝胶质量。

②向胶块中加入 1 倍体积 buffer PG。

③50 ℃水浴温育，每隔 2 ~ 3 min 温和地上下颠倒离心管，至溶胶液为黄色，以确保胶块充分溶解。

注：胶块完全溶解后最好将胶溶液温度降至室温再上柱，吸附柱在较高温时结合 DNA 的能力较弱。

④向已装入收集管中的吸附柱中加入 200 μL buffer PS，12 000 $r \cdot min^{-1}$（约 16 200 *g*）离心 1 min，倒掉收集管中的废液，将吸附柱重新放回收集管中。

⑤将步骤③所得溶液加入到吸附柱中，室温放置 2 min，12 000 $r \cdot min^{-1}$离心 1 min，倒掉收集管中的废液，将吸附柱放回收集管中。注意：吸附柱容积为 750 μL，若样品体积大于 750 μL 可分批加入。

⑥向吸附柱中加入 450 μL buffer PW，12 000 $r \cdot min^{-1}$离心 1 min，倒掉收集管中的废液，将吸附柱放回收集管中。

⑦重复步骤⑥。

⑧13 000 $r \cdot min^{-1}$离心 1 min,倒掉收集管中的废液。

⑨将吸附柱放到一个新的 1.5 mL 离心管(自备)中,向吸附膜中间位置悬空滴加 30 μL 无菌水,室温放置 2 min。12 000 $r \cdot min^{-1}$离心 1 min,收集 DNA 溶液,-20 ℃保存 DNA。

(3)*SERK* 基因片段与 pEASY-T1 载体的连接

pEASY-T1 载体包含 *LacZ* 基因,在含有 IPTG 和 X-gal 的平板培养基上,可进行蓝白斑筛选,适用于 TA 克隆。

基因克隆操作:

①PCR 产物的制备。

②克隆反应体系。

将胶回收产物与 pEASY-T1 载体进行连接,连接体系如下:

PCR 产物	4 μL
pEASY-T1 载体	1 μL

轻轻混合,室温(20~37 ℃)反应 5 min。反应结束后,将离心管置于冰上。

(4)目的基因的转化

①加连接产物于 50 mL 感受态细胞中(在感受态细胞刚刚解冻时加入连接产物),轻弹混匀,冰浴 20~30 min。

②42 ℃水浴热激 30 s,立即置于冰上 2 min。

③加 250 μL 平衡至室温的 SOC 或 LB 培养基,37 ℃ 200 $r \cdot min^{-1}$培养 1 h。

④取 8 μL 500 $mmol \cdot L^{-1}$ IPTG 和 40 μL 20 $mg \cdot mL^{-1}$ X-gal 混合,均匀地涂在准备好的平板上,37 ℃培养箱中放置 30 min。

⑤待 IPTG 和 X-gal 被吸收后,取 200 μL 菌液均匀地涂在平板上,在 37 ℃培养箱中过夜培养(为得到较多克隆,1 500 *g* 离心 1 min,弃掉部分上清液,保留 100~150 μL,轻弹悬浮菌体,取全部菌液涂板)。

(5)阳性克隆检测

①挑选白色单克隆至 10 μL 无菌水中,漩涡混合。

②取 1 μL 混合液于 25 μL PCR 体系中,用 M13 Forward Primer 和 M13 Reverse Primer 鉴定阳性克隆。

③PCR 扩增条件见表 7-4。

表 7-4 检测克隆阳性反应体系

温度	时间	
94 ℃	10 min	
94 ℃	30 s	30 个循环
54 ℃	30 s	
72 ℃	2 min	
72 ℃	5 min	

(6)提取质粒和测序

采用 TIANprep Rapid Mini Plasmid Kit 质粒小提试剂盒(离心柱型)进行试验。操作步骤如下:

①柱平衡步骤:向吸附柱 CP3 中(吸附柱放入收集管中)加入 500 μL 的平衡液 BL,12 000 r · min^{-1}离心 1 min,倒掉收集管中的废液,将吸附柱重新放回收集管中。

②取 1 ~5 mL 过夜培养的菌液,加入离心管中,使用常规台式离心机,12 000 r · min^{-1}离心 1 min,尽量吸除上清液。

③向留有菌体沉淀的离心管中加入 250 μL 溶液 P1,使用微量移液器或漩涡振荡器彻底悬浮细菌沉淀。

④向离心管中加入 250 μL 溶液 P2,温和地上下翻转 6 ~8 次使菌体充分裂解。

⑤向离心管中加入 350 μL 溶液 P3,立即温和地上下翻转 6 ~8 次,充分混匀,此时将出现白色絮状沉淀,12 000 r · min^{-1}离心 10 min。

⑥将上一步收集的上清液用微量移液器转移到吸附柱 CP3 中,注意尽量不要吸出沉淀。12 000 r · min^{-1}离心 30 ~60 s,倒掉收集管中的废液,将吸附柱 CP3 放入收集管中。

⑦向吸附柱 CP3 中加入 600 μL 漂洗液 PW(请先检查是否已加入无水乙醇),12 000 r · min^{-1}离心 30 ~60 s,倒掉收集管中的废液,将吸附柱 CP3 放入收集管中。

⑧重复操作步骤⑦。

⑨将吸附柱 CP3 放入收集管中,12 000 r · min^{-1}离心 2 min,目的是将吸附柱中残余的漂洗液去除。

⑩将吸附柱 CP3 置于一个干净的离心管中，向吸附膜的中间部位滴加 50～100 μL 洗脱缓冲液 EB，室温放置 2 min，12 000 $r \cdot min^{-1}$离心 2 min，将质粒溶液收集到离心管中。

取 1 μL 质粒溶液作为 PCR 反应的模板，加入反应试剂进行 PCR 检测（反应体系和反应程序同上），对反应产物进行 1% 琼脂糖凝胶电泳检测。根据结果，将扩增片段与目的片段的长度进行对比。当目的条带与基因大小一致时，取 20 μL 质粒溶液测序。

7.1.3.4 红松 *SERK* 基因的实时荧光定量 PCR 分析

（1）实时荧光定量 PCR 引物设计

选择转录组测序获得的胚胎发育过程中差异表达的基因作为内参基因（*TUB*），在获得红松 *SERK* 基因序列的基础上，利用序列设计实时荧光定量 PCR 引物，引物序列送公司合成，合成的上、下游引物序列见表 7－5。

表 7－5 实时荧光定量 PCR 验证引物信息表

引物名称	引物序列（5′→3′）	产物长度/bp
PkSERK1－F	GATGCTTTACATAGCCTTCGGTC	142 bp
PkSERK1－R	TTCCCAAGTCCACTCTTATCACAC	
PkSERK2－F	ACAGGACAGAGGGCATTTGACC	108 bp
PkSERK2－R	AACCAGCCTATCCAGCATCTTC	
PkSERK4－F	ATGCCGAAGTAGCGAAAGAGTC	126 bp
PkSERK4－R	GCTGTTTACAAGGGGGTATTGAGAG	
TUB－F	GTGCCGTCTTTTCCAGATTCC	136 bp
TUB－R	GCCTCCACGCTGTGTATGATTC	

（2）实时荧光定量 PCR 引物检测

以红松黄绿色愈伤组织（C3）的 cDNA 为模板，对 *SERK* 基因家族和内参基因 *TUB* 进行 PCR 扩增，体系为 LA 0.1 μL、10 × buffer 1.0 μL、2.5 $mol \cdot L^{-1}$ dNTP 1.6 μL、模板 1.0 μL、上下游引物（10 $\mu mol \cdot L^{-1}$）各1.0 μL、H_2O 4.3 μL。扩增程序为：94 ℃预变性 2 min；94 ℃变性 30 s，60 ℃退火 30 s，72 ℃延伸 2 min，32 个循环；72 ℃ 10 min。

PCR 扩增产物在 2% 琼脂糖凝胶中电泳，电泳结果在紫外灯下用 C150 凝胶成像系统进行扫描成像。

(3)实时荧光定量 PCR 扩增

反转录体系中 RNA 量均为 1 μg,通过调整起始 RNA 的量,以等量的总 RNA 反转录合成不同的 cDNA 样品,它们之间可以达到良好的平行性。

试验采用 TransStart Top Green qPCR SuperMix 试剂盒,反应体系见表 7-6。

表 7-6 实时荧光定量 PCR 反应体系

成分	体积
TransStart Top Green qPCR SuperMix	10.0 μL
模板	5.0 μL
F	0.4 μL
R	0.4 μL
ddH_2O	至 20.0 μL

PCR 扩增程序为:

预变性 95 ℃ 5 min;95 ℃变性 15 s,60 ℃退火 30 s,循环数 45。

溶解曲线程序为:

95 ℃ 15 s;60 ℃ 1 min;95 ℃ 1 s。

扩增试验过程中设置 NTC(阴性对照),检测试验中是否存在污染情况,本试验采用无 RNA 酶的水作为空白对照,3 次生物学重复,3 次技术重复。

7.1.3.5 红松 SERK 生物信息学分析

将获得的序列使用 NCBI BLAST 进行检索分析,序列分析和氨基酸翻译使用 DNAMAN 软件,用 ClustalX1.81 软件将获得的序列进行多序列比对,利用 MEGA 10.0 软件构建进化树。使用 MEME 在线分析软件分析结构域。使用生物学在线软件对红松 SERK 蛋白的理化性质、跨膜结构、信号肽、亲疏水性、蛋白质二级结构与三级结构、亚细胞定位进行预测与分析。

7.1.3.6 数据统计和分析

本试验实时荧光定量 PCR 数据分析采用 QuantStudio Design & Analysis Software 软件平台与 $2^{-\Delta\Delta Ct}$ 法。对红松不同类型愈伤组织的 *SERK*1 基因、*SERK*2 基因、*SERK*4 基因相对表达量进行分析。采用 Microsoft Office Excel 2007 分析处理试验数据以及制作图表。试验数据的统计学分析采用 SPSS 17.0 软件完成,差异性分析采用邓肯多重范围检验法($p < 0.05$)。

7.2 结果与分析

7.2.1 红松不同类型愈伤组织的形态学差异

前期研究发现,红松 EC 在长期继代过程中胚性会随着继代次数的增加出现不同程度的降低,为进一步验证几种类型的愈伤组织的形态学差异,本书的研究开展了不同类型愈伤组织形态学差异及胚性基因的研究,试图从组织细胞学与分子层面解释红松 EC 在长期过程中胚性降低的原因。将初代诱导的红松 EC(同一无性系)继代培养在增殖培养基中,根据愈伤组织的颜色、质地对其进行分类:2 个月的白色愈伤组织(C1)、6 个月的白色愈伤组织(C2)、黄绿色愈伤组织(C3)、水渍状愈伤组织(C4)、纤维化愈伤组织(C5)、褐化愈伤组织(C6)、球形胚愈伤组织(C7),发现上述几种类型愈伤组织形态差异明显,如图 7-1(a)~(g)所示。

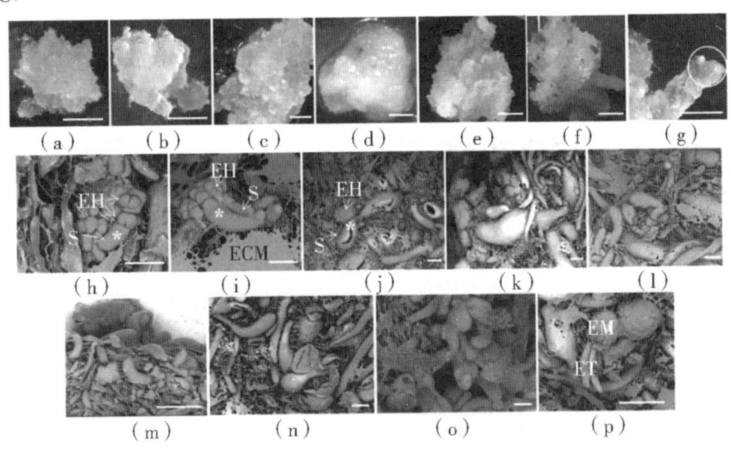

图 7-1 红松不同类型愈伤组织的形态学特征

注:(a)~(g)体式解剖镜下愈伤组织形态 (bar = 5 mm);(h)~(p)ESEM 下愈伤组织形态 (bar = 100 μm)。(a)2 个月的白色愈伤组织 (C1);(b)6 个月的白色愈伤组织 (C2);(c)黄绿色愈伤组织 (C3);(d)水渍状愈伤组织 (C4);(e)纤维化愈伤组织 (C5);(f)褐化愈伤组织 (C6);(g)球形胚愈伤组织 (C7);(h)含 PEM Ⅰ结构的 C1 型愈伤组织;(i)含 PEM Ⅱ结构的 C1 型愈伤组织;(j)含 PEM Ⅲ 结构的 C1 型愈伤组织;(k)C2 型愈伤组织;(l)C3 型愈伤组织;(m)C4 型愈伤组织;(n)C5 型愈伤组织;(o)C6 型愈伤组织;(p)C7 型愈伤组织。PEM: 原胚团, EH: 胚头, S: 胚柄, ECM: 细胞外基质层, EM: 含胚团的早期胚胎, ET: 胚管, * 极性化的结构。

C1 型愈伤组织白色透明、疏松、黏稠，表面有丝状物，增殖速度快，两周内增殖率增加约 2 倍[图 7-1(a)]。C2 型愈伤组织基本上保留了 C1 型愈伤组织的颜色及质地，呈现乳白色，半透明或不透明，松散，黏性稍低于 C1 型愈伤组织，但表面的丝状物减少，增殖速度较慢[图 7-1(b)]。C3 型愈伤组织外观呈黄绿色，不透明松散，几乎不具黏性，无丝状物，增殖速度尤其快，1 个培养周期体积增加 3~4 倍[图 7-1(c)]。C4 型愈伤组织呈乳白色、不透明的水渍状，质地紧致光滑，具低黏性，转移至新鲜的培养基后不能继续增殖[图 7-1(d)]。C5 型愈伤组织呈白色雪花状，黏性低，表面呈松散丝状的纤维状结构，随着继代时间的延长增殖速度逐渐降低，表面的白色纤维结构越来越密集[图 7-1(e)]。C6 型愈伤组织不透明，表面有褐色斑点，但表面几乎没有丝状物，由于愈伤组织逐渐出现褐化，再次继代 1~2 次后细胞丧失活性，最终死亡[图 7-1(f)]。C7 型愈伤组织呈白色半透明状，表面散布着淡黄色颗粒，在愈伤组织表面带有小球状凸起的球形胚[图 7-1(g)]。

众所周知，针叶树的体细胞胚胎发育遵循以不同细胞聚集体为特征的发育过程，许多研究人员喜欢使用"PEM"来描述这种结构。本书研究中采用 ESEM 技术观察发现这 7 种红松愈伤组织的细胞形态差异显著[图 7-1(h)~(p)]。C1 型愈伤组织具有典型的 PEM 结构[图 7-1(h)~(j)]，愈伤组织表面可观察到较多数量的 PEM Ⅰ结构[图 7-1(h)]，偶尔可见 PEM Ⅱ[图 7-1(i)]、PEM Ⅲ结构[图 7-1(j)]。与上述针叶树 PEM 结构一致，C1 型愈伤组织中的 PEM Ⅰ具有极性结构，即同时具有顶端圆形紧凑的 EH 和基部长的空泡化的胚柄结构，PEM Ⅱ和 PEM Ⅲ的胚柄细胞和胚头细胞的数量不同，此外，C1 型愈伤组织的表面覆盖着黏性的薄膜状结构，即细胞外基质(ECM)。与 C1 型愈伤组织相比，C2 型愈伤组织中不规则细胞的数量显著增加，缺乏明显的 PEM 结构，偶可见退化的细胞，视野内可见大量从 PEM 上解体下来的球状胚头细胞和细长的胚柄细胞[图 7-1(k)]。与 C1 型愈伤组织相比，C3、C4、C5 型愈伤组织中不规则形状的细胞数量显著增加，有长形、圆形、椭圆形，或呈蝌蚪状结构[图 7-1(l)~(n)]，此外，与 C2 型愈伤组织不同，从 PEM 解体的结构几乎不可见。与 C1~C5 型愈伤组织不同，C6 型愈伤组织通常含许多死亡或接近死亡的细胞[图 7-1(o)]，这种类型的愈伤组织细胞发生严重的降解进而逐渐丧失生长能力。C7 型愈伤组织为含有早期胚胎的细胞聚集体，由图 7-1(p)可见，愈伤组织中的早期球形胚具有明显的极性结构,在顶端具有紧凑的圆形胚头,与胚头附近紧密连接的是胚管。此外,观察发现与C1型愈伤组织不同,其他类型愈伤组织表面仅观察到少量ECM结构。

本书研究中通过在无PGR培养基上继代培养评估了胚胎分化能力,发现球形胚仅在C1型愈伤组织成功分化,而其他类型愈伤组织(C2～C6)在分化培养基上逐渐变为深褐色或坏死,没有体胚分化。综合这些结果,判断C1型愈伤组织具有最高的胚胎发生潜力,C2～C6型愈伤组织的胚胎发生能力显著降低,说明高胚性的愈伤组织在继代6个月后几乎完全失去了胚胎发生潜力。

7.2.2 红松 *SERK* 基因的克隆

植物材料总RNA的提取采用TRIzol法,提取的红松黄绿色愈伤组织(C3)RNA琼脂糖凝胶电泳图如图7－2所示,28S rRNA条带和18S rRNA条带清晰,且28S rRNA条带比18S rRNA的条带亮。总RNA浓度检测结果表明,RNA的质量和浓度均可用于下一步的试验,且$OD_{260/280}$、$OD_{260/230}$比值也符合试验要求。以总RNA为模板,利用设计好的红松*SERK*2基因、*SERK*4基因引物扩增cDNA全长,红松*SERK*2在1 800 bp左右有明亮的条带、*SERK*4在1 300 bp左右有明亮的条带,如图7－3所示。通过胶回收、连接与转化、阳性克隆鉴定,最终获得阳性克隆菌株,最后将阳性克隆菌株送测序。经测序,红松*SERK*2克隆得到全长为1 960 bp的序列(ORF长为1 928 bp),红松*SERK*4得到的全长为1 525 bp的序列(ORF长为1 062 bp)。

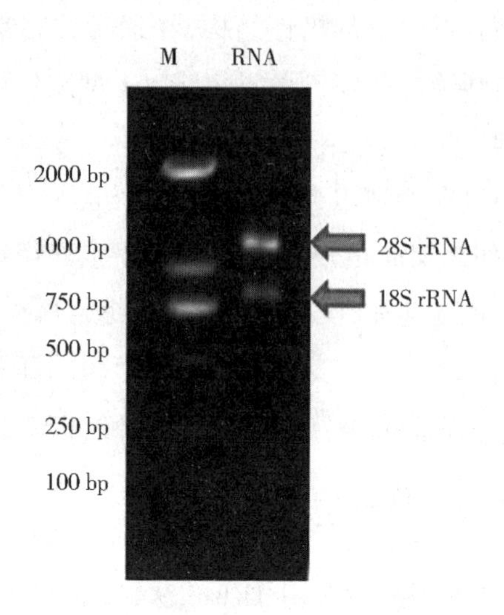

图 7－2　红松黄绿色愈伤组织 RNA 琼脂糖凝胶电泳图

注：M 为 DL2000 DNA Marker。

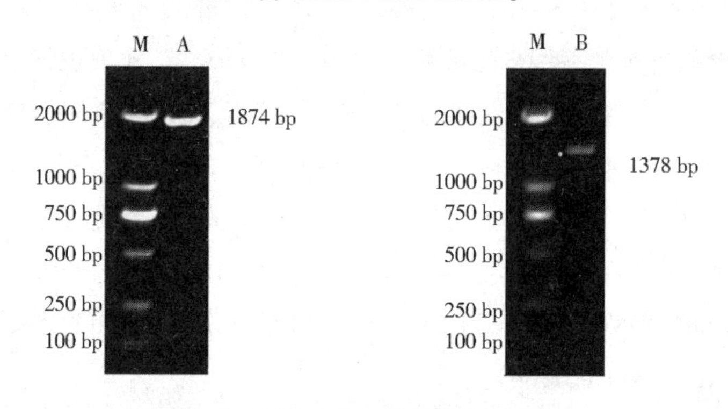

图 7－3　PCR 产物琼脂糖凝胶电泳图

M—DL2000 DNA Marker；A—红松 *SERK*2 PCR 扩增产物；B—红松 *SERK*4 PCR 扩增产物。

7.2.3　红松 *SERK* 基因的生物信息学分析

从红松转录组中找到 *SERK*1 基因，根据基因的测序结果进行 BLAST 序列比对，红松 *SERK* 家族其他的 2 个基因为 *SERK*2、*SERK*4。根据 *SERK* 基因家族的氨基酸序列，预测其蛋白质的理化性质，从氨基酸跨膜区域的预测、信号肽分析、亲疏水性的分析来了解红松 SERK 蛋白结构，推测红松 *SERK* 基因可能参与的生长发育过程，为进一步验证红松 *SERK* 功能提供可能的研究方向。

7.2.3.1 红松 SERK 氨基酸序列比对和进化树构建

利用 DNAMAN 对红松 *SERK* 的基因序列进行氨基酸序列翻译，氨基酸序列结果如图 7－4、图 7－5、图 7－6 所示，红松 *SERK*1 基因全长为 1 824 bp（ORF 长为 1 821 bp），共编码 607 个氨基酸；*SERK*2 基因全长为 1 960 bp（ORF 长为 1 928 bp），共编码 642 个氨基酸；*SERK*4 基因全长为 1 525 bp（ORF 长为 1 062 bp），共编码 353 个氨基酸。

```
        10        20        30        40        50        60        70        80        90       100       110       120
1     ATGAAGTGTCTTGTAGTGCTTGTGCTTTTCTCAATTGTATGGTCAACTGGTGCATCAAATGCTGAAGGTGAGGCGTTAAATGCATTCAAACAGTCGTTGAATGATACCAATAATTCACTT
1     M K C L V V L V L F S I V W S T G A S N A E G E A L N A F K Q S L N D T N N S L
       130       140       150       160       170       180       190       200       210       220       230       240
121   AGTGATTGGAATGTTGATTTAGTGGATCCATGCAGCAGCTGGTCCCATGTCAGTTGTCTTAATGGTCATGTTGCGACTGTCACTTTGGCCAACATGAGCTTTTCAGGGACCATATCACCT
41    S D W N V D L V D P C S S W S H V S C L N G H V A T V T L A N M S F S G T I S P
       250       260       270       280       290       300       310       320       330       340       350       360
241   CGGATTGGCCAGCTGACGTTCCTGAGTTACCTGACTTTAGAAGGTAATTCATTAACAGGAAGCATACCACCTCAACTTGGAAACATGACTAGTCTACAGAACCTGAATTTGGCAAGCAAC
81    R I G Q L T F L S Y L T L E G N S L T G S I P P Q L G N M T S L Q N L N L A S N
       370       380       390       400       410       420       430       440       450       460       470       480
361   CTACTCACAGGAGAGATTCCTAATACTTTGGGTCAGCTTGATAATCTTCAGTACCTGGTGTTAGGCAACAACAGGCTTAGTGGAGATATTCCACCTTCTCTATCAAAGATTCCAAATTTA
121   L L T G E I P N T L G Q L D N L Q Y L V L G N N R L S G D I P P S L S K I P N L
       490       500       510       520       530       540       550       560       570       580       590       600
481   ATAGAATTGGACCTTTCTTCTAATAATCTCAGCGGGCAAATACCAGTATCTTTGTTTCAAGTACATGAATATAATTTTAGTGGTAATCATATTAATTGCAGTGCAAGTTCTCCACACCCT
161   I E L D L S S N N L S G Q I P V S L F Q V H E Y N F S G N H I N C S A S S P H P
       610       620       630       640       650       660       670       680       690       700       710       720
601   TGTGCCTCAGCTCCCTCTTCAAATTCAGGTTCCTCAAAGAGATCAAAGATTGGAATTTTGGCCGGTACTATTGGAGGAGGAGTAGTTCTCATTTTGGTCCTAGGCTTACTATATCTTTTA
201   C A S A P S S N S G S S K R S K I G I L A G T I G G G V V L I L V L G L L Y L L
       730       740       750       760       770       780       790       800       810       820       830       840
721   TGCCAAGGCCGACATCGACGCAATAAGGGAGAAGTTTTTGTTGATGTCTCTGGCGAGGATGATCGGAAAATCGCTTTTGGGCAGTTAAAGAGATTTTCATGGCGTGAGTTGCAGTTGGCA
241   C Q G R H R R N K G E V F V D V S G E D D R K I A F G Q L K R F S W R E L Q L A
       850       860       870       880       890       900       910       920       930       940       950       960
841   ACTGATAATTTTAGTGAGAAGAATGTTCTTGGGCAGGGAGGTTTTGGCAAAGTATATAAAGGAGTGCTTGCAGACAATACAAAGGTTGCGGTAAAACGGTTGACTGATTATCATAGCCCT
281   T D N F S E K N V L G Q G G F G K V Y K G V L A D N T K V A V K R L T D Y H S P
       970       980       990      1000      1010      1020      1030      1040      1050      1060      1070      1080
961   GGTGGGGAGCAAGCATTTCTACGGGAGGTTGAGATGATCAGTGTGGCAGTCCACCGCAACCTTTTGCGCTTGATAGGATTTTGTGTTGCACCATCAGAGCGGCTTCTAGTCTACCCATAT
321   G G E Q A F L R E V E M I S V A V H R N L L R L I G F C V A P S E R L L V Y P Y
      1090      1100      1110      1120      1130      1140      1150      1160      1170      1180      1190      1200
1081  ATGCAAAACCTTAGTGTTGCATACAGGCTAAGGGAGCTCAAACCTACAGAAAAGCCATTAGACTGGCCTGCTCGGAAAAATGTGGCCTTAGGTGCAGCCCGTGGATTGGAGTACCTTCAT
361   M Q N L S V A Y R L R E L K P T E K P L D W P A R K N V A L G A A R G L E Y L H
      1210      1220      1230      1240      1250      1260      1270      1280      1290      1300      1310      1320
1201  GAGCACTGCAATCCTAAAATCATTCATCGGGACGTGAAAGCTGCTAATGTCTTGCTAGATGAAGACTATGAAGCTGTTGTTGGTGATTTTGGGCTAGCGAAATTGGTTGATGCTAGGAAA
401   E H C N P K I I H R D V K A A N V L L D E D Y E A V V G D F G L A K L V D A R K
      1330      1340      1350      1360      1370      1380      1390      1400      1410      1420      1430      1440
1321  ACTCATGTTACAACGCAAGTCCGTGGAACCATGGGTCACATTGCTCCTGAATACTTATCAACTGGAAGATCCTCAGAGAGGACAGATGTGTTTGGTTATGGTATTACTCTTTTGGAGCTT
441   T H V T T Q V R G T M G H I A P E Y L S T G R S S E R T D V F G Y G I T L L E L
      1450      1460      1470      1480      1490      1500      1510      1520      1530      1540      1550      1560
1441  GTCACTGGACAACGTGCTATAGATTTTTCACGTCTTGAGGAAGAGGACGACGTTCTATTATTGGATCATGTTAAGAAGTTACAAAGAGAGAAAAGATTAGATGCTATTGTAGATGCAAAC
481   V T G Q R A I D F S R L E E E D D V L L L D H V K K L Q R E K R L D A I V D A N
      1570      1580      1590      1600      1610      1620      1630      1640      1650      1660      1670      1680
1561  CTAAAGCAGAACTATGATGCAAAAGAAGTTGAGGCAATGATTCAGGTAGCATTGTTGTGCACACAGACCTCACCAGAAGATCGACCCAAAATGACAGAAGTTGTGCGCATGTTGGAAGGA
521   L K Q N Y D A K E V E A M I Q V A L L C T Q T S P E D R P K M T E V V R M L E G
      1690      1700      1710      1720      1730      1740      1750      1760      1770      1780      1790      1800
1681  GAGGGTTTGGATGAACGTTGGGAAGAGTGGCAGCAGGTTGAAGTCATTCGTCGACAAGAATATGAACTGATGCCTCGAAGGTTTGAGTGGGCTGAAGATTCTGTATATAACCAGGATGCA
561   E G L D E R W E E W Q Q V E V I R R Q E Y E L M P R R F E W A E D S V Y N Q D A
      1810      1820
1801  ATTGAACTTTCTGCTGGAAGATGA
601   I E L S A G R *
```

图 7－4 红松 *SERK*1 基因片段的基因序列及推导的氨基酸序列

```
          10      20      30      40      50      60      70      80      90      100     110     120
1     ATGCATGCTCGAGCGGCCGCCAGTGTGATGGATATCTGCAGAATTGCCCTTATGGCGATGGAGAAGCAGGGGGTAAAAACATGCAATTTTCGCTTCTTGTTACTTCTGTTCTTCTCTCTG
1     M H A R A A A S V M D I C R I A L M A M E K Q G V K T C N F R F L L L L F F S L
          130     140     150     160     170     180     190     200     210     220     230     240
121   CTTCGGCGAGGATTTGCCAACACAGAAGGTGATGCCTTACAGAGCTTTAAAAATAATGTAAATGATCCAAATAATGTGCTACAGAGTTGGGATGCAACTCTTGTAAATCCGTGTACATGG
41    L R R G F A N T E G D A L Q S F K N N V N D P N N V L Q S W D A T L V N P C T W
          250     260     270     280     290     300     310     320     330     340     350     360
241   TTCCATGTTACATGTAATGATGGACAAAGCGTAATAAGGCTTGATTTGGGAAATGCTGATTTATCCGGTGAATTAGTTCCTCAACTTGGACAACTACCGAATTTACAATATTTGGAGCTA
81    F H V T C N D G Q S V I R L D L G N A D L S G E L V P Q L G Q L P N L Q Y L E L
          370     380     390     400     410     420     430     440     450     460     470     480
361   TACAGTAATAATTTAACTGGGTCCATTCCTGATGAACTGGGCAATCTCACAAGCTTGGTGAGCTTGGACTTATATGAGAATAATTTGACGGGGTCTATACCTGATTCACTGAGCATGTTG
121   Y S N N L T G S I P D E L G N L T S L V S L D L Y E N N L T G S I P D S L S M L
          490     500     510     520     530     540     550     560     570     580     590     600
481   AACAAGATGCGCTTCCTAAGGCTCAATAACAATAATATCACTGGGAAAATTCCCATGTCTCTGACAACTGTTGATACGCTTCAAGTTCTTGATCTCTCAGCCAACAGTCTGAGTGGGTTG
161   N K M R F L R L N N N N I T G K I P M S L T T V D T L Q V L D L S A N S L S G L
          610     620     630     640     650     660     670     680     690     700     710     720
601   GTTCCATCCAATGGATCCTTCTCTCTGTTTACTCCCATAAGTTTTCAAAACAATACTGGGCTTTGTGGGTCAGCGGTGAATCATCAATGTCCGGGGCTCCCTCCATTTTCTCCCCCACCC
201   V P S N G S F S L F T P I S F Q N N T G L C G S A V N H Q C P G L P P F S P P P
          730     740     750     760     770     780     790     800     810     820     830     840
721   CCATTTGCACAACCCCCACCAGAAAGAACAAAAAGCAGGTGCTGCACCTTTATTTGCGATTTTGCATATTCTTCATCTGCGCGCAAAGCACATGATCTTATTGATGTGCAGCTGAGAGAT
241   P F A Q P P P E R T K S R C C T F I C D F A Y S S S A R K A H D L I D V Q L R D
          850     860     870     880     890     900     910     920     930     940     950     960
841   CCAGAGTCACTAGGGCAGCTTAAAAGGTCTCAATTACGGGAATTACAGGTTGCCACTGATGGGTTTAGCCAAAGGAACATACTTGGGAAAGGTGCTTTTGGGAAGGTATACAAAGGGCGC
281   P E S L G Q L K R S Q L R E L Q V A T D G F S Q R N I L G K G A F G K V Y K G R
          970     980     990     1000    1010    1020    1030    1040    1050    1060    1070    1080
961   CTTGCTGATGGTTCTTTGGTGGCTGTGAAACGCTTGAAGGATGAGCGTAGTTCGGCCGGAGAGTTGCAGTTTCAAACAGAGGTGGAGATGATCAGTATGGCAGTACACAGGAACCTCTTT
321   L A D G S L V A V K R L K D E R S S A G E L Q F Q T E V E M I S M A V H R N L F
          1090    1100    1110    1120    1130    1140    1150    1160    1170    1180    1190    1200
1081  CGGCTTCGTGGGTTCTGTATGTCACCAACTGAACGTCTACTCGTTTATCCTTACATGTCTAACGGGAGTGTTGCATCTTGTCTACGAGAACGACAGGGAGATCAACCACCACTAGATTGG
361   R L R G F C M S P T E R L L V Y P Y M S N G S V A S C L R E R Q G D Q P P L D W
          1210    1220    1230    1240    1250    1260    1270    1280    1290    1300    1310    1320
1201  CCTCAACGCAGGTGCATAGCACTGGGTTCAGCAAGAGGCCTTTCCTATTTACATGATCATTGTGATCCTAAGATTATTCACCGGGATGTGAAGGCTGCTAACATCCTATTGGATGATGTG
401   P Q R R C I A L G S A R G L S Y L H D H C D P K I I H R D V K A A N I L L D D V
          1330    1340    1350    1360    1370    1380    1390    1400    1410    1420    1430    1440
1321  TTTGAAGCTGTGGTGGGAGATTTTGGTTTAGCCAAACTTATGGATTACAAGGATACTCATGTGACTACAAATGTCTGTGGTACAATTGGACACATAGCACCGGAATACCTTTCTACTGGA
441   F E A V V G D F G L A K L M D Y K D T H V T T N V C G T I G H I A P E Y L S T G
          1450    1460    1470    1480    1490    1500    1510    1520    1530    1540    1550    1560
1441  AAGTCTTCAGAAAAGACTGATGTATTTGCATATGGGATTATGTTACTGGAAATTATAACAGGACAGAGGGCATTTGACCTTGCACGATTAGCAAGCGACGATGATATCATGCTTCTTGAC
481   K S S E K T D V F A Y G I M L L E I I T G Q R A F D L A R L A S D D D I M L L D
          1570    1580    1590    1600    1610    1620    1630    1640    1650    1660    1670    1680
1561  TGGGTTAAAGGGATGCTAAGAGAGAAGATGCTGGATAGGCTGGTTGATCCAGAACTCCAGAACGATTATGAGGAAACAGAAGTGGAGCAACTTATTCAAGTTGCCTTACTTTGCACACAA
521   W V K G M L R E K M L D R L V D P E L Q N D Y E E T E V E Q L I Q V A L L C T Q
          1690    1700    1710    1720    1730    1740    1750    1760    1770    1780    1790    1800
1681  AATTCACCAATGGAAAGACCAAAGATGGCCGATGTGGTACGGATGCTAGAAGGTGATGGCTTAGCTGAAAGATGGGATGAATGGCAAAAGGTGGAGGTAATGCGTAACACTAATCAGGAG
561   N S P M E R P K M A D V V R M L E G D G L A E R W D E W Q K V E V M R N T N Q E
          1810    1820    1830    1840    1850    1860    1870    1880    1890    1900    1910    1920
1801  CATGTACATCCACATCCAGATTGGATTTCTGAGTCAACATCTAATGTTCATCCAGTTGAATTATCAAGGGCAATTCCAGCACACTGGCGGCCGTTACGTAGTGGATCCGAGCTCGTACCA
601   H V H P H P D W I S E S T S N V H P V E L S R A I P A H W R P L R S G S E L V P
1921  AGGGCTGT
```

图7-5　红松*SERK2*基因片段的基因序列及推导的氨基酸序列

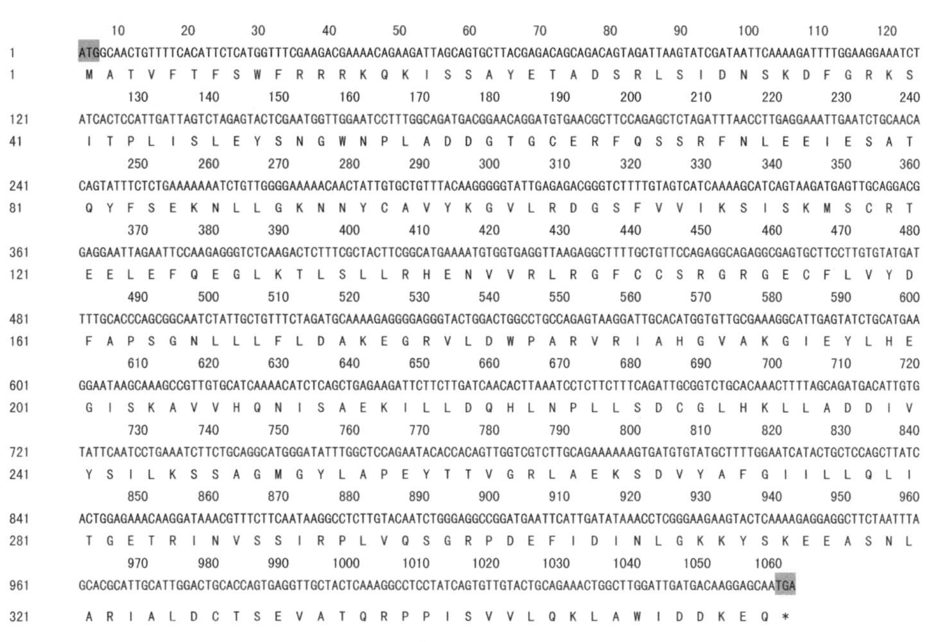

图7－6　红松 *SERK*4 基因片段的基因序列及推导的氨基酸序列

通过NCBI进行红松SERK氨基酸序列分析,利用MEGA 10.0软件构建NJ进化树(图7－7),结果表明红松SERK2(PkSERK2)与马尾松(*Pinus massoniana*)SERK1进化关系最近;红松SERK1与长白侧柏(*Thuja koraiensis*)的SERK1～3的进化关系较近,其中红松SERK4与长白侧柏的SERK1～2的进化关系最近。MEME预测结果(图7－8)表明,除红松SERK4蛋白外,红松SERK1蛋白、SERK2蛋白与巴西松(*Araucaria angustifolia*)SERK1蛋白、杉木(*Cunninghamia lanceolata*)SERK1蛋白、欧洲落叶松(*Larix decidua*)SERK蛋白、马尾松SERK1蛋白、烟草(*Nicotiana sylvestris*)SERK2蛋白、日本落叶松(*Larix kaempferi*)SERK1蛋白、长白侧柏SERK1～3蛋白、拟南芥SERK2和SERK4蛋白都具有5个相同的结构域。通过DANMAN软件进行不同物种SERK蛋白序列比对(图7－9),结果表明14个不同基因蛋白的保守性为71.28%,除了红松SERK4外,其他分析的SERK都具有亮氨酸拉链结构域,5个富亮氨酸重复序列(LRR)结构域,SPP(丝氨酸－脯氨酸－脯氨酸)胞外结构域,跨膜结构域,激酶结构域,C末端,属于典型的SERK/LRR－RLK类基因。

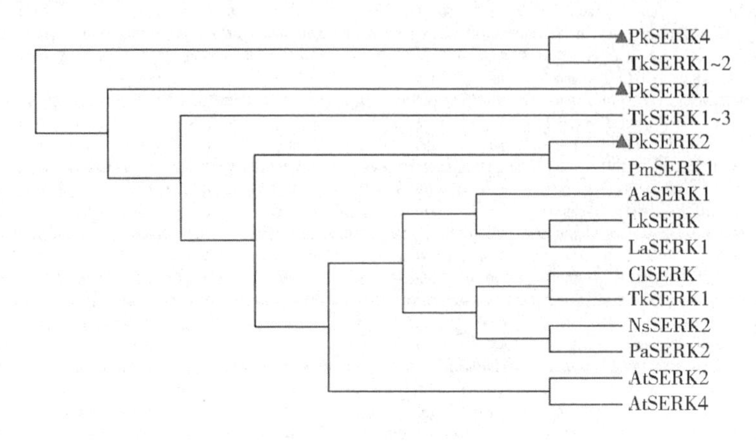

图 7-7　进化树分析

注:欧洲落叶松 *Larix decidua*(LdSERK),AEF56567.2;日本落叶松 *Larix kaempferi*(LaSERK1) AGS80343.1;巴西松 *Araucaria angustifolia*(AaSERK1),ACY91853.1;马尾松 *Pinus massoniana* (PmSERK1),ACZ56417.1;杉木 *Cunninghamia lanceolata* (ClSERK),ATY46634.1;长白侧柏 *Thuja koraiensis*(TkSERK1~3),QCX35976.1;TkSERK1,QCX35974.1;TkSERK1~2,QCX35975.1;毛白杨 *Prosopis alba*(PaSERK2),XP_028775003.1;烟草 *Nicotiana sylvestris*(NsSERK2),XP_009773846.1;拟南芥 *Arabidopsis thaliana*(AtSERK2),sp|Q9XIC7.1|;AtSERK4,sp|Q9SKG5.2|。

名称	p值	基序位置
PkSERK1	1.38e-175	
PkSERK2	1.97e-186	
PkSERK4	1.89e-33	
AaSERK1	2.67e-209	
ClSERK	1.01e-209	
LkSERK	2.34e-211	
PmSERK1	2.26e-211	
NsSERK2	7.36e-208	
LaSERK1	2.34e-211	
PaSERK2	1.35e-86	
TkSERK1~3	8.60e-178	
TkSERK1	1.01e-209	
TkSERK1~2	1.02e-179	
AtSERK2	1.56e-194	
AtSERK4	2.32e-189	

基序代号
共有基序
1. LRR
NLQYLDLYNNNLSGPIPPSLG
2. 激酶结构域
MDYKDTHVTTAVRGTIGHIAPEYLSTGKSSEKTDVFGYGIMLLELITGQR
3. SPP
FSHRNJLGLGGFGKVYKGRLL
4. C末端
KNNYVEAEVEQLIQVALLCTQGSPMDRPKMSEVVRMLEGDGLAERWEEWQ
5. TM
DWPTRKRIALGSARGLSYLHDHCDPKIIHRDVKAANILLDEEFEAVVGDF

图 7-8 不同物种的 SERK 蛋白保守基序示意图

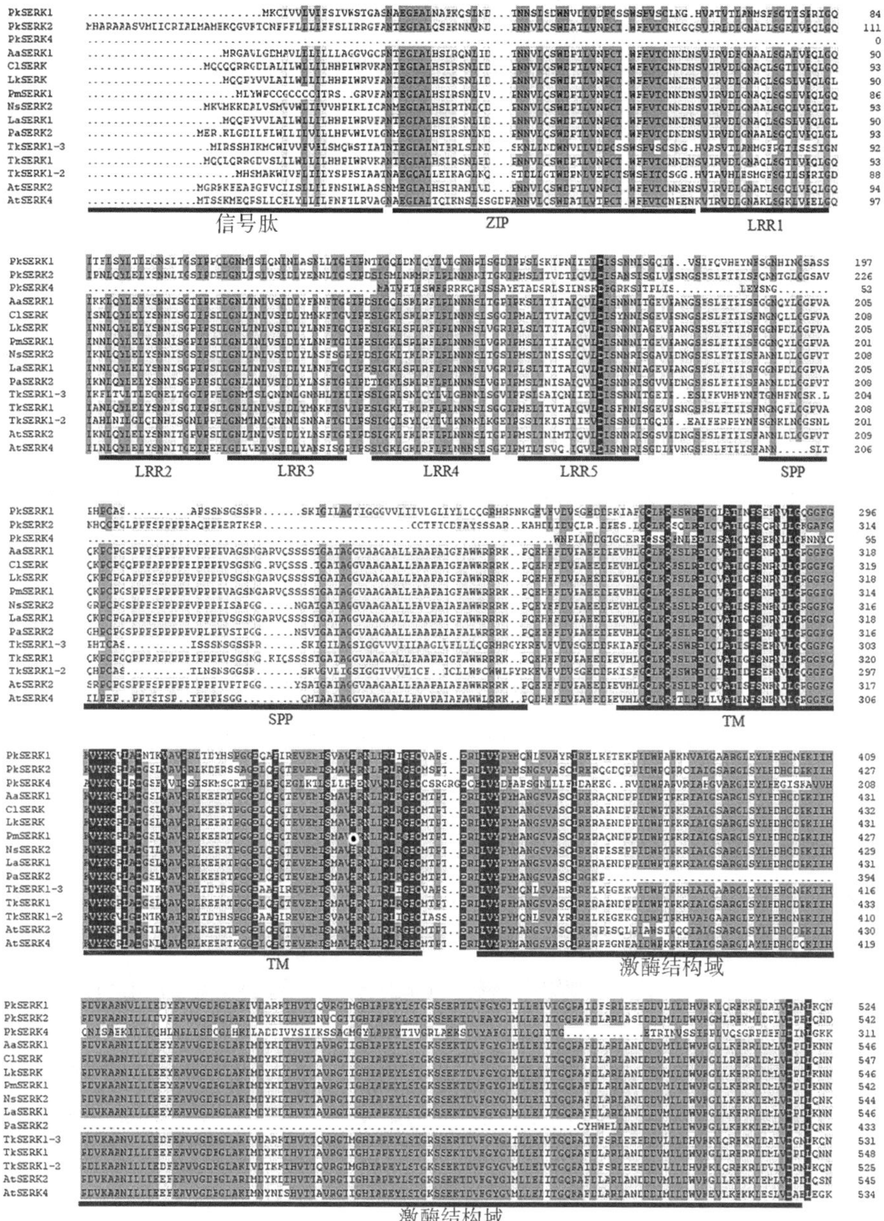

PkSERK1
PkSERK2
PkSERK4
AaSERK1
ClSERK
LkSERK
PmSERK1
NsSERK2
LaSERK1
PaSERK2
TkSERK1-3
TkSERK1
TkSERK1-2
AtSERK2
AtSERK4
信号肽
ZIP
LRR1
LRR2
LRR3
LRR4
LRR5
SPP
TM
激酶结构域

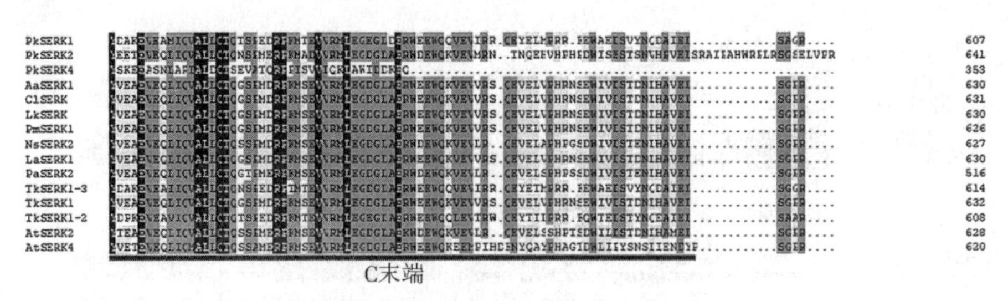

图 7-9 不同物种的 SERK 蛋白序列比对

注：ZIP：亮氨酸拉链；LRR：富亮氨酸重复序列；SPP：丝氨酸-脯氨酸-脯氨酸；TM：跨膜区。

7.2.3.2 红松 SERK 蛋白理化性质分析

ProtParam 软件预测结果如表 7-7 所示。根据结果，预测红松 SERK1 蛋白分子式为 $C_{2970}H_{4736}N_{834}O_{907}S_{19}$，红松 SERK2 蛋白分子式为 $C_{3147}H_{4993}N_{887}O_{952}S_{35}$，红松 SERK4 蛋白分子式为 $C_{1764}H_{2805}N_{485}O_{527}S_{11}$。红松 *SERK*1、*SERK*2、*SERK*4 所编码的氨基酸序列的生物信息学分析显示其原子总数分别为 9 466 个、10 014 个、5 592 个，蛋白质的分子量为 67.25 kDa、71.60 kDa、39.59 kDa，理论等电点为 5.70、5.67、7.55，推测红松 SERK1、SERK2 为酸性蛋白，红松 SERK4 为碱性蛋白。红松 SERK1 蛋白含有 607 个氨基酸，精氨酸与赖氨酸（Arg + Lys）带的正电荷残基总数为 61 个，天冬氨酸与谷氨酸（Asp + Glu）带的负电荷残基总数为 73 个，其中亮氨酸（Leu）有 80 个，数目最多且占比为 13.2%。红松 SERK2 蛋白含有 642 个氨基酸，精氨酸与赖氨酸（Arg + Lys）带的正电荷残基总数为 63 个，天冬氨酸与谷氨酸（Asp + Glu）带的负电荷残基总数为 76 个，其中亮氨酸（Leu）有 82 个，数目最多且占比为 12.8%。红松 SERK4 蛋白含有 353 个氨基酸，精氨酸与赖氨酸（Arg + Lys）带的正电荷残基总数为 45 个，天冬氨酸与谷氨酸（Asp + Glu）带的负电荷残基总数为 44 个，其中亮氨酸（Leu）有 41 个，数目最多且占比为 11.6%。红松 SERK1 蛋白的不稳定系数为 35.27，脂肪系数为 97.78，亲水性系数为 -0.209。红松 SERK2 蛋白的不稳定系数为 44.09，脂肪系数为 89.75，亲水性系数为 -0.241。红松 SERK4 蛋白的不稳定系数为 39.39，脂肪系数为 95.58，亲水性系数为 -0.200，详见表 7-7。

表7-7 红松 *SERK* 基因家族编码蛋白的理化性质预测

名称	SERK1	SERK2	SERK4
分子量	67.25 kDa	71.60 kDa	39.59 kDa
理论等电点	5.70	5.67	7.55
带正电荷氨基酸残基总数	61	63	45
带负电荷氨基酸残基总数	73	76	44
不稳定系数	35.27	44.09	39.39
脂肪系数	97.78	89.75	95.58
亲水性系数	-0.209	-0.241	-0.200

7.2.3.3 红松 SERK 蛋白跨膜结构分析

利用 TMpred 软件对红松 SERK1、SERK2、SERK4 蛋白跨膜结构进行分析，结果如图7-10所示。用实线和虚线分别表示对红松 SERK1、SERK2、SERK4 蛋白序列给出的两种模型的信号，其中 i-o 表示建议模型相对膜的取向为由内到外，而 o-i 表示建议模型相对膜的取向为由外到内。结果表明：红松 SERK1 有 3 个跨膜螺旋，位置分别是 1~18、64~88、219~241，长度分别为 18、25、23 个氨基酸，模型的分值是 4 963。它的替代模型预测，有 3 个跨膜螺旋，位置是 2~18、64~80、219~241，其长度分别为 17、17、23 个氨基酸，模型的分值是 4 564。红松 SERK2 有 2 个跨膜螺旋，位置分别是：25~46、186~211，长度分别为 22、26 个氨基酸，模型的分值是 1 062。它的替代模型预测，有 1 个跨膜螺旋，位置是 188~211，其长度为 24 个氨基酸，模型的分值是 555。红松 SERK4 没有跨膜螺旋。据此，推测红松 SERK1、SERK2 具备跨膜结构，属于跨膜蛋白。而红松 SERK4 不具备跨膜结构，不属于跨膜蛋白。

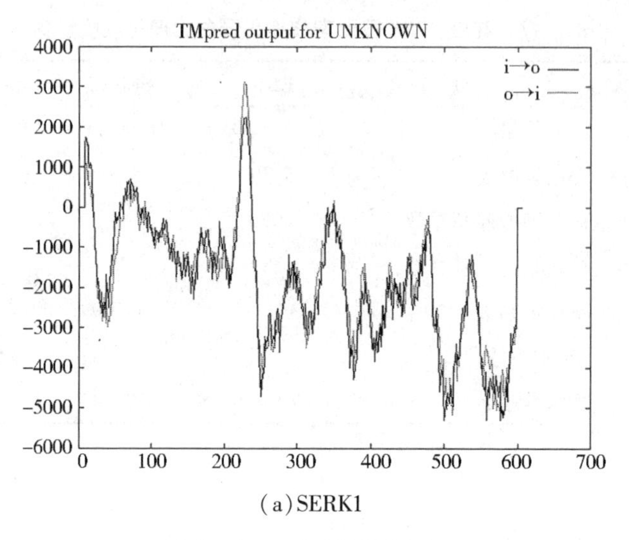

(a) SERK1

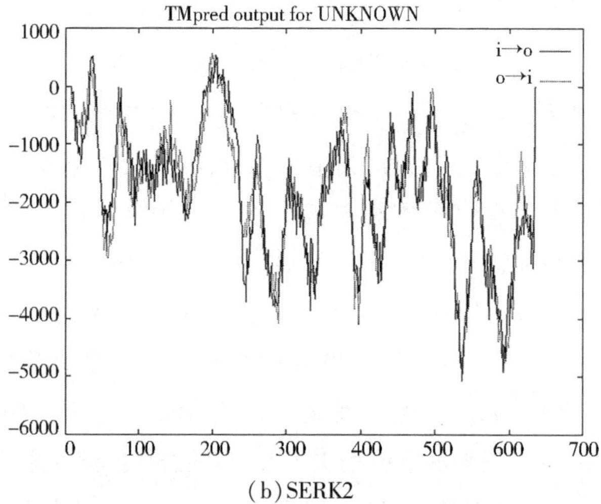

(b) SERK2

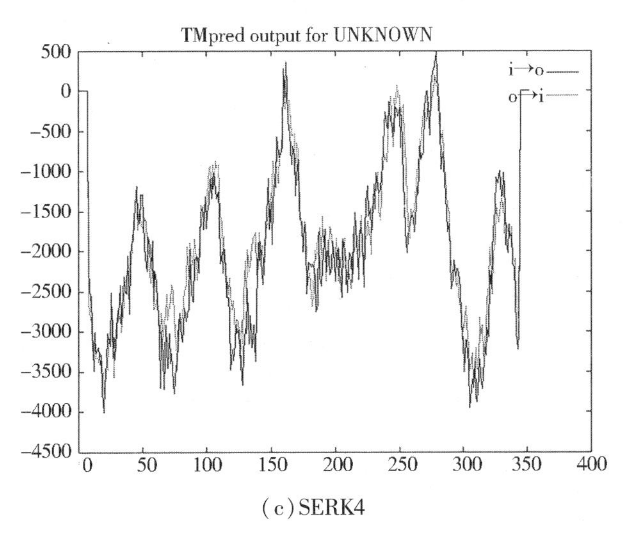

(c) SERK4

图 7-10 红松 SERK1、SERK2、SERK4 蛋白跨膜结构分析

7.2.3.4 红松 SERK 蛋白信号肽预测分析

利用在线软件 SignalP 5.0 对红松的 SERK1、SERK2、SERK4 蛋白的氨基酸全序列进行分析(图 7-11)。结果表明,红松 SERK1 氨基酸序列上有信号肽位点,可能性高达 0.998 5;红松 SERK2 氨基酸序列上没有信号肽位点,可能性仅为 0.227 2;红松 SERK4 氨基酸序列上也没有信号肽位点,其可能性更低,为 0.002 6。

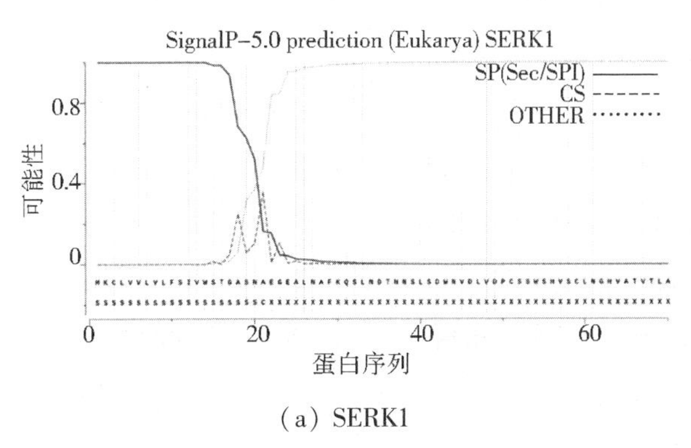

(a) SERK1

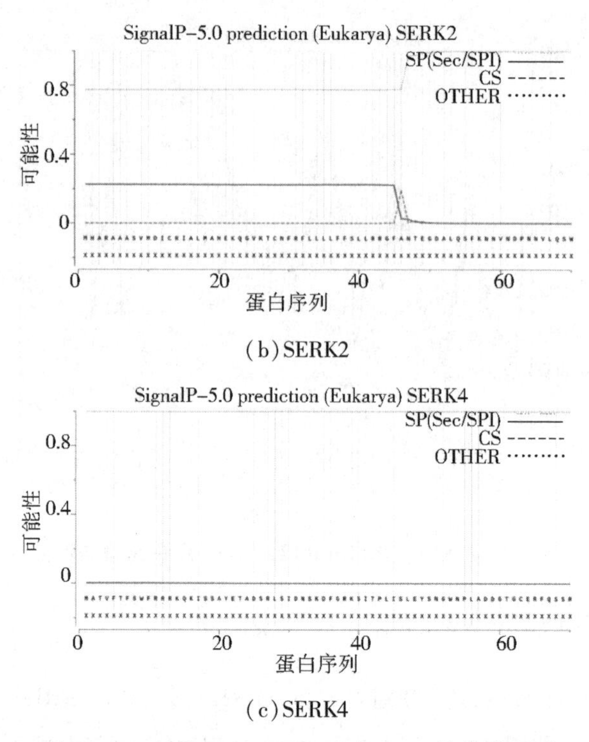

(b) SERK2

(c) SERK4

图 7-11　红松 SERK1、SERK2、SERK4 信号肽预测

7.2.3.5　红松 SERK 蛋白亲疏水性分析

红松 SERK1 蛋白亲疏水性分析结果如图 7-12(a)所示,该蛋白中第 232 位疏水性最强,分值为 3.544(分值越低亲水性越强,分值越高疏水性越强),第 246 位亲水性最弱,分值为 -3.156,红松 SERK1 蛋白为亲水性蛋白。红松 SERK2 蛋白亲疏水性分析结果如图 7-12(b)所示,该蛋白中第 37 位疏水性最强,分值为 3.067,第 393 位亲水性最弱,分值为 -2.956,红松 SERK2 为亲水性蛋白。红松 SERK4 蛋白亲疏水性分析结果如图 7-12(c)所示,该蛋白中第 276 位疏水性最强,分值为 2.644 ,第 12 位亲水性最强,分值为 -2.633,红松 *SERK4* 也为亲水性蛋白。整体来看,3 个蛋白均属于亲水性蛋白。

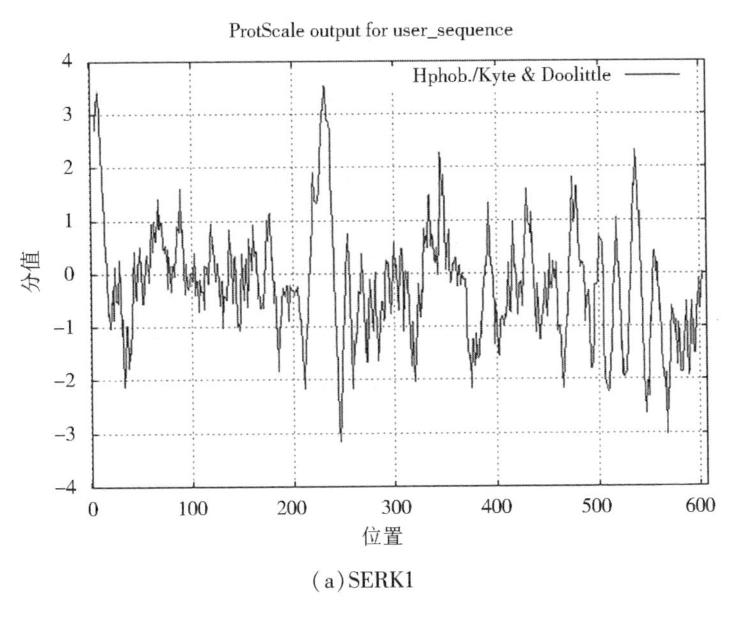

(a) SERK1

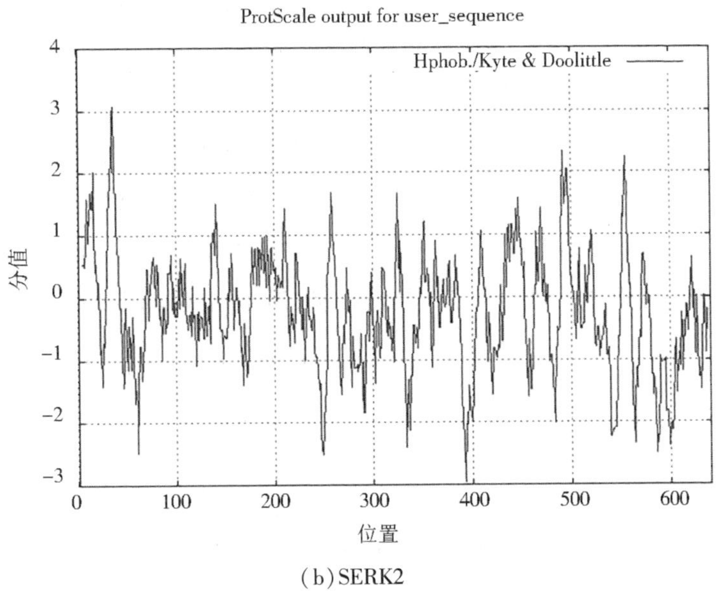

(b) SERK2

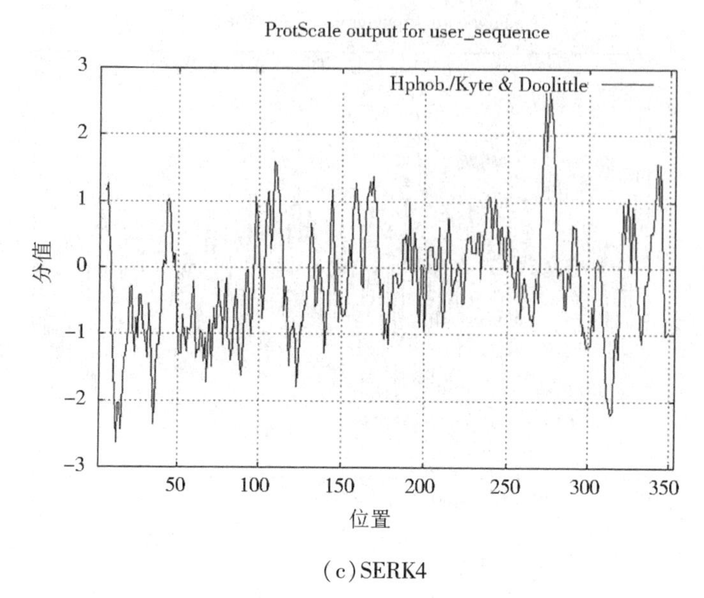

(c)SERK4

图 7-12 红松 SERK1、SERK2、SERK4 蛋白亲疏水性分析

7.2.3.6 红松 SERK 蛋白二级结构与三级结构预测

本书研究采用 SOPMA 在线分析软件分析红松 SERK1、SERK2、SERK4 蛋白的二级结构(图 7-13)。结果表明:红松 SERK1 含有 α-螺旋 256 个,占比为 42.17%;含有延伸链 86 个,占比为 14.17%;含有 β-转角 27 个,占比为 4.45%;含有无规则卷曲 238 个,占比为 39.21%。红松 SERK2 含有 α-螺旋 261 个,占比为 40.65%;含有延伸链 79 个,占比为 12.31%;含有 β-转角 29 个,占比为 4.52%;含有无规则卷曲 273 个,占比为 42.52%。红松 SERK4 含有 α-螺旋 134 个,占比为 37.96%;含有延伸链 66 个,占比为 18.70%;含有 β-转角 23 个,占比为 6.52%;含有无规则卷曲 130 个,占比为 36.83%。采用 SWISS-MODEL 工具,对红松 SERK1、SERK2、PkSERK4 蛋白进行三级结构分析,预测结果如图 7-14 所示。

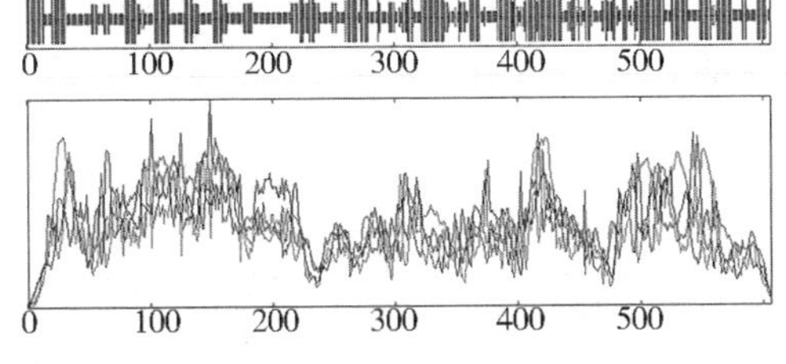

(a) SERK1

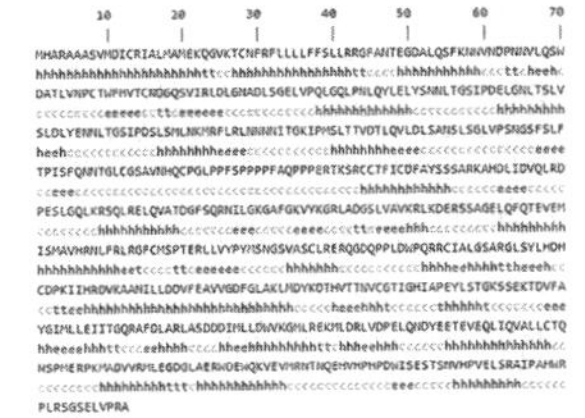

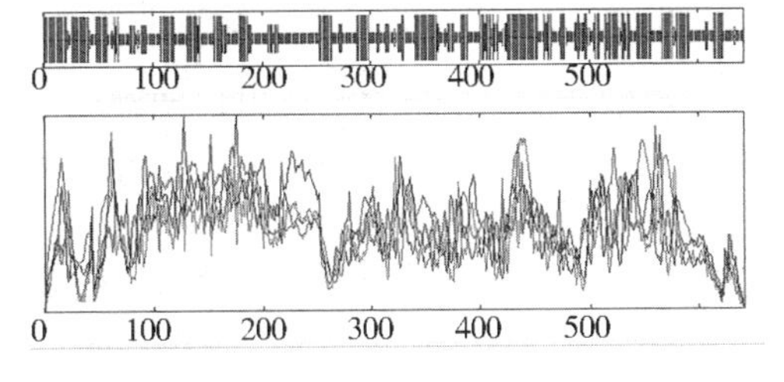

(b) SERK2

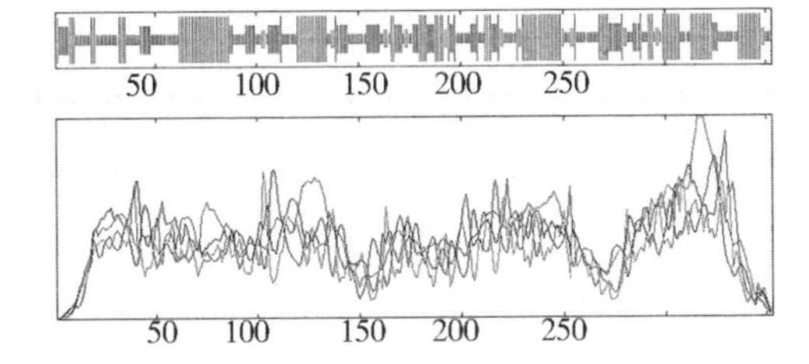

(c) SERK4

图 7－13　红松 SERK1、SERK2、SERK4 蛋白二级结构

(a) SERK1

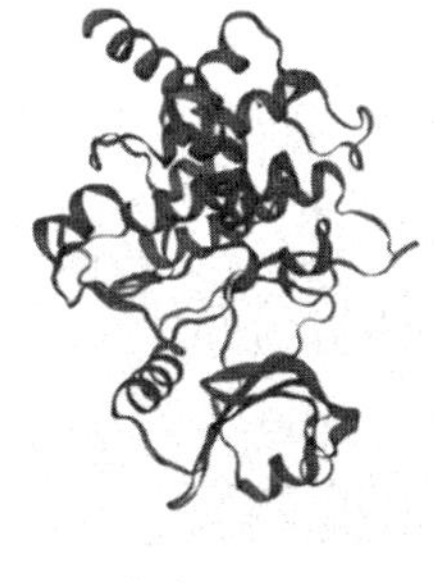

(b) SERK2

(c) SERK4

图 7－14　红松 SERK1、SERK2、SERK4 蛋白三级结构预测图

7.2.3.7　红松 SERK 的亚细胞定位预测

采用 Cell－PLoc 2.0 对红松 SERK1、SERK2、SERK4 进行亚细胞定位预测

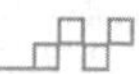

（图 7－15），推测红松 SERK1、SERK2 定位在细胞膜上，推测红松 SERK4 定位在细胞核上。

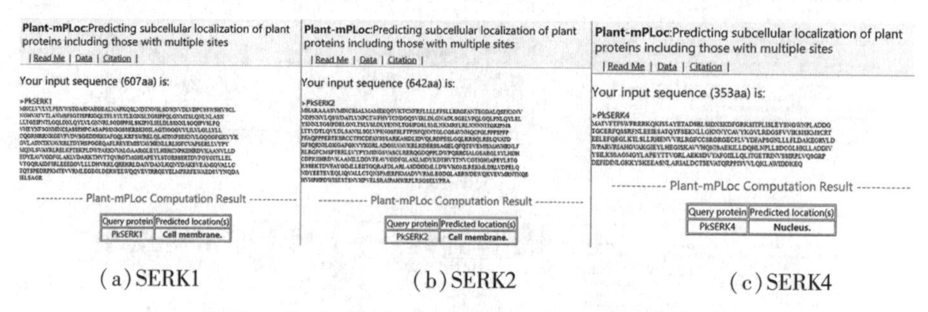

图 7－15　红松 SERK1、SERK2、SERK4 亚细胞定位

7.2.4　红松 *SERK* 基因的实时荧光定量 PCR 分析

7.2.4.1　红松总 RNA 的质量和浓度检测

将提取的 RNA 通过 1% 琼脂糖凝胶电泳检测（图 7－16），电泳结果显示提取的 7 种不同组织样本 RNA 的 28S rRNA 和 18S rRNA 两条条带清晰明亮，且 28S rRNA 比 18S rRNA 条带亮。说明获得的 RNA 的完整性比较好，没有明显的降解。此外，将获得的不同类型愈伤组织的 RNA 检测浓度（表 7－8）以及 $OD_{260/280}$、$OD_{260/230}$ 比值进行分析，结果表明 7 种愈伤组织均符合实时荧光定量 PCR 试验的要求。

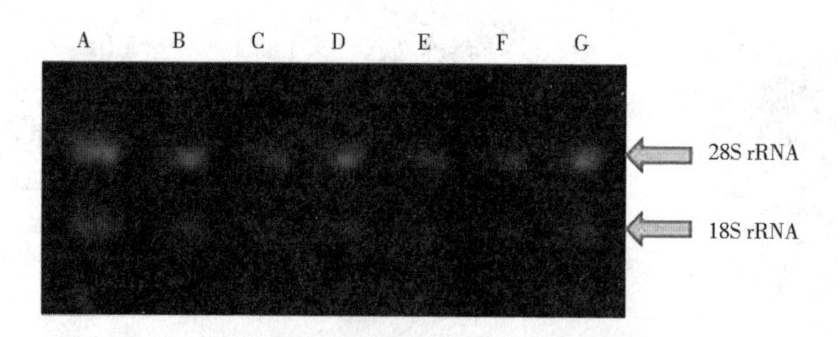

图 7－16　不同类型愈伤组织 RNA 的琼脂糖凝胶电泳图

注：A 为 2 个月白色愈伤组织（C1）；B 为 6 个月的白色愈伤组织（C2）；C 为黄绿色愈伤组织（C3）；D 为水渍状愈伤组织（C4）；E 为纤维化愈伤组织（C5）；F 为褐化愈伤组织（C6）；G 为球形胚愈伤组织（C7）。

表 7－8　红松不同类型愈伤组织的 RNA 浓度

样品	RNA 浓度/(ng·μL^{-1})
C1	823.180
C2	1120.479
C3	837.032
C4	667.794
C5	414.581
C6	278.348
C7	387.497

7.2.4.2　*SERK* 基因家族的实时荧光定量 PCR 分析

为检测红松 *SERK* 在长期保持培养的红松不同类型愈伤组织中的表达水平，分别将 7 种不同类型愈伤组织进行实时荧光定量 PCR 检测，结果如图 7－17 所示。

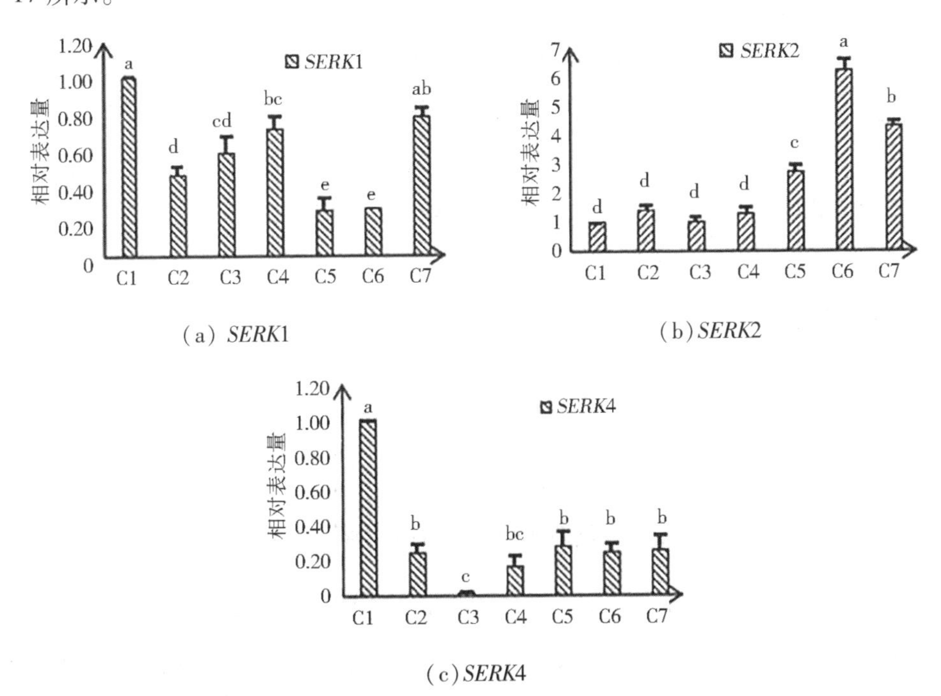

图 7－17　红松 *SERK* 基因在红松不同类型愈伤组织中的相对表达量

注：不同字母表示差异显著($p<0.05$)。

红松 *SERK*1 基因在不同类型的愈伤组织中均有表达，在 C1 中相对表达量最高，其次是在球形胚愈伤组织 C7 中，在褐化愈伤组织 C6 中相对表达量最低，C1 中红松 *SERK*1 基因的相对表达量是褐化愈伤组织 C6 的 3.9 倍。红松 *SERK*2 基因在不同类型愈伤组织中均有表达，在褐化愈伤组织 C6 中相对表达量最高，其次是球形胚愈伤组织 C7，褐化愈伤组织 C6 中的 *SERK*2 基因的相对表达量显著高于球形胚愈伤组织 C7，是球形胚愈伤组织 C7 的 1.4 倍，*SERK*2 在 C1、C2、C3、C4 中相对表达量较低，样本之间差异不显著。*SERK*2 在褐化愈伤组织 C6 中的相对表达量约为 C1 的 6 倍。红松 *SERK*4 基因也在不同类型的愈伤组织中均有不同程度表达，在 C1 中的相对表达量显著高于其他类型组织。*SERK*4 在黄绿色愈伤组织 C3 中的相对表达量最低，仅为 0.025，C1 中基因的相对表达量是 C3 的 40 倍。

整体来看，红松不同类型愈伤组织中均含有 *SERK*1、*SERK*2、*SERK*4，但相对表达量却有显著的差异，说明 3 个基因在红松胚性愈伤保持与体胚分化早期（球形胚）中所起的作用不相同。2 个月的白色愈伤组织具有高胚性，球形胚是早期的体细胞胚胎，结合组织细胞学观察分析结果表明，其他 5 种类型愈伤组织胚性均有不同程度的降低。红松 *SERK*1 在高胚性的愈伤组织和球形胚中高表达，因此推测红松 *SERK*1 可能是在愈伤组织胚性的保持及早期体细胞胚胎发生过程中起作用。推测红松 *SERK*2 基因在体细胞胚胎的早期分化方面起到一定作用，但对 EC 的形成作用不明显。虽然红松 *SERK*4 在 2 个月白色愈伤组织的相对表达量高，但球形胚时期的相对表达量却显著下降，推测红松 *SERK*4 基因可能与胚性获得有关，但在早期体细胞胚胎发生中不起作用。

7.3 讨论

7.3.1 红松 *SERK* 基因及其编码蛋白的特征分析

生物信息学研究结果表明，红松 SERK1、SERK2 具有跨膜结构域，SERK4 不具有跨膜结构域。此外，SERK1 氨基酸序列上有信号肽位点，但 SERK2、SERK4 氨基酸序列上没有信号肽位点。对蒲公英（*Taraxacum antungense*）*SERK* 基因家族进行生物学信息分析时发现，其 SERK2 有 2 个跨膜结构域，无信号肽结构域，这与本试验中红松 SERK2 跨膜结构域和信号肽的结果完全相同。红松 SERK1、SERK2、SERK4 均为亲水性蛋白，这与前人研究的 *SERK* 基因的结果相同，金花茶（*Camellia nitidissima*）的 SERK 与水曲柳的 SERK 均被鉴定为亲水性蛋白。红松 SERK1、SERK4 和水曲柳 SERK 预测结果一样，均为稳定蛋白。亚细胞定位预测红松 SERK1、SERK2 在细胞膜上存在，SERK4 在细胞核上存在。红松 SERK1、SERK2 亚细胞定位预测结果与铁皮石斛 SERK 定位在细胞膜上的结果一致。此外，日本落叶松 SERK1 亚细胞定位在细胞膜上，发现其在细胞感受外界信号过程中起作用，据此推测红松 SERK1、SERK2 极有可能也在细胞感受外界信号过程中发挥作用。

使用 MEME 在线分析软件对不同基因编码的蛋白质一级结构序列进行比对，发现红松 SERK1 和 SERK2 具备 *SERK* 基因编码蛋白结构特征：LRR1 ~ LRR5 结构域、SPP 胞外结构域、TM 跨膜结构域、激酶结构域、C 末端结构域。而红松 SERK4 只有 SPP 胞外结构域。研究发现马尾松 SERK1、巴西松 SERK1、日本落叶松 SERK1 也具有 SERK 蛋白的典型结构域，且与红松 SERK1 结构域完全一致，说明不同针叶树的 SERK 保守性极高。通过对几个物种的 SERK1 理化性质进行预测发现，各个物种 SERK1 分子量和等电点等理化性质有高度相似性，也表明它们在植物生长发育过程中功能的保守性。由各个物种 SERK1 蛋白结构的极高相似度可以推断它们在各自的细胞内起着相似甚至相同的作用。

7.3.2 红松 *SERK* 基因在不同胚性愈伤组织中的表达分析

SERK 基因广泛存在于大多数植物当中，且在不同胚胎发育时期都有特异性。同时，*SERK* 基因在大部分植物的胚性细胞中表达水平差异显著，说明 *SERK* 基因的表达与体胚分化过程和体细胞胚性能力的获得关系密切。近年来科学家们相继开展 *SERK* 基因在不同物种的不同器官、不同生长阶段、不同类型愈伤组织中的差异表达研究。金花茶研究结果表明，*SERK* 基因在体胚发生过程中子叶胚、球形胚和心形胚时期都有不同程度的表达。牡丹研究中发现，*SERK* 基因在 EC 的表达量要高于花和叶。在火鹤（*Anthurium andraeanum*）*SERK* 与桃 *SERK2* 研究中，*SERK* 均在 EC 中高表达，而在 NEC 或其他时期不表达或弱表达。巴西橡胶树（*Hevea brasiliensis*）*SERK2* 在初级胚阶段相对表达量最高，其次是在球形胚和子叶形胚阶段，说明 *SERK2* 从愈伤组织诱导阶段开始

逐渐表达,在原胚阶段高表达,然后随着发育的进行呈现下调表达趋势。研究发现日本落叶松 *SERK*1 和西班牙雪松(*Cedrela odorata*)*SERK*1 在体胚发生早期高表达,提出将日本落叶松 *SERK*1、西班牙雪松 *SERK*1 作为早期胚性细胞的标记基因。与上述研究结果类似,本书研究中红松 *SERK*1 基因在保持 2 个月的高胚性的愈伤组织和球形胚中的相对表达量最高,而在胚性较低的愈伤组织中相对表达量较低,因此推测 *SERK*1 基因在愈伤组织胚性的保持及早期体细胞胚胎发生过程中发挥作用,*SERK*1 基因也可以作为红松早期胚性细胞的标记基因。由此可以看出,红松中 *SERK*1 与马尾松中 *SERK*1、日本落叶松中 *SERK*1 生物信息学分析结果类似,3 个基因均含有跨膜结构,又具有完全相同的结构域及相似的理化性质,而 SERK 蛋白通过胞外 SPP 结构域接收信号,经过跨膜结构,将胞外信号传入胞内激酶结构域,通过与其他受体蛋白发生磷酸化或转磷酸化作用形成异源二聚体行使功能,据此推测,正是因为 *SERK* 基因有跨膜结构和 SPP 结构域才会对体细胞胚胎发生早期执行作用。

本书研究发现红松 *SERK*2 在褐化愈伤组织中的相对表达量最高,其次是球形胚,因为褐化愈伤组织和球形胚有相同的原胚团(PEM Ⅲ)的结构,因此推测红松 *SERK*2 在体细胞胚胎发生的早期起到一定作用,但对 EC 的形成没有作用,在桃和巴西橡胶树的研究中也证实了 *SERK*2 在体细胞胚胎发生的早期发挥重要作用。

本书研究中红松 *SERK*4 在 2 个月的白色愈伤组织中的相对表达量最高,显著高于其他 6 种类型愈伤组织中的相对表达量。到目前为止,对 *SERK*4 基因研究较少,大多数植物中的 *SERK*4 基因的功能也尚不明确,找不到有力的证据证明其在植物生长发育中的作用。生物信息学分析结果也表明与其他家族蛋白不同的是,红松 SERK4 是碱性蛋白,没有跨膜结构,亚细胞定位于细胞核内,不具有 SERK 蛋白家族的典型结构域,据此推测红松 *SERK*4 基因的功能与 *SERK*1、*SERK*2 不相同。

本试验首次克隆鉴定了红松的 *SERK* 基因,并对其进行了生物学信息学分析及不同类型愈伤组织差异表达模式的研究,探讨 *SERK* 基因在红松 EC 保持过程中的作用机制,以期为进一步阐释红松胚性基因参与调控胚性能力的分子机制奠定基础,也为红松 EC 长期保持过程中胚性降低这一瓶颈问题的解决提供参考。

7.4 本章小结

本书研究在对红松长期保持的不同胚性的愈伤组织进行外部形态与内部形态分析的基础上,克隆了红松 *SERK* 基因,并对其进行生物信息学分析,探讨了 *SERK* 基因在不同类型愈伤组织中的差异表达情况。主要得出以下结论:

(1)长期保持的不同类型红松愈伤组织外部形态差异显著,主要表现在颜色、质地、增殖速度、体胚分化能力等方面,并且高胚性的愈伤组织具有显著的 PEM 结构。

(2)从红松转录组中获得 *SERK*1 基因,其 ORF 长度为 1 821 bp,编码 607 个氨基酸。从红松分离并克隆出 *SERK*2 和 *SERK*4 基因,并获得它们 cDNA 的全长序列。红松 *SERK*2、*SERK*4 基因 ORF 长度分别为 1 928 bp、1 062 bp,分别编码 642 个和 353 个氨基酸。

(3)生物信息学分析预测红松 SERK1 和 SERK2 蛋白为跨膜蛋白,SERK4 蛋白为非跨膜蛋白。SERK1 氨基酸序列上具有信号肽位点,SERK2、SERK4 氨基酸序列上没有信号肽位点。3 个蛋白均为亲水性蛋白,红松 SERK1 为稳定、酸性蛋白,SERK2 为不稳定、酸性蛋白,SERK4 为稳定、碱性蛋白。

(4)结合实时荧光定量 PCR 定量结果与生物信息学分析,推测红松 *SERK*1 可能在红松 EC 的胚性保持及早期体细胞胚胎发生过程中起作用;红松 *SERK*2 基因仅在体胚发生的早期起到一定作用;而红松 *SERK*4 可能与胚性的获得有关。

参考文献

[1]陈金慧，张艳娟，李婷婷，等. 杂交鹅掌楸体胚发生过程的起源及发育过程[J]. 南京林业大学学报(自然科学版)，2012，36(1)：16－20.

[2]崔凯荣，戴若兰. 植物体细胞胚发生的分子生物学[M]. 北京：科学出版社，2000.

[3]樊卫国，安华明，刘国琴，等. 刺梨果实与种子内源激素含量变化及其与果实发育的关系[J]. 中国农业科学，2004，37(5)：728－733.

[4]高燕，席梦利，王桂凤，等. 马尾松体细胞胚胎发生相关基因 *PmSERK*1 的克隆与表达分析[J]. 分子植物育种，2010，8(1)：53－58.

[5]耿菲菲，肖丰坤，吴涛，等. 思茅松成熟胚的胚性愈伤组织诱导与增殖[J]. 东北林业大学学报，2015，43(5)：59－63.

[6]贾桂霞，李凤兰，洪熙环. 华北落叶松雌雄配子体的形成及胚胎[J]. 北京林业大学学报，1994，16(2)：10－14.

[7]李和平. 植物显微技术[M]. 2 版. 北京：科学出版社，2009.

[8]李龙，张立峰，齐力旺，等. 日本落叶松体细胞胚胎发生相关基因 *LaSERK*1 的克隆与表达分析[J]. 林业科学研究，2013，26(6)：673－680.

[9]刘艺平. 牡丹胚性愈伤组织诱导及胚性相关基因 *PsSERK* 的初步研究[D]. 郑州：河南农业大学，2015.

[10]鲁国武. 拟南芥新疆生态型体细胞胚胎发育的细胞学及理化特性研究[D]. 石河子：石河子大学，2008.

[11]莫福磊，束艺，陈秀玲，等. 基于全基因组的番茄 *YUCCA* 基因家族生物信息学分析[J]. 分子植物育种，2020，18(10)：3159－3163.

[12]綦洋，王柬钧，桑园园，等. 大白菜 *YUCCA* 基因家族的鉴定与生物信息学

分析[J]. 江苏农业科学, 2019, 47(3): 49 - 54.

[13]宋跃, 甄成, 张含国, 等. 长白落叶松胚性愈伤组织诱导及体细胞胚胎发生[J]. 林业科学, 2016,52(10):45 - 54.

[14]谭彬, 陈谭星, 韩亚萍, 等. 桃 *SERK2* 的克隆及其在不同状态愈伤组织中的表达分析[J]. 中国农业科学, 2019, 52(5): 882 - 892.

[15]田成玉, 李春英, 赵春建, 等. 樟子松受精作用和原胚的选择[J]. 植物研究, 2007, 27(1): 34 - 37.

[16]田娜, 王爱香, 张克中, 等. 火鹤 *AaSERK* 基因克隆及其在体细胞胚胎发生中的表达分析[J], 西北植物学报, 2015, 35(4): 674 - 681.

[17]王杰, 杨模华, 郑力尉, 等. 马尾松胚性细胞团诱导体系优化[J]. 中南林业科技大学学报, 2020, 40(11): 73 - 84.

[18]王晶. 菘蓝 *IiYUCCA6* 基因的克隆及其功能研究[D]. 西安:陕西师范大学, 2018.

[19]王仁汉, 宋志美, 屈旭, 等. 普通烟草 *YUCCA* 基因家族的生物信息学分析[J]. 江苏农业科学, 2021, 49(3): 61 - 65.

[20]王斯彤. 水曲柳体胚发生相关 *SERK* 基因克隆和表达分析[D]. 沈阳:沈阳农业大学, 2018.

[21]王晓娟, 张建霞, 何春梅, 等. 铁皮石斛体细胞胚胎发生类受体激酶基因 *DoSERK* 的克隆和表达分析[J]. 热带亚热带植物学报, 2015, 23(5): 518 - 526.

[22]王雪丽, 李萍萍, 吴坤阳, 等. 日本五针松针叶胚性愈伤诱导及愈伤组织细胞学特性观察[J]. 植物生理学报, 2017, 53 (3): 422 - 428.

[23]王志英. 丹东蒲公英 *SERK* 家族基因克隆和表达分析研究[D]. 沈阳:沈阳农业大学, 2018.

[24]翁浩, 赖钟雄. 金花茶体细胞胚胎 *Cn - SERK* 基因的克隆及其生物信息学分析[J]. 热带作物学报, 2013, 34(9): 1699 - 1707.

[25]许淑苹. 杉木合子胚和雌配子体蛋白质与金属元素分析[D]. 南京:南京林业大学, 2009.

[26]许智宏, 薛红卫. 植物激素作用的分子机理[M]. 上海: 上海科学技术出版社,2012.

[27]于文胜，姜伟，龚雪琴，等. 仙客来体细胞胚发生和发育过程中淀粉粒的动态变化[J]. 园艺学报，2013(8):1527 - 1534.

[28]袁美同，李绍信，纪丕钰，等. 梨 *YUCCA* 基因家族的鉴定与生物信息学分析[J]. 分子植物育种，2021，19(19):6328 - 6337.

[29]张蕾. 日本落叶松×华北落叶松体细胞胚胎发生的生化机制和分子机理研究[D]. 北京:中国林业科学研究院，2008.

[30]张倩倩，田守蔚，张洁，等. 西瓜 *YUCCA* 基因家族鉴定及在果实成熟过程中的表达分析[J]. 中国蔬菜，2019 (3):21 - 29.

[31]张新友，徐静，汤丰收，等. 花生种间杂种胚胎发育及内源激素变化[J]. 作物学报,2013，39(6)：1127 - 1133.

[32]郑万钧. 中国树木志　第一卷[M]. 北京：中国林业出版社,1983.

[33]周永凯，王颖，朱家红，等. 巴西橡胶树 *HbSERK*2 的克隆与表达分析[J]. 分子植物育种，2019，17(2)：445 - 451.

[34]邹梦雯，岳建华，张荻，等. 百子莲生长素受体基因 *TIR*1 的全长 cDNA 克隆及功能分析[J]. 上海交通大学学报(农业科学版)，2015，33(3)：36 - 42,52.

[35]ADAMOWSKI M，FRIML J. PIN - dependent auxin transport：action，regulation，and evolution[J]. Plant Cell，2015，27(1)：20 - 32.

[36]AIDA M，BEIS D，HEIDSTRA R，et al. The PLETHORA genes mediate patterning of the *Arabidopsis* root stem cell niche[J]. Cell，2004，119(1)：109 - 120.

[37]ANGELES - NÚÑEZ J G，TIESSEN A. Regulation of AtSUS2 and AtSUS3 by glucose and the transcription factor LEC2 in different tissues and at different stages of *Arabidopsis* seed development[J]. Plant Molecular Biology，2012，78(4 - 5)：377 - 392.

[38]ARNOLD S V，SABALA I，BOZHKOV P，et al. Developmental pathways of somatic embryogenesis[J]. Plant Cell Tissue & Organ Culture，2002，69(3)：233 - 249.

[39]ASHBURNER M，BALL C A，BLAKE J A，et al. Gene Ontology：tool for the unification of biology[J]. Nature Genetics，2000，25：25 - 29.

[40]ASTARITA L V, FLOH E I S, HANDRO W. Changes in IAA,tryptophan and activity of soluble peroxidase associated with zygotic embryogenesis in *Araucaria angustifolia* (Brazilian pine) [J]. Plant Growth Regulation, 2003, 39(2): 113 - 118.

[41]AUDIC S, CLAVERIE J M. The significance of digital gene expression profiles [J]. Genome Reseach, 1997, 7(10): 986 - 995.

[42]BAI B O , YING H S , JIA Y , et al. Induction of somatic embryos in *Arabidopsis* requires local *YUCCA* expression mediated by the down - regulation of ethylene biosynthesis[J]. Molecular Plant, 2013, 6(004):1247 - 1260.

[43]BALBUENA T S , SILVEIRA V , JUNQUEIRA M , et al. Changes in the 2 - DE protein profile during zygotic embryogenesis in the Brazilian Pine (*Araucaria angustifolia*). [J]. Journal of Proteomics, 2009, 72(3):337 - 352.

[44]BASHANDY T, GUILLEMINOT J, VERNOUX T, et al. Interplay between the NADP linked thioredoxin and glutathione systems in *Arabidopsis* auxin signaling [J]. Plant Cell,2010, 22(2): 376 - 391.

[45]BETEKHTIN A, ROJEK M, NOWAK K. Cell wall epitopes and endoploidy as reporters of embryogenic potential in *Brachypodium distachyon* callus culture [J]. International Journal of Molecular Sciences, 2018, 19(12): 3811.

[46]BLANVILLAIN R, YOUNG B, CAI Y M, et al. The Arabidopsis peptide kiss of death is an inducer of programmed cell death[J]. EMBO Journal, 2011, 30 (6): 1173 - 1183.

[47]BLILOU I, XU J, WILDWATER M, et al. The PIN auxin efflux facilitator network controls growth and patterning in *Arabidopsis* roots[J]. Nature, 2005, 433 (7021): 39 - 44.

[48]BLOMSTER T, SALOJARVI J, SIPARI N, et al. Apoplastic reactive oxygen species transiently decrease auxin signaling and cause stressinduced morphogenic response in *Arabidopsis* [J]. Plant Physiology, 2011, 157 (4): 1866 - 1883.

[49]DANIEL B , JACOBO M , JULIA S, et al. Crystal structures of the phosphorylated BRI1 kinase domain and implications for brassinosteroid signal initiation

[J]. The Plant Journal, 2014, 78(1): 31 - 43.

[50] BORJI M, MANEL B, BOUAMAMA - GZARA F, et al. Micromorphology, structural and ultrastructural changes during somatic embryogenesis of a tunisian oat variety (*Avena sativa* L. var "meliane") [J]. Plant Cell Tissue and Organ Culture, 2018, 132: 329 - 342.

[51] BOUTILIER K, OFFRINGA R, SHARMA V K, et al. Ectopic expression of BABY BOOM triggers a conversion from vegetative to embryonic growth [J]. Plant Cell, 2002, 14(8): 1737 - 1749.

[52] BOZHKOV P V, FILONOVA L H, SUAREZ M F, et al. VEIDase is a principal caspase - like activity involved in plant programmed cell death and essential for embryonic pattern formation [J]. Cell Death and Differentiation, 2004, 11: 175 - 182.

[53] BOZHKOV P V, SUAREZ M F, FILONOVA L H, et al. Cysteine protease mcII - Pa executes programmed cell death during plant embryogenesis [J]. Proceedings of the National Academy of Sciences of the United States of America, 2005, 102(40): 14463 - 14468.

[54] BRACKMANN K, QI J Y, GEBERT M, et al. Spatial specificity of auxin responses coordinates wood formation [J]. Nature Communications, 2018, 9(1): 1 - 15.

[55] BRAND A, QUIMBAYA M, TOHME J, et al. Arabidopsis *LEC*1 and *LEC*2 orthologous genes are key regulators of somatic embryogenesis in cassava [J]. Frontiers in Plant Science, 2019, 10: 673.

[56] BRAVO S, BERTÍN A, TURNER A, et al. Differences in DNA methylation, DNA structure and embryogenesis - related gene expression between embryogenic and non embryogenic lines of *Pinus radiata* D. don [J]. Plant Cell, Tissue and Organ Culture, 2017, 130(3): 521 - 529.

[57] BROWNFIELD D, TODD C D, STONE S L, et al. Patterns of storage protein and triacylglycerol accumulation during loblolly pine somatic embryo maturation [J]. Plant Cell, Tissue Organ Culture, 2007, 88(2): 217 - 223.

[58] CARRIER D J, KENDALL E J, BOCK C A, et al. Water content, lipid depo-

sition, and (+) - abscisic acid content in developing white spruce seeds[J]. Journal of Experimental Botany, 1999, 50(337): 1359 - 1364.

[59] CARRILLO - BARRAL N, MATILLA A J, RODRÍGUEZ - GACIO M C, et al. Nitrate affects sensu - stricto germination of after - ripened Sisymbrium officinale seeds by modifying expression of *SoNCDE5*, *SoCYP707A2* and *SoGA3ox2* genes[J]. Plant Science, 2014, 217 - 218: 99 - 108.

[60] CAUSIER B, LLOYD J, STEVENS L, et al. TOPLESS co - repressor interactions and their evolutionary conservation in plants [J]. Plant Signaling &Behavior, 2012, 7(3): 325 - 328.

[61] CHEN M M, LI X F, CAI Y M, et al. Identification and expression pattern analysis of YUCCA and ARF gene families during somatic embryogenesis of *Lilium* spp. [J]. Biologia Plantarum, 2020, 64(1): 385 - 394.

[62] CHEN X, GRANDONT L, LI H J, et al. Inhibition of cell expansion by rapid ABP1 - mediated auxin effect on microtubules [J]. Nature, 2014, 516 (7529): 90 - 93.

[63] CHEN Y K, XU X P, LIU Z X, et al. Global scale transcriptome analysis reveals differentially expressed genes involve in early somatic embryogenesis in *Dimocarpus longan* Lour[J]. BMC Genomics, 2020, 21(1): 4.

[64] CHENG W H, ENDO A, ZHOU L, et al. A unique short - chain dehydrogenase/reductase in Arabidopsis glucose signaling and abscisic acid biosynthesis and functions[J]. Plant Cell, 2002, 14: 2723 - 2743.

[65] CHIWOCHA S, ADERKAS P. Endogenous levels of free and conjugated forms of auxin, cytokinins and abscisic acid during seed development in Douglas fir [J]. Plant Growth Regulation, 2002, 36(3): 191 - 200.

[66] CIAVATTA V T, MORILLON R, PULLMAN G S, et al. An aquaglyceroporin is abundantly expressed early in the development of the suspensor and the embryo proper of loblolly pine [J]. Plant Physiology, 2001, 127 (4): 1556 - 1567.

[67] DAI X, MASHIGUCHI K, CHEN Q, et al. The biochemical mechanism of auxin biosynthesis by an *Arabidopsis* YUCCA flavin - containing monooxygenase

[J]. The Journal of Biological Chemistry, 2013, 288(3): 1448 - 1457.

[68] DAVIÈRE J M, WILD M, REGNAULT T, et al. Class i TCP - DELLA interactions in inflorescence shoot apex determine plant height[J]. Current Biology, 2014, 24: 1923 - 1928.

[69] DHARMASIRI N, DHARMASIRI S, ESTELLE M. The F - box protein TIR1 is an auxin receptor[J]. Nature, 2005, 435: 441 - 445.

[70] DOLAN L, JANMAAT K, WILLEMSEN V, et al. Cellular organisation of the *Arabidopsis thaliana* root[J]. Development, 1993, 119(1): 71 - 84.

[71] DONG J Z, DUNSTAN D I. Characterization of three heat - shock - protein genes and their developmental regulation during somatic embryogenesis in white spruce[J]. Planta, 1996, 200: 85 - 91.

[72] ELHITI M, STASOLLA C. Ectopic expression of the Brassica *SHOOTMERISTEMLESS* attenuates the deleterious effects of the auxin transport inhibitor TIBA on somatic embryo number and morphology[J]. Plant Science, 2011, 180(2): 383 - 390.

[73] ETCHELLS J P, PROVOST C M, MISHRA L, et al. *WOX*4 and *WOX*14 act downstream of the PXY receptor kinase to regulate plant vascular proliferation independently of any role in vascular organisation[J]. Development, 2013, 140(10): 2224 - 2234.

[74] EXPÓSITO - RODRÍGUEZ M, BORGÉS A A, BORGES - PÉREZ A, et al. Gene structure and spatiotemporal expression profile of tomato genes encoding YUCCA - like flavin monooxygenases: The *ToFZY* gene family[J]. Plant Physiology Biochemistry, 2011, 49(7): 782 - 791.

[75] FAN Y P, YU X M, GUO H H, et al. Dynamic transcriptome analysis reveals uncharacterized complex regulatory oathway underlying dose IBA - unduced embryogenic redifferentiation in cotton[J]. International Journal of Molecular Sciences, 2020, 21(2): 426.

[76] FEHÉR A, PASTERNAK T P, DUDITS D. Transition of somatic plant cells to an embryogenic state[J]. Plant Cell, Tissue and Organ Culture, 2003, 74(3): 201 - 228.

[77]FILONOVA LH, VON ARNOLD S, DANIEL G, et al. Programmed cell death eliminates all but one embryo in a polyembryonic plant seed[J]. Cell Death and Differentiation, 2002, 9:1057 -1062.

[78]FILONOVA L H, BOZHKOV P V, VON ARNOLD S , et al. Developmental pathway of somatic embryogenesis in *Picea abies* as revealed by time - lapse tracking[J]. Journal of Experimental Botany, 2000, 51(343): 249 -264.

[79]FILONOVA L H, BOZHKOV P V, BRUKHIN V B, et al. Two waves of programmed cell death occur during formation and development of somatic embryos in the gymnosperm, Norway spruce[J]. Journal of Cell Science, 2000, 113: 4399 -4411.

[80] FINKELSTEIN R. Abscisic acid synthesis and response[M]. Arabidopsis Book, 2013.

[81]FLINN B S, ROBERTS D R, NEWTON C H, et al. Storage protein gene expression in zygotic and somatic embryos of interior spruce[J]. Physiologia Plantarum, 1993, 89(4): 719 -730.

[82]FRIML J, VIETEN A, SAUER M, et al. Efflux - dependent auxin gradients establish the apical - basal axis of *Arabidopsis*[J]. Nature, 2003, 426 (6963): 147 -153.

[83]GAJ M D, ZHANG S B, HARADA J J, et al. Leafy cotyledon genes are essential for induction of somatic embryogenesis of *Arabidopsis*[J]. Planta, 2005, 222(6): 977 -988.

[84]GALINHA C, HOFHUIS H, LUIJTEN M, et al. *PLETHORA* proteins as dose - dependent master regulators of *Arabidopsis* root development[J]. Nature, 2007, 449(7165): 1053 -1057.

[85]GAO F, PENG C, WANG H, et al. Selection of culture conditions for callus induction and proliferation by somatic embryogenesis of *Pinus koraiensis*[J]. Journal of Forestry Research, 2020, 32(2): 483 -491.

[86]GAO Y B, ZHANG Y, ZHANG D, et al. Auxin binding protein 1 (ABP1) is not required for either auxin signaling or *Arabidopsis* development[J]. Proceedings of the National Academy of Sciences of the United States of America,

2015, 112(7): 2275 -2280.

[87]GAUTIER F, ELIÁŠOVÁ K, LEPLÉ J C, et al. Repetitive somatic embryogenesis induced cytological and proteomic changes in embryogenic lines of *Pseudotsuga menziesii*[Mirb.][J]. BMC Plant Biology, 2018, 18(1): 164.

[88]GONZALEZ - GUZMAN M, PIZZIO G A, ANTONI R, et al. *Arabidopsis* PYR/PYL/RCAR receptors play a major role in quantitative regulation of stomatal aperture and transcriptional response to abscisic acid[J]. Plant Cell, 2012, 24(6): 2483 -2496.

[89]GRABHERR M G, HAAS B J, YASSOUR M, et al. Full - length transcriptome assembly from RNA - Seq data without a reference genome[J]. Nature Biotechnology, 2011, 29: 644 -652.

[90]GRIENEISEN V A, XU J, MAREE A F, et al. Auxin transport is sufficient to generate amaximum and gradient guiding root growth [J]. Nature, 2007 (449): 1008 -1013.

[91]GUO H H, GUO H X, ZHANG L, et al. Dynamic transcriptome analysis reveals uncharacterized complex regulatory pathway underlying genotype - recalcitrant somatic embryogenesis transdifferentiation in cotton[J]. Genes, 2020, 11(5): 519.

[92]GUO Y F, HAN L Q, HYMES M, et al. CLAVATA2 forms a distinct CLE - binding receptor complex regulating *Arabidopsis* stem cell specification [J]. Plant Journal, 2010, 63(6):889 -900.

[93]HACKENBERG T, JUUL T, AUZINA A, et al. Catalase and NO CATALASE ACTIVITY1 promote autophagy - dependent cell death in *Arabidopsis* [J]. Plant Cell, 2013, 25(11): 4616 -4626.

[94]HAECKER A, GROSS - HARDT R, GEIGES B, et al. Expression dynamics of *WOX* genes mark cell fate decisions during early embryonic patterning in *Arabidopsis thaliana*[J]. Development, 2004, 131(3): 657 -668.

[95]HAKMAN I, FOWKE L C, VON ARNOLD S, et al. The development of somatic embryos in tissue cultures initiated from immature embryos of *Picea abies* (Norway Spruce) [J]. Plant Science, 1985, 38(1): 53 -59.

[96]HECHT V, VIELLE - CALZADA J P, HARTOG M V, et al. The *Arabidopsis* SOMATIC EMBRYOGENESIS RECEPTOR KINASE 1 gene is expressed in developing ovules and embryos and enhances embryogenic competence in culture [J]. Plant Physiology, 2001, 127: 803 - 816.

[97]HERINGER A S, SANTA - CATARINA C, SILVEIRA V. Insights from proteomic studies into plant somatic embryogenesis[J]. Proteomics, 2018, 18(5 - 6): e1700265.

[98]HU R Y, SUN Y H, WU B, et al. Somatic embryogenesis of immature *Cunninghamia lanceolata* (Lamb.) Hook Zygotic Embryos[J]. Scientific Reports, 2017, 7: 1 - 14.

[99]IKEDA - IWAI M, SATOH S, KAMADA H. Establishment of reproducible tissue culture system for the induction of *Arabidopsis* somatic embryos[J]. Journal of Experimental Botany, 2002, 53(374): 1575 - 1580.

[100]ISHIKAWA T, SHIGEOKA S. Recent advances in ascorbate biosynthesis and the physiological significance of ascorbate peroxidase in photosynthesizing organisms[J]. Bioscience, Biotechnology, Biochemistry, 2008, 72(5): 1143 - 1154.

[101]IZUNO A, MARUYAMA T E, UENO S, et al. Genotype and transcriptome effects on somatic embryogenesis in *Cryptomeria japonica*[J]. PLoS ONE, 2020, 15(12): e0244634.

[102]JENIK P D, GILLMOR C S, LUKOWITZ W. Embryonic patterning in *Arabidopsis thaliana*[J]. Annual Review of Cell and Developmental Biology, 2007, 23(1): 207 - 236.

[103]JING R, WANG P, HUANG Z, et al. Histocytological study of somatic embryogenesis in the tree *Cinnamomum camphora* L. (Lauraceae)[J]. Notulae Botanicae Horti Agrobotanici Cluj - Napoca, 2019, 47(4), 1348 - 1358.

[104]JUÁREZ - GONZÁLEZ V T, LÓPEZ - RUIZ B A, BALDRICH P, et al. The explant developmental stage profoundly impacts small RNA - mediated regulation at the dedifferentiation step of maize somatic embryogenesis[J]. Scientific Reports, 2019, 9: 1 - 14.

[105] JUNKER A, MŌNKE G, RUTTEN T, et al. Elongation – related functions of LEAFY COTYLEDON1 during the development of *Arabidopsis thaliana*[J]. The Plant Journal, 2012, 71(3): 427 – 442.

[106] KALMAR B, GREENSMITH L. Induction of heat shock proteins for protection against oxidative stress[J]. Advanced Drug Delivery Reviews, 2009, 61(4): 310 – 318.

[107] KANEHISA M, ARAKI M, GOTO S, et al. KEGG for linking genomes to life and the environment [J]. Nucleic Acids Research, 2008, 36 (1): 480 – 484.

[108] KARPPINEN K, HIRVELÄ E, NEVALA T, et al. Changes in the abscisic acid levels and related gene expression during fruit development and ripening in bilberry (*Vaccinium myrtillus* L.) [J]. Phytochemistry, 2013, 95: 127 – 134.

[109] KE Q B, WANG Z, JI C Y, et al. Transgenic poplar expressing *Arabidopsis YUCCA6* exhibits auxin – overproduction phenotypes and increased tolerance to abiotic stress[J]. Plant Physiology and Biochemistry, 2015, 94: 19 – 27.

[110] KIM J I, BAEK D, PARK H C, et al. Overexpression of *Arabidopsis YUCCA6* in potato results in high – auxin developmental phenotypes and enhanced resistance to water deficit[J]. Molecular Plant, 2013, 6(2): 337 – 349.

[111] KLEINE – VEHN J, DHONUKSHE P, SAUER M, et al. ARF GEF – dependent transcytosis and polar delivery of PIN auxin carriers in *Arabidopsis* [J]. Current Biology, 2008, 18(7): 526 – 531.

[112] KOTAK S, VIERLING E, BÄUMLEIN H, et al. A novel transcriptional cascade regulating expression of heat stress proteins during seed development of *Arabidopsis*[J]. The Plant Cell, 2007, 19(1): 182 – 195.

[113] KĘPCZYŃSKA E, OROWSKA A. Profiles of endogenous ABA, bioactive GAs, IAA and their metabolites in *Medicago truncatula* Gaertn. non – embryogenic and embryogenic tissues during induction phase in relation to somatic embryo formation[J]. Planta, 2021, 253(3): 1 – 13.

[114] KUMAR S, ASIF M H, CHAKRABARTY D, et al. Differential expression of

rice lambda class GST gene family members during plant growth, development, and in response to stress conditions[J]. Plant Molecular Biology Reporter, 2013, 31(3): 569 - 580.

[115]KUMAR V, VAN STADEN J. Multi - tasking of SERK - like kinases in plant embryogenesis, growth, and development: current advances and biotechnological applications[J]. Acta Physiologiae Plantarum, 2019, 41(3): 31 - 47.

[116]KURDYUKOV S, SONG Y H, SHEAHAN M B, et al. Transcriptional regulation of early embryo development in the model legume *Medicago truncatula* [J]. Plant Cell Reports, 2014, 33(2): 349 - 362.

[117]KWONG R W, BUI A Q, LEE H, et al. *LEAFY COTYLEDON*1 - *LIKE* defines a class of regulators essential for embryo development[J]. Plant Cell, 2003, 15(1): 5 - 18.

[118]LAI K S, YUSOFF K, MAZIAH M. Extracellular matrix as the early structural marker for *Centella asiatica* embryogenic tissues[J]. Biologia Plantarum, 2011, 55(3): 549 - 553.

[119]LARA - CHAVEZ A, EGERTSDOTTER U, FLINN B S. Comparison of gene expression markers during zygotic and somatic embryogenesis in pine[J]. In Vitro Cellar & Developmental Biology - Plant, 2012, 48: 341 - 354.

[120]LAUX T, WÜRSCHUM T, BREUNINGER H. Genetic regulation of embryonic pattern formation[J]. The Plant Cell. 2004, 16(1): 190 - 202.

[121]LELU - WALTER M A, THOMPSON D, HARVENGT L, et al. Somatic embryogenesis in forestry with a focus on Europe: state - of - the - art, benefits, challenges and future direction[J]. Tree Genetics & Genomes, 2013, 9(4): 883 - 899.

[122]LI F F, LI X Y, QIAO M, et al. *TaTCP* - 1, a novel regeneration - related gene involved in the molecular regulation of somatic embryogenesis in wheat (*Triticum aestivum* L.)[J]. Frontiers in Plant Science, 2020, 11: 1004.

[123]LI W, WEI L, PARRIS S, et al. Transcriptomic profiles of non - embryogenic and embryogenic callus cells in a highly regenerative Upland Cotton line (*Gossypium hirsutum*L.)[J]. BMC Developmental Biology, 2020, 20: 1 - 15.

[124] LIU H, XIE W F, ZHANG L, et al. Auxin biosynthesis by the *YUCCA6* flavin monooxygenase gene in woodland strawberry[J]. Journal of Integrative Plant Biology, 2014, 56(4): 350 - 363.

[125] LIVAK K J, SCHMITTGEN T D. Analysis of relative gene expression data using real - time quantitative PCR and the and the $2^{-\Delta\Delta Ct}$ method[J]. Methods, 2001, 25(4): 402 - 408.

[126] LJUNG K. Auxin metabolism and homeostasis during plant development[J]. Development, 2013, 140(5): 943 - 950.

[127] MA Y, SZOSTKIEWICZ I, KORTE A, et al. Regulators of PP2C phosphatase activity function as abscisic acid sensors[J]. Science, 2009, 324(5930): 1064 - 1068.

[128] MAILLOT P, LEBEL S, SCHELLENBAUM P, et al. Differential regulation of *SERK*, *LEC1 - Like* and *Pathogenesis - Related* genes during indirect secondary somatic embryogenesis in grapevine[J]. Plant Physiology and Biochemistry, 2009, 47(8): 743 - 752.

[129] MARIMUTHU K, SUBBARAYA U, SUTHANTHIRAM B, et al. Molecular analysis of somatic embryogenesis through proteomic approach and optimization of protocol in recalcitrant *Musa* spp. [J]. Physiologia Plantarum, 2019, 167 (3) : 282 - 301.

[130] MIGUEL C, GONALVES S, TERESO S, et al. Somatic embryogenesis from 20 open - pollinated families of portuguese plus trees of *Maritime Pine*[J]. Plant Cell, Tissue and Organ Culture, 2004, 76(2):121 - 130.

[131] MOLLER B, WEIJERS D. Auxin control of embryo patterning[J]. Cold Spring Harbor Perspectives in Biology. 2009, 1(5): a001545.

[132] MORCILLO M, SALES E, PONCE L, et al. Effect of elicitors on holm oak somatic embryo development and efficacy inducing tolerance to *Phytophthora cinnamomi*[J]. Scientific Reports, 2020, 10: 15166.

[133] MORTAZAVI A, WILLIAMS B A, MCCUE K, et al. Mapping and quantifying mammalian transcriptomes by RNA - Seq[J]. Nature Methods, 2008, 5: 621 - 628.

[134]MRAVEC J, SKUPA P, BAILLY A. Subcellular homeostasis of phytohormone auxin is mediated by the ER – localized PIN5 transporter[J]. Nature, 2009, 459: 1136 – 1140.

[135]NAMASIVAYAM P, SKEPPER J, HANKE D. Identification of a potential structural marker for embryogenic competency in the *Brassica napus* spp. *oleifera* embryogenic tissue[J]. Plant Cell Reports, 2006, 25(9): 887 – 895.

[136]DO NASCIMENTO A M M, BARROSO P A, NASCIMENTO N F, et al. *Pinus* spp. somatic embryo conversion under high temperature: effect on the morphological and physiological characteristics of plantlets [J]. Forests, 2020, 11(11): 1181.

[137]DE OLIVEIRA L F, DO SANTOS A L W, FLOH E I S. Polyamine and amino acid profiles in immature *Araucaria angustifolia* seeds and their association with embryogenic culture establishment[J]. Trees – Structure and Function, 2020, 34(3), 845 – 854.

[138]OLVERA – CARRILLO Y, CAMPOS F, REYES J L, et al. Functional analysis of the group 4 late embryogenesis abundant proteins reveals their relevance in the adaptive response during water deficit in *Arabidopsis*[J]. Plant Physiology, 2010, 154(1): 373 – 390.

[139]PANDEY M, JAYARAMAIAH R , DHOLAKIA B, et al. A viable alternative *in vitro* system and comparative metabolite profiling of different tissues for the conservation of *Ceropegia karulensis*[J]. Plant Cell, Tissue and Organ Culture, 2017, 131(3): 391 – 405.

[140]PASSAMANI L Z, REIS R S, VALE E M, et al. Long – term culture with 2, 4 – dichlorophenoxyacetic acid affects embryogenic competence in sugarcane callus via changes in starch, polyamine and protein profiles[J]. Plant Cell, Tissue and Organ Culture, 2020, 140(2): 415 – 429.

[141]PENG C X, GAO F, WANG H, et al. Optimization of maturation process for somatic embryo production and cryopreservation of embryogenic tissue in *Pinus koraiensis* [J]. Plant Cell, Tissue and Organ Culture, 2021, 144 (1), 185 – 194.

[142] PERALES M, REDDY G V. Stem cell maintenance in shoot apical meristems [J]. Current Opinion in Plant Biology, 2012, 15(1): 10 – 16.

[143] PICCIARELLI P, CECCARELLI N, PAOLICCHI F, et al. Endogenous auxins and embryogenesis in *Phaseolus coccineus*[J]. Functional Plant Biology, 2001, 28(1): 73 – 78.

[144] PINTO M C, LOCATO V, DE GARA L. Redox regulation in plant programmed cell death [J]. Plant, Cell and Environment, 2012, 35 (2): 234 – 244.

[145] PITZSCHKE A, DATTA S, PERSAK H. Salt stress in *Arabidopsis*: lipid transfer protein AZI1 and its control by mitogen – activated protein kinase MPK3[J]. Molelular Plant, 2014, 7(4): 722 – 738.

[146] PORRAS – MURILLO R, ANDRADE – TORRES A, SOLIS – RAMOS L Y. Expression analysis of two SOMATIC EMBRYOGENESIS RECEPTOR KINASE (*SERK*) genes during *in vitro* morphogenesis in Spanish cedar (*Cedrela odorata* L.)[J]. 3 Biotech, 2018, 8(11): 470.

[147] PULLMAN G S, BUCALO K. Pine somatic embryogenesis: analyses of seed tissue and medium to improve protocol development[J]. New Forests, 2014, 45(3): 353 – 377.

[148] QI Y C, WANG H J, ZOU Y, et al. Over – expression of mitochondrial heat shock protein 70 suppresses programmed cell death in rice[J]. FEBS Letters, 2011, 585(1): 231 – 239.

[149] QUITTENDEN L J, MCADAM E L, DAVIES N W, et al. Evidence that indole – 3 – acetic acid is not synthesized via the indole – 3 – acetamide pathway in pea roots [J]. Journal of Plant Growth Regulation, 2014, 33 (4): 831 – 836.

[150] RADEMACHER E H, LOKERSE A S, SCHLERETH A, et al. Different auxin response machineries control distinct cell fates in the early plant embryo [J]. Developmental Cell, 2012, 22(1): 211 – 222.

[151] RADEMACHER W. Growth retardants: effects on gibberellin biosynthesis and other metabolic pathways[J]. Annual Review of Plant Physiology and Plant

Molecular Biology, 2000, 51(1): 501 -531.

[152] REEVES C, HARGREAVES C, TRONTIN J F, et al. Simple and efficient protocols for the initiation and proliferation of embryogenic tissue of Douglas - fir[J]. Trees, 2018, 32(1): 175 -190.

[153] ROBERT S, KLEINE - VEHN J, BARBEZ E, et al. ABP1 mediates auxin inhibition of clathrin - dependent endocytosis in *Arabidopsis*[J]. Cell, 2010, 143(1): 111 -121.

[154] ROUX M, SCHWESSINGER B, ALBRECHT C, et al. The Arabidopsis leucine - rich repeat receptor - like kinases BAK1/SERK3 and BKK1/SERK4 are required for innate immunity to hemibiotrophic and biotrophic pathogens [J]. Plant Cell, 2011, 23(6): 2440 -2455.

[155] RUTLEDGE R G, STEWART D, OVERTON C, et al. Gene expression analysis of primordial shoot explants collected from mature white spruce (*Picea glauca*) trees that differ in their responsiveness to somatic embryogenesis induction[J]. PLoS ONE, 2017, 12(10): e0185015.

[156] SANTA - CATARINA C, DE OLIVEIRA R R, CUTRI L, et al. WUSCHEL - related genes are expressed during somatic embryogenesis of the basal angiosperm *Ocotea catharinensis* Mez. (Lauraceae)[J]. Trees - Structure and Function, 2012, 26(2): 93 -501.

[157] SAVONA M, MATTIOLI R, NIGRO S, et al. Two *SERK* genes are markers of pluripotency in *Cyclamen persicum* Mill. [J]. Journal of Experimental Botany, 2012, 63(1): 471 -488.

[158] SCHOOF H, LENHARD M, HAECKER A, et al. The stem cell population of Arabidopsis shoot meristems is maintained by a regulatory loop between the *CLAVATA* and *WUSCHEL* genes[J]. Cell, 2000, 100(6): 635

[159] SELDIMIROVA O A, KUDOYAROVA G R, KRUGLOVA N N, et al. Changes in distribution of zeatin and indole -3 - acetic acid in cells during callus induction and organogenesis in vitro in immature embryo culture of wheat[J]. In Vitro Cellular and Development Biology. Plant: Journal of the Tissue Culture Association, 2016, 52(3): 251 -264.

[160]SHEN Y Y, WANG X F, WU F Q, et al. The Mg – chelatase H subunit is an abscisic acid receptor[J]. Nature, 2006, 443: 823 – 826.

[161]SHU K, ZHANG H W, WANG S F, et al. ABI4 regulates primary seed dormancy by regulating the biogenesis of abscisic acid and gibberellins in *Arabidopsis*[J]. PloS Genetics, 2013, 9(6): e1003577.

[162]SILVEIRA V, BALBUENA T S, SANTA – CATARINA C, et al. Biochemical changes during seed development in *Pinus taeda* L. [J]. Plant Growth Regulation, 2004, 44(2): 147 – 156.

[163]SMERTENKO A, BOZHKOV P V. Somatic embryogenesis: life and death processes during apical – basal patterning[J]. Journal of Experimental Botany, 2014, 65(5): 1343 – 1360.

[164]SMET I D, LAU S, MAYER U, et al. Embryogenesis – the humble beginnings of plant life[J]. Plant Journal, 2010, 61(6): 959 – 970.

[165]STADLER R, LAUTERBACH C, SAUER N. Cell – to – cell movement of green fluorescent protein reveals post – phloem transport in the outer integument and identifies symplastic domains in *Arabidopsis* seeds and embryos[J]. Plant Physiology, 2005, 139(2): 701 – 712.

[166]STASOLLA C, YEUNG E C. Recent advances in conifer somatic embryogenesis: improving somatic embryo quality[J]. Plant Cell, Tissue and Organ Culture, 2003, 74(1): 15 – 35.

[167]STEINER N, SANTA – CATARINA C, GUERRA M P, et al. A gymnosperm homolog of SOMATIC EMBRYOGENESIS RECEPTOR – LIKE KINASE – 1 (*SERK*1) is expressed during somatic embryogenesis[J]. Plant Cell, Tissue and Organ Culture, 2012, 109(1): 41 – 50.

[168]STONE S L, KWONG L W, YEE K M, et al. *LEAFY COTYLEDON*2 encodes a B3 domain transcription factor that induces embryo development[J]. Proceedings of the National Academy of Sciences of the United States of America, 2001, 98(20): 11806 – 11811.

[169]SUN X D, XIANG N, WANG CD, et al. Isolation and functional analysis of *SpWOX*13 from *Stipa purpurea*[J]. Plant Molecular Biology Reporter, 2015,

33: 1441 – 1450.

[170] ŠUNDERLIÍKOVÁ V, SALAJ J, MATUŠÍKOVÁ I, et al. Isolation and characterization of an embryo – specific em – like gene of pedunculate oak (*Quercus robur* L.) and its temporal and spatial expression patterns during somatic and zygotic embryo development[J]. Trees, 2009, 23 (1): 135 – 144.

[171] SUTTLE J C, LULAI E C, HUCKLE L L, et al. Wounding of potato tubers induces increases in ABA biosynthesis and catabolism and alters expression of ABA metabolic genes [J]. Journal of Plant Physiology, 2013, 170 (6): 560 – 566.

[172] SUZUKI M, YAMAZAKI C, MITSUI M, et al. Transcriptional feedback regulation of *YUCCA* genes in response to auxin levels in *Arabidopsis*[J]. Plant Cell Reports, 2015, 34(8): 1343 – 1352.

[173] TRETYAKOVA I N, KUDOYAROVA G R, PARK M E, et al. Content and immunohistochemical localization of hormones during in vitro somatic embryogenesis in long – term proliferating *Larix sibirica* cultures [J]. Plant Cell, Tissue and Organ Culture, 2019, 136(3): 511 – 522.

[174] TSIATSIANI L, VAN BREUSEGEM F, GALLOIS P, et al. Metacaspases [J]. Cell Death and Differentiation, 2011, 18: 1279 – 1288.

[175] TSUCHIYA Y, NAMBRA E, NAITO S, et al. The FUS3 transcription factor functions through the epidermal regulator TTG1 during embryogenesis in *Arabidopsis*[J]. Plant Journal, 2004, 37(1): 73 – 81.

[176] TUCKER M R, HINZE A, TUCKER E J, et al. Vascular signalling mediated by *ZWILLE* potentiates *WUSCHEL* function during shoot meristem stem cell development in the *Arabidopsis* embryo[J]. Development, 2008, 135(17): 2839 – 2843.

[177] TUCKER M R, ROODBARKELARI F, TRUERNIT E, et al. Accession – specific modifiers act with *ZWILLE/ARGONAUTE*10 to maintain shoot meristem stem cells during embryogenesis in*Arabidopsis*[J]. BMC Genomics, 2013, 14(1): 809.

[178] UC – CHUC M A, PÉREZ – HERNÁNDEZ C, GALAZ – ÁVALOS R M, et

al. YUCCA - mediated biosynthesis of the *auxin IAA* is required during the somatic embryogenic induction process in *Coffea canephora*[J]. International Journal of Molecular Sciences, 2020, 21(13): 4175.

[179] UEDA M, ZHANG Z J, LAUX T. Transcriptional activation of *Arabidopsis* axis patterning genes *WOX*8/9 links zygote polarity to embryo development [J]. Developmental Cell, 2011, 20: 264 - 270.

[180] VAN DOORN W G, BEERS E P, DANGL J L, et al. Morphological classification of plant cell deaths[J]. Cell Death and Differentiation, 2011, 18: 1241 - 1246.

[181] VAN ZYL L, BOZHKOVB P V, CLAPHAMB D H, et al. Up, down and up again is a signature global gene expression pattern at the beginning of gymnosperm embryogenesis[J]. Gene Expression Patterns, 2003, 3(1): 83 - 91.

[182] VERNON D M, HANNON M J, LE M P, et al. An expanded role for the *TWN*1 gene in embryogenesis: defects in cotyledon pattern and morphology in the *TWN*1 mutant of *Arabidopsis* (Brassicaceae)[J]. American Journal of Botany, 2001, 88(4): 570 - 582.

[183] VERNON D M, MEINKE D W. Embryogenic transformation of the suspensor in twin, a polyembryonic mutant of *Arabidopsis*[J]. Developmental Biology, 1994, 165(2): 566 - 573.

[184] VÖLZ R, HEYDLAUFF J, RIPPER D, et al. Ethylene signalling is required for synergid degeneration and the establishment of a pollen tube block[J]. Developmental Cell, 2013, 25(3): 310 - 316.

[185] VON ARNOLD S, SABALA I, BOZHKOV P, et al. Developmental pathways of somatic embryogenesis[J]. Plant Cell, Tissue and Organ Culture, 2000, 69(3): 233 - 249.

[186] VONDRÁKOVÁ Z, DOBREV P I, PESEK B, et al. Profiles of endogenous phytohormones over the course of Norway spruce somatic embryogenesis[J]. Frontiers in Plant Science, 2018, 9: 1 - 13.

[187] VUOSKU J, SARJALA T, JOKELA A, et al. One tissue, two fates: different roles of megagametophyte cells during Scots pine embryogenesis[J]. Journal

of Experimental Botany, 2009, 60(4): 1375 –1386.

[188]VUOSKU J, SUTELA S, KESTILÄ J, et al. Expression of catalase and retinoblastoma – related protein genes associates with cell death processes in Scots pine zygotic embryogenesis[J]. BMC Plant Biology, 2015, 15(1): 1 –13.

[189]WANG J H, KUCUKOGLU M, ZHANG L B, et al. The *Arabidopsis* LRR – RLK, PXC1, is a regulator of secondary wall formation correlated with the TDIF – PXY/TDR – WOX4 signaling pathway [J]. BMC Plant Biology, 2013, 13:94.

[190]WANG R H, ESTELLE M. Diversity and specificity: auxin perception and signaling through the TIR1/AFB pathway [J]. Current Opinion in Plant Biology, 2014, 21: 51 –58.

[191]WANG X Y, GAO J, ZHU Z, et al. TCP transcription factors are critical for the coordinated regulation of *ISOCHORISMATE SYNTHASE*1 expression in *Arabidopsis thaliana*[J]. Theory Horizon, 2015, 82(1): 151 –162.

[192]WANG B, CHUB J F, YU T Y, et al. Tryptophan – independent auxin biosynthesis contributes to early embryogenesis in *Arabidopsis*[J]. Proceedings of the National Academy of Sciences of the United States of America, 2015, 112 (15) : 4821 –4826.

[193]WÓJCIKOWSKA B, JASKÓŁA K, GASIOREK P, et al. *LEAFY COTYLEDON*2 (*LEC*2) promotes embryogenic induction in somatic tissues of *Arabidopsis*, via *YUCCA* – mediated auxin biosynthesis [J]. Planta, 2013, 238 (3): 425 –440.

[194]WON C, SHEN X L, MASHIGUCHI K, et al. Conversion of tryptophan to indole –3 – acetic acid by TRYPTOPHAN AMINOTRANSFERASES of *ARABIDOPSIS* and *YUCCAs* in *Arabidopsis*[J]. Proceedings of the National Academy of Sciences of the United States of America, 2011, 108 (45): 18518 –18523.

[195]XU J, YANG X Y, LI B Q, et al. *GhL1L1* affects cell fate specification by regulating GhPIN1 – mediated auxin distribution [J]. Plant Biotechnology Journal, 2019, 17(1): 63 –74.

[196]XUE J Q, WANG S L, ZHANG P, et al. On the role of physiological substances, abscisic acid and its biosynthetic genes in seed maturation and dormancy of tree peony (*Paeonia ostii* 'Feng Dan')[J]. Scientia Horticulturae, 2015, 182: 92 - 101.

[197]YAMAMOTO A, KAGAYA Y, TOYOSHIMA R, et al. *Arabidopsis* NF - YB subunits *LEC*1 and *LEC*1 - *LIKE* activate transcription by interacting with seed - specific ABRE - binding factors[J]. Plant Journal, 2009, 58(5): 843 - 856.

[198]ZHEN Y, ZHAO Z Z, ZHENG R H, et al. Proteomic analysis of early seed development in *Pinus massoniana* L. [J]. Plant Physiology Biochemistry, 2012, 54: 97 - 104.

[199]YANG G, CHEN S, JIANG J. Transcriptome analysis reveals the role of *BpGH*3.5 in root elongation of *Betula platyphylla* × *B. pendula*[J]. Plant Cell, Tissue and Organ Culture, 2015, 121(3): 605 - 617.

[200]ZHANG J Z, SOMERVILLE C R. Suspensor - derived polyembryony caused by altered expression of valyl - tRNA synthetase in the *twn*2 mutant of *Arabidopsis*[J]. Proceedings of the National Academy of Sciences of the United States of America, 1997, 94(14): 7349 - 7355.

[201]ZHANG L F, LAN Q, HAN S Y, et al. A *GH*3 - like gene, *LaGH*3, isolated from hybrid larch (*Larix leptolepis* × *Larix olgensis*) is regulated by auxin and abscisic acid during somatic embryogenesis[J]. Trees, 2019, 33(12): 1723 - 1732.

[202]ZHAO Y, CHRISTENSEN S K, FANKHAUSER C, et al. A role for flavin monooxygenase - like enzymes in auxin biosynthesis[J]. Science, 2001, 291(5502): 306 - 309.

[203]ZHENG W, ZHANG X Y, YANG Z R, et al. *AtWuschel* promotes formation of the embryogenic callus in *Gossypium hirsutum*[J]. PLoS ONE, 2014, 9(1): e87502.

[204]ZHOU X H, ZHENG R H, LIU G X, et al. Desiccation treatment and endogenous IAA levels are key factors influencing high frequency somatic embryo-

genesis in *Cunninghamia lanceolata* (Lamb.) *hook*[J]. Frontiers in Plant Science, 2017, 8: 02054.

[205] ZHOU Y, LIU X, ENGSTROM E M, et al. Control of plant stem cell function by conserved interacting transcriptional regulators[J]. Nature, 2015, 517(7534): 377-380.

[206] ZHU S P, WANG J, YE J L, et al. Isolation and characterization of *LEAFY COTYLEDON* 1-*LIKE* gene related to embryogenic competence in *Citrus sinensis*[J]. Plant Cell, Tissue Organ Culture, 2014, 119(1): 1-13.

[207] ZHU T Q, MOSCHOU P N, ALVAREZ J M, et al. *WUSCHEL-RELATED HOMEOBOX*2 is important for protoderm and suspensor development in the gymnosperm Norway spruce[J]. BMC Plant Biology, 2016, 16: 1-14.